数字

Maya
2024
三维设计基础教程

◆全彩微课版◆

人民邮电出版社
北京

图书在版编目（CIP）数据

Maya 2024 三维设计基础教程：全彩微课版 / 来阳
编著. -- 北京：人民邮电出版社，2025. --（"创新设
计思维"数字媒体与艺术设计类新形态丛书）. -- ISBN
978-7-115-65843-2

Ⅰ. TP391.414

中国国家版本馆 CIP 数据核字第 2025KD6565 号

内 容 提 要

本书是一本面向零基础读者的 Maya 2024 图书。全书共分为 10 章，内容包括初识 Maya 2024、曲面建模、多边形建模、灯光技术、摄影机技术、材质与纹理、动画技术基础、流体动画技术、粒子动画技术、综合案例等。本书通过案例操作讲解软件相关的知识点，系统地介绍 Maya 2024 的使用方法及实战技巧，帮助读者轻松掌握相关知识。

本书既可作为本科院校和职业院校数字媒体艺术、数字媒体技术和动画设计等专业的教材，也可作为培训机构艺术专业课程的培训用书，还可作为 Maya 自学人员的参考用书。

◆ 编　著　来　阳
　　责任编辑　韦雅雪
　　责任印制　胡　南

◆ 人民邮电出版社出版发行　　北京市丰台区成寿寺路 11 号
　　邮编　100164　　电子邮件　315@ptpress.com.cn
　　网址　https://www.ptpress.com.cn
　　雅迪云印（天津）科技有限公司印刷

◆ 开本：787×1092　1/16
　　印张：12　　　　　　　　　　　2025 年 8 月第 1 版
　　字数：376 千字　　　　　　　　2025 年 8 月天津第 1 次印刷

定价：79.80 元

读者服务热线：(010)81055256　印装质量热线：(010)81055316
反盗版热线：(010)81055315

前言

Maya是一款优秀的三维动画软件，它具有非常强大的多边形建模、材质贴图、灯光渲染、动画特效等功能，被广泛应用于动画制作、广告设计、电影电视、产品表现、游戏美术制作等领域。"Maya三维设计"是很多艺术设计相关专业的重要课程。本书通过多个案例由浅入深地讲解使用Maya进行三维设计的方法和技巧，可帮助教师开展教学工作，同时帮助读者掌握实战技能、提高设计能力。

内容特色

本书的内容特色主要包括以下4个方面。

体系完整，讲解全面。本书条理清晰、内容丰富，从Maya的基础知识入手，由浅入深、循序渐进地介绍Maya的各项操作，并对综合案例进行讲解。

案例丰富，步骤详细。本书精选了大量典型的案例，仔细拆解案例操作步骤，辅以大量图片、微课演示，帮助读者更好地学习和掌握Maya的各项操作。

学练结合，实用性强。本书设置了大量与章节内容联系紧密的课后习题，以帮助读者理解和巩固所学知识，具有较强的操作性和实用性。

内容新颖，与时俱进。本书紧跟软件版本更新的节奏，采用Maya 2024版本进行编写，并结合AI绘画的热潮，在综合案例中加入了用Stable Diffusion对三维设计作品进行进一步加工的相关内容，符合高等院校当前的教学需求。

教学环节

本书精心设计了"基础知识+课堂案例+软件功能+课后习题+综合案例"教学环节，帮助读者全方位掌握Maya三维设计的方法和技巧。

基础知识：对Maya的操作界面、视图控制和文件存储的基本操作等进行介绍，让读者对使用Maya进行三维设计有基本的了解。

课堂案例：结合行业热点，用商业案例引入知识点，注重培养读者的学习兴趣，提升读者对知识点的理解与应用能力。

软件功能：结合课堂案例，进一步讲解Maya的软件功能，包括工具、命令等的使用方法，从而让读者深入掌握Maya三维设计的相关操作。

课后习题：精心设计有针对性的课后习题，让读者同步进行训练，进一步培养读者独立完成三维设计任务的能力。

综合案例：设置综合案例，全面提升读者的实际应用能力。

配套资源

本书提供了丰富的配套资源，读者可登录人邮教育社区（www.ryjiaoyu.com），在本书页面中下载。

微课视频：本书配套微课视频，扫码即可观看，支持线上线下混合式教学。

素材文件和效果文件：本书提供了案例需要的素材文件和效果文件，素材文件和效果文件均以案例名称命名。

素材文件　＋　效果文件

教学辅助文件：本书提供PPT课件、教学大纲、教学教案等。

PPT课件　＋　教学大纲　＋　教学教案

编者

2025年2月

目录

第 **10** 章　综合案例

第 1 章 初识 Maya 2024

📖 **本章导读**

本章将带领大家学习 Maya 2024 的界面组成知识及基本操作技巧，通过案例讲解的方式让大家在具体的操作过程中对 Maya 的常用工具图标及其使用有基本的认知和了解，并熟悉 Maya 2024 软件的应用领域及工作流程。

🎯 **学习要点**

- 熟悉 Maya 的软件应用领域
- 掌握 Maya 的工作界面
- 掌握 Maya 的视图操作
- 掌握对象的基本操作方法
- 掌握常用快捷键的使用技巧

1.1 Maya概述

Autodesk Maya是一款世界顶级的三维动画软件，也是欧特克（Autodesk）公司面向数字动画领域所推出的重要产品之一，旨在为全球的建筑设计、卡通动画、虚拟现实及影视特效等众多行业的不同领域提供先进的软件技术并帮助各行各业的设计师们设计制作出大量的优秀数字可视化作品。随着Maya版本的不断更新和完善，Maya软件逐步获得了广大设计师及制作公司的高度认可并帮助他们荣获了业内的多项大奖。

本书内容以中文版Maya 2024版本为例进行案例讲解，力求为读者由浅入深详细剖析Maya 2024的基本技巧及中高级操作技术，帮助读者制作出高品质的静帧及动画作品，如图1-1所示为Maya 2024软件的启动界面。

图1-2

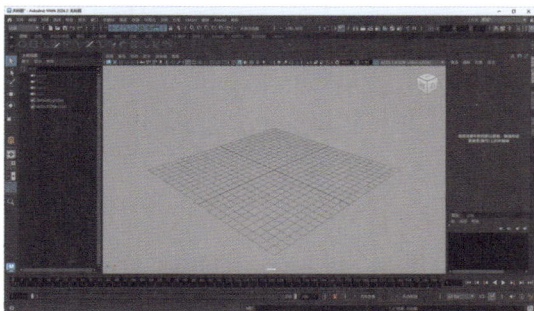
图1-1

中文版Maya 2024软件的工作界面如图1-2所示。

1.2 Maya软件应用领域

Maya 2024为用户提供了多种不同类型的建模方式，配合功能强大的Arnold渲染器，可以帮助从事影视制作、游戏美工、产品设计、建筑表现等工作的设计师顺利完成项目的制作，如图1-3～图1-6所示。

图1-3

图1-4

图1-5

图1-6

1.3 Maya软件界面

学习使用Maya 2024时，我们首先应该熟悉软件的操作界面与布局。

1.3.1 课堂案例：创建对象

本小节主要为读者讲解如何在Maya软件中创建对象以及修改对象的位置和角度。

| 效果文件位置 | 无 |
| 素材文件位置 | 无 |

微课视频

制作思路

（1）学习创建对象。
（2）学习修改对象的基本属性。
（3）学习视图基本操作。

操作步骤

（1）启动中文版Maya 2024软件，单击"多边形建模"工具架上的"多边形球体"图标，如图1-7所示，即可在场景中生成一个球体模型，如图1-8所示。

图1-7

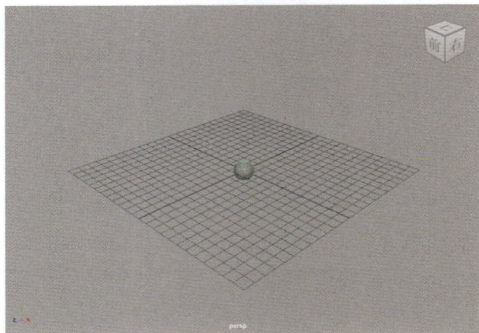
图1-8

（2）在软件界面右侧的"通道盒/层编辑器"选项卡中调整"半径"值，可以更改所选择球体模型的大小，如图1-9所示。

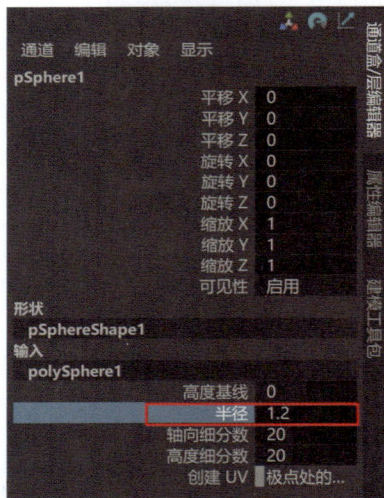
图1-9

（3）在"多边形球体历史"卷展栏中调整"半径"值，也可以更改所选择球体模型的大小，如图1-10所示。

（4）接下来，选择场景中的球体模型，按下Delete键将其删除，然后选择菜单栏中的"创建/多边形基本体/交互式创建"命令，如图1-11所示。

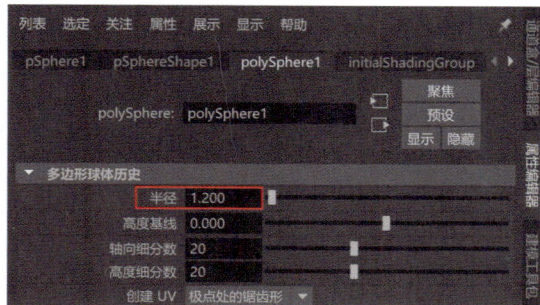
图1-10

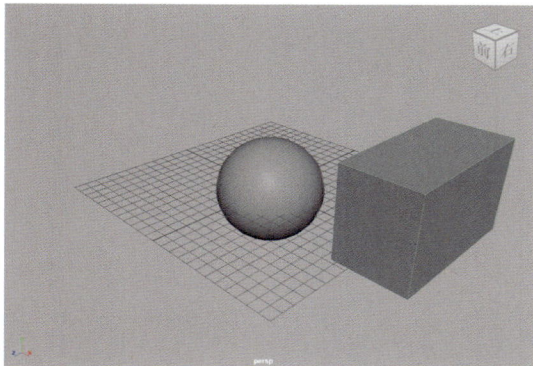
图1-11

（5）这样，再次单击"多边形建模"工具架上的"多边形球体"图标，就可以以交互式创建的方式来创建球体模型了，如图1-12所示。

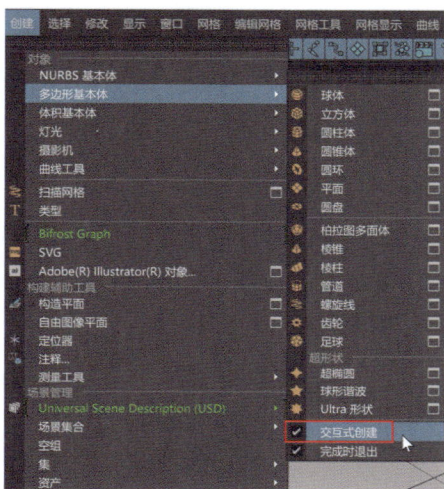
图1-12

（6）单击"多边形建模"工具架上的"多边形立方体"图标，如图1-13所示。

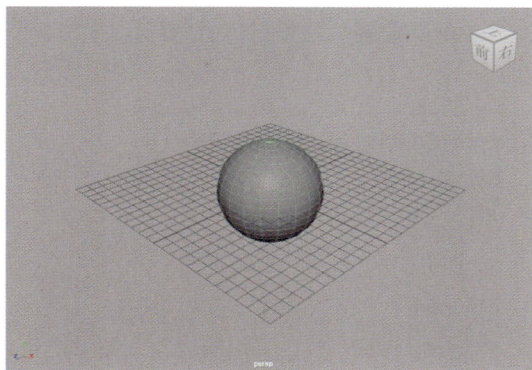
图1-13

（7）在场景中创建一个长方体模型，创建完

成后，可以看到当场景中有多个模型时，被选择的模型边线呈绿色显示状态，如图1-14所示。

图1-14

（8）按下快捷键4键，可以使得场景呈线框显示状态，如图1-15所示。

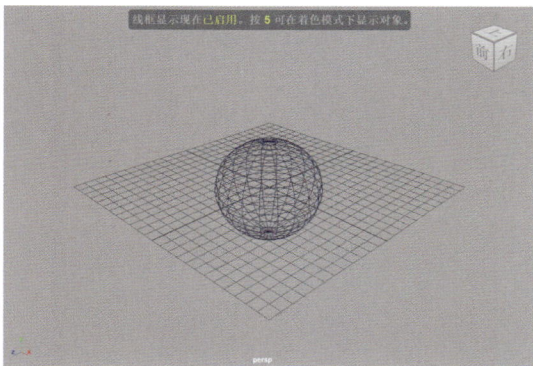
图1-15

（9）按下快捷键5键，可以使得场景恢复为着色显示状态，如图1-16所示。

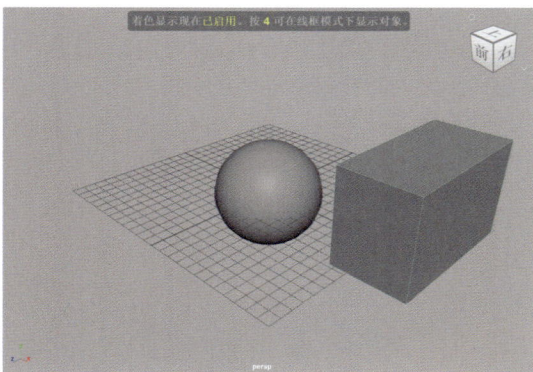
图1-16

（10）滚动鼠标滚轮可以实现视图的推近或拉远，如图1-17所示。

（11）按住Alt键+鼠标中键可以实现视图的平移，如图1-18所示。

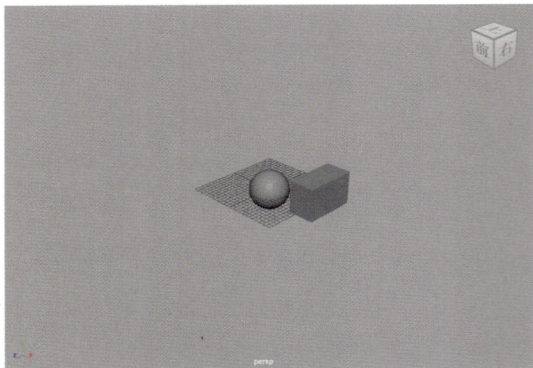

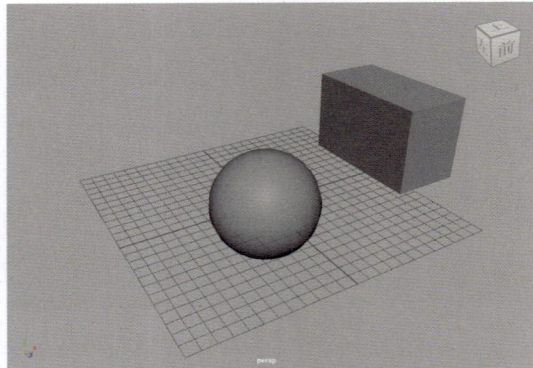

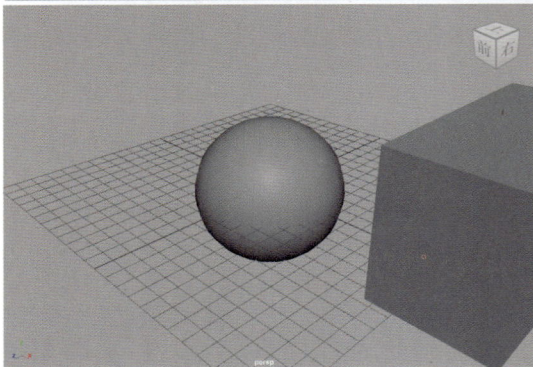

图1-17

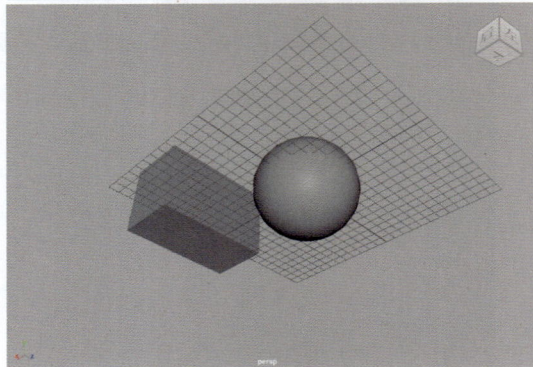

图1-19

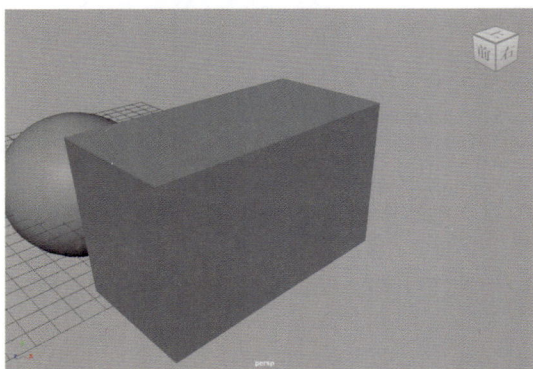

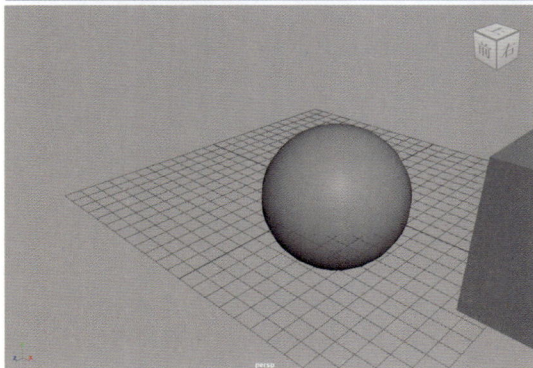

图1-18

（12）按住Alt键+鼠标左键可以更改视图的观察角度，如图1-19所示。

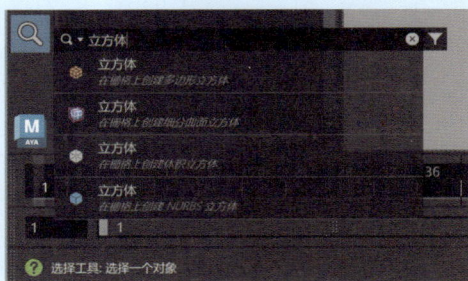
1.3.2　课堂案例：变换操作

本小节主要为读者讲解如何在Maya软件中变换物体的位置和角度。

<table>
<tr><td>效果文件位置</td><td>无</td></tr>
<tr><td>素材文件位置</td><td>无</td></tr>
</table>

微课视频

📕 **制作思路**

（1）创建对象。
（2）变换对象的位置及角度。

📕 **操作步骤**

（1）启动中文版Maya 2024软件，单击"多边形建模"工具架上的"多边形立方体"图标，如图1-21所示，在场景中创建一个长方体模型，如图1-22所示。

图1-21

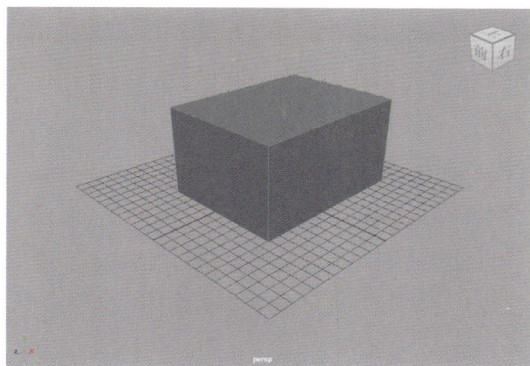

图1-22

（2）按下快捷键W键，我们可以在视图中看到所选择的对象上显示出控制移动的手柄，如图1-23所示。

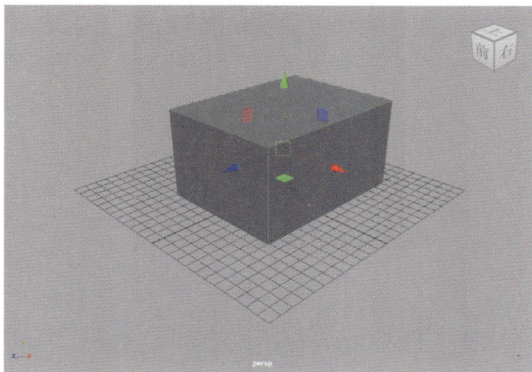

图1-23

（3）在场景中移动长方体模型，即可在"通道盒/层编辑器"选项卡中观察对应的参数值变化，如图1-24所示。

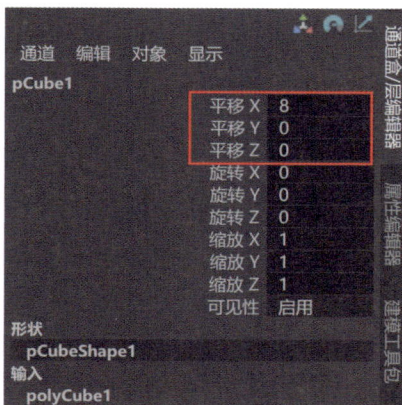

图1-24

（4）使用"旋转工具"对长方体模型进行旋转操作，也可以在"通道盒/层编辑器"选项卡中观察对应的参数值变化，如图1-25所示。

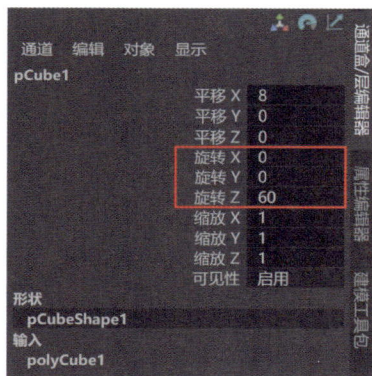

图1-25

（5）使用"缩放工具"对长方体模型进行缩放操作，也可以在"通道盒/层编辑器"选项卡中观察对应的参数值变化，如图1-26所示。

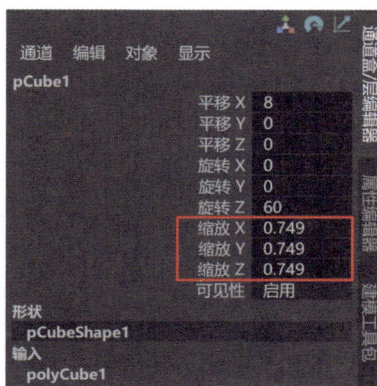

图1-26

（6）在"通道盒/层编辑器"选项卡中，将"平移X""平移Y""平移Z""旋转X""旋转Y"和"旋转Z"的参数值设置为0，将"缩放X""缩放Y"和"缩放Z"的参数值设置为1，如图1-27所示。

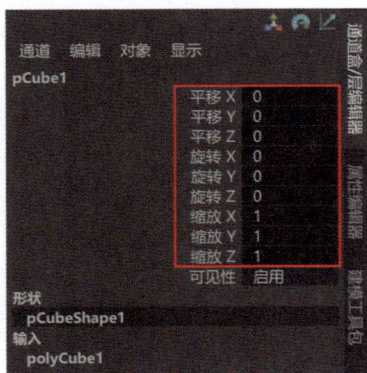

图1-27

（7）此时，长方体模型会以原来的大小移动到场景中坐标原点的位置上，如图1-28所示。

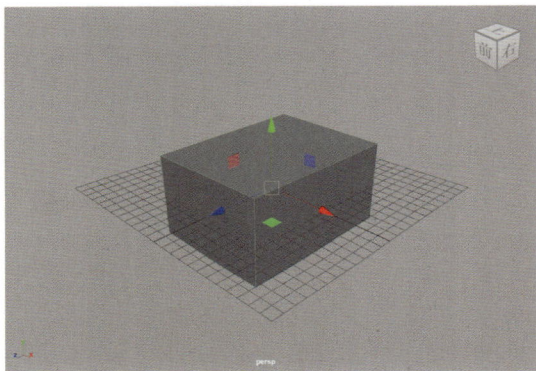

图1-28

1.3.3 菜单集

Maya与其他软件的一个不同之处在于其拥有多个不同的菜单栏，用户可以设置"菜单集"的类型，使Maya显示出对应的菜单命令来方便自己的工作，如图1-29所示。

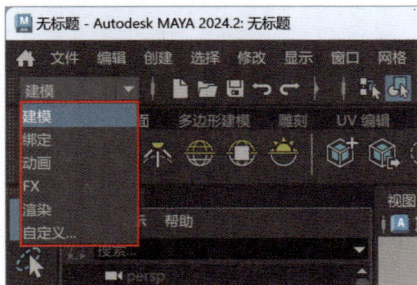

图1-29

当"菜单集"为"建模"选项时，菜单显示为如图1-30所示。

图1-30

当"菜单集"为"绑定"选项时，菜单显示为如图1-31所示。

图1-31

当"菜单集"为"动画"选项时，菜单显示为如图1-32所示。

图1-32

当"菜单集"为"FX"选项时，菜单显示为如图1-33所示。

图1-33

当"菜单集"为"渲染"选项时，菜单显示为如图1-34所示。

图1-34

技巧与提示

多个菜单栏并非所有命令都不一样，仔细观察一下，不难发现这些菜单栏的前7组菜单命令和后3组菜单命令是完全一样的。

用户在制作项目时，还可以通过单击菜单栏上方的双排虚线将某一个菜单栏单独提取出来，如图1-35所示。

图1-35

1.3.4 状态行工具栏

状态行工具栏位于菜单栏下方，包含了许多常用的常规命令图标，这些图标被多个垂直分隔线所隔开，用户可以单击垂直分隔线来展开和收拢图标组，如图1-36所示。

图1-36

常用工具解析

新建场景：清除当前场景并创建新的场景。

打开场景：打开保存的场景。

保存场景：使用当前名称保存场景。

撤销：撤销上次的操作。

重做：重做上次撤销的操作。

按层次和组合选择：更改选择模式以通过使用选择遮罩来选择节点层次顶层级的项目或某一其他组合。

按对象类型选择：更改选择模式以选择对象。

按组件类型选择：更改选择模式以选择对象的组件。

选择控制柄对象：可以选择控制柄对象。

选择关节对象：可以选择关节对象。

选择曲线对象：可以选择曲线对象。

选择曲面对象：可以选择曲面对象。

选择变形对象：可以选择变形对象。

选择动力学对象：可以选择动力学对象。

选择渲染对象：可以选择渲染对象。

选择杂项对象：可以选择杂项对象。

锁定：锁定当前选择对象。

亮显当前选择：单击进入"亮显当前选择"模式。

捕捉到栅格：将选定项移动到最近的栅格相交点上。

捕捉到曲线：将选定项移动到最近的曲线上。

捕捉到点：将选定项移动到最近的控制顶点或枢轴点上。

捕捉到投影中心：捕捉到选定对象的中心。

捕捉到视图平面：将选定项移动到最近的视图平面上。

激活选定对象：将选定对象激活。

选定对象的输入：控制选定对象的上游节点连接。

选定对象的输出：控制选定对象的下游节点连接。

构建历史：针对场景中的所有项目启用或禁止构建历史。

打开渲染视图：可打开"渲染视图"窗口。

渲染当前帧：渲染"渲染视图"中的场景。

IPR渲染当前帧：使用交互式真实照片级渲染器渲染场景。

显示渲染设置：打开"渲染设置"窗口。

显示Hypershade窗口：打开Hypershade窗口。

Display and edit the contents of a LookdevX graph：打开LookdevX Graph Editor窗口。

启动"渲染设置"窗口：启动"渲染设置"窗口。

打开灯光编辑器：弹出"灯光编辑器"面板。

暂停Viewport2显示更新：将暂停Viewport2显示更新。

1.3.5　工具架

Maya的工具架根据命令的类型及作用分为多个标签来进行显示，其中每个标签又包含了对应的常用命令图标。切换Maya工具架，可以直接单击不同工具架上的标签名称。下面我们一起来了解一下这些不同的工具架。

"曲线"工具架主要由可以创建曲线及修改曲线的相关图标所组成，如图1-37所示。

图1-37

"曲面"工具架主要由可以创建曲面及修改曲面的相关图标所组成，如图1-38所示。

图1-38

"多边形建模"工具架主要由可以创建多边形及修改多边形的相关图标所组成，如图1-39所示。

图1-39

"雕刻"工具架主要由对模型进行雕刻建模的相关图标所组成，如图1-40所示。

图1-40

"UV编辑"工具架主要由可以设置多边形贴图坐标的相关图标所组成，如图1-41所示。

图1-41

"绑定"工具架主要由对角色进行骨骼绑定以及设置约束动画的相关图标所组成，如图1-42所示。

图1-42

"动画"工具架主要由制作动画以及设置约束动画的相关图标所组成，如图1-43所示。

图1-43

"渲染"工具架主要由灯光、材质以及渲染的相关图标所组成，如图1-44所示。

图1-44

"FX"工具架主要由粒子、流体及布料动力学的相关图标所组成，如图1-45所示。

图1-45

"FX缓存"工具架主要由设置动力学缓存动画的相关图标所组成，如图1-46所示。

图1-46

"Arnold"工具架主要由Arnold渲染器的专用灯光及渲染工具的相关图标所组成，如图1-47所示。

图1-47

"MASH"工具架主要由创建MASH网格的相关图标效果所组成，如图1-48所示。

图1-48

"运动图形"工具架主要由创建几何体、曲线、灯光、粒子的相关图标所组成，如图1-49所示。

图1-49

"XGen"工具架主要由设置毛发的相关图标所组成，如图1-50所示。

图1-50

1.3.6 工具箱

工具箱位于Maya 2024软件界面的左侧，主要为用户提供进行操作的常用工具，如图1-51所示。

图1-51

常用工具解析

选择工具：选择场景和编辑器中的对象及组件。

套索工具：以绘制套索的方式来选择对象。

绘制选择工具：以笔刷的绘制方式来选择对象。

移动工具：通过拖动变换操纵器移动场景中所选择的对象。

旋转工具：通过拖动变换操纵器旋转场景中所选择的对象。

缩放工具：通过拖动变换操纵器缩放场景中所选择的对象。

1.3.7 视图面板

"视图面板"是便于用户查看场景中模型对象的区域，既可显示为一个视图，也可以显示为多个视图。打开Maya 2024软件后，操作视图默认显示为"透视视图"，如图1-52所示。用户还可以通过单击"视图面板"上的菜单栏"面板"命令，根据自己的工作习惯在软件操作中随时进行切换视图操作，如图1-53所示。

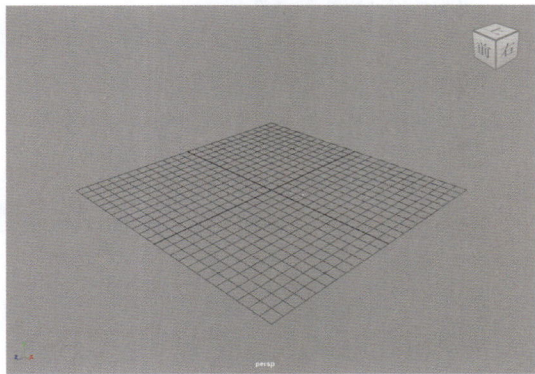

图1-52

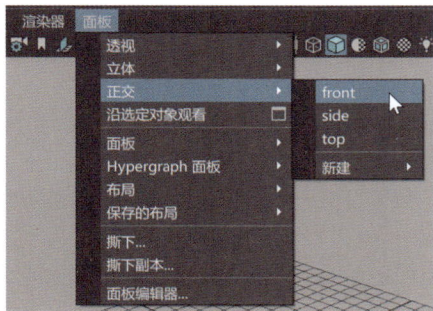

图1-53

在"视图面板"的上方有一条"工具栏"，就是"视图面板"工具栏，如图1-54所示。下面将详细介绍"视图面板"工具栏中较为常用的工具命令。

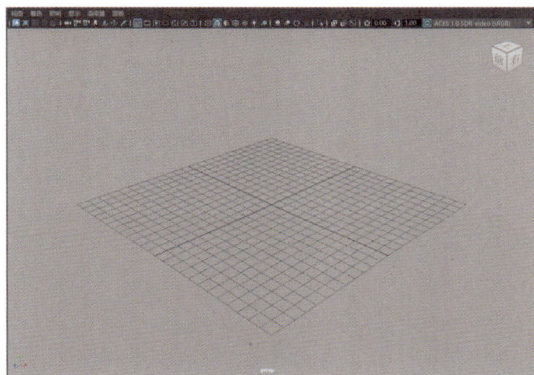

图1-54

常用工具解析

Ⓐ Start/Stop Arnold in the viewport：单击该按钮，可以使用Arnold渲染器渲染视图，如图1-55所示。

图1-55

Define a crop window：定义裁剪窗口，仅渲染框选范围内的画面，如图1-56所示。

Set the viewport's render resolution：设置视口的渲染分辨率。

图1-56

Set shading to debug mode：将着色设置为调试模式。

Select display channels：选择显示通道。

选择摄影机：在面板中选择当前摄影机。

锁定摄影机：锁定摄影机，避免意外更改摄影机位置并进而更改动画。

摄影机属性：打开"摄影机属性编辑器"面板。

书签：将当前视图设定为书签。

图像平面：切换现有图像平面的显示。如果场景不包含图像平面，就会提示用户导入图像。

二维平移/缩放：开启和关闭二维平移/缩放。

蓝色铅笔：用来在屏幕上进行标记，如图1-57所示。

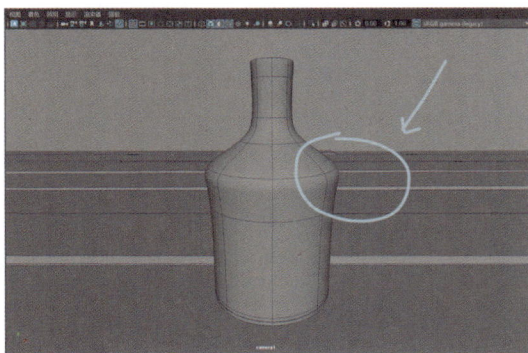

图1-57

栅格：在"视图面板"上切换显示栅格，如图1-58所示为在Maya视图中显示栅格前后的效果对比。

胶片门：切换胶片门边界的显示。

分辨率门：切换分辨率门边界的显示，如图1-59所示为该按钮被单击前后的Maya视图显示结果对比。

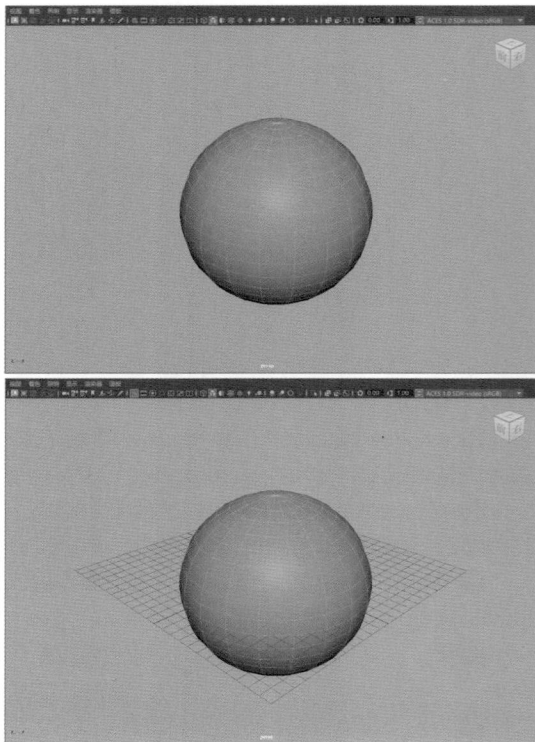

图1-58

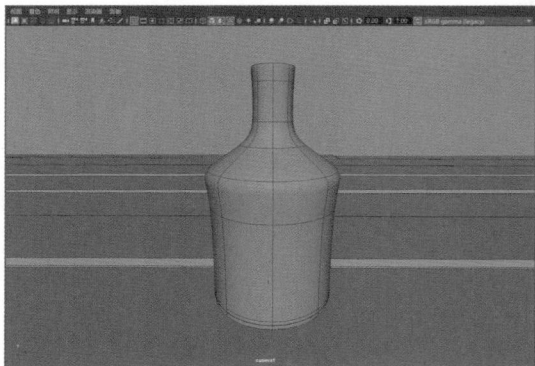

图1-59

⬛门遮罩：切换门遮罩边界的显示。

🔲区域图：切换区域图边界的显示。

🔲安全动作：切换安全动作边界的显示。

🔲安全标题：切换安全标题边界的显示。

🔳线框：单击该按钮，Maya视图中的模型呈线框显示效果，如图1-60所示。

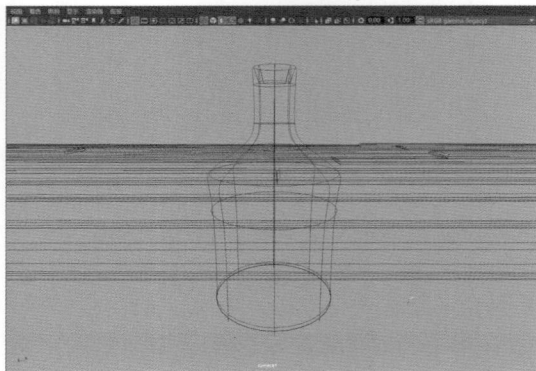

图1-60

🔳对所有项目进行平滑着色处理：单击该按钮，Maya视图中的模型呈平滑着色处理显示效果，如图1-61所示。

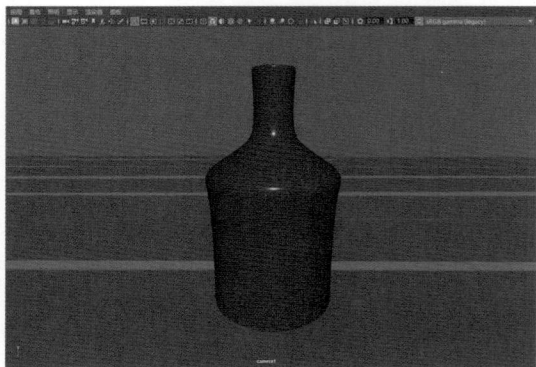

图1-61

🔳使用默认材质：切换"使用默认材质"的显示效果，如图1-62所示。

图1-62

着色对象上的线框：显示所有着色对象上的线框效果，如图1-63所示。

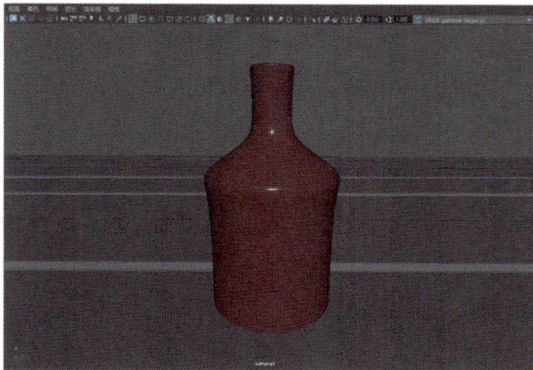
图1-63

带纹理：切换"硬件纹理"的显示，如图1-64所示为单击该按钮后，模型上所显示出的贴图纹理效果。

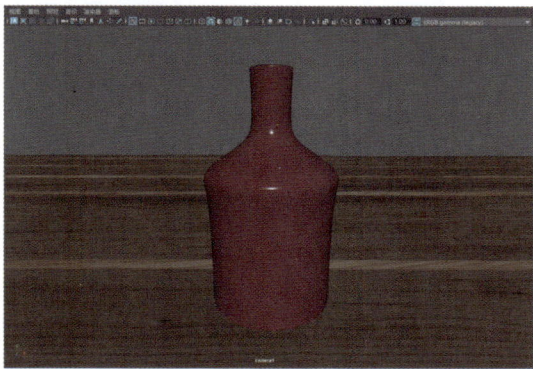
图1-64

使用所有灯光：通过场景中的所有灯光切换曲面的照明。

阴影：切换"使用所有灯光"处于启用状态时的硬件阴影贴图。

屏幕空间环境光遮挡：在开启和关闭"屏幕空间环境光遮挡"之间进行切换。

运动模糊：在开启和关闭"运动模糊"之间进行切换。

多采样抗锯齿：在开启和关闭"多采样抗锯齿"之间进行切换。

景深：在开启和关闭"景深"之间进行切换。

隔离选择：限制视图面板以仅显示选定对象。

X射线显示：单击该按钮，Maya视图中的模型呈半透明度显示效果，如图1-65所示。

X射线显示活动组件：在其他着色对象的顶部切换活动组件的显示。

图1-65

X射线显示关节：在其他着色对象的顶部切换骨架关节的显示。

曝光：调整显示亮度。通过减少曝光，可查看默认在高光下看不见的细节。单击该按钮，在默认值和修改值之间切换。

Gamma：调整要显示图像的对比度和中间调亮度。增加Gamma值，可查看图像阴影部分的细节。

视图变换：控制从用于显示的工作颜色空间转化颜色的视图变换。

1.3.8　工作区选择器

"工作区"可以理解为多种窗口、面板以及其他界面选项根据不同的工作需要而形成的一种排列方式，Maya允许用户可以根据自己的喜好随意更改当前工作区，比如打开、关闭和移动窗口、面板和其他UI元素，以及停靠和取消停靠窗口和面板，这就是自定义工作区。此外，Maya还为用户提供了多种工作区的显示模式，这些不同的工作区在用户进行不同种类的工作时非常好用，如图1-66所示。

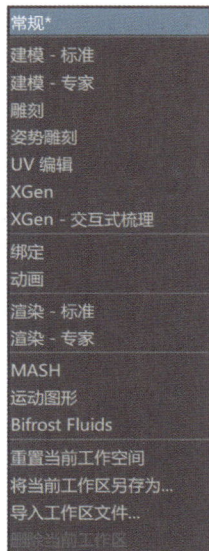
图1-66

1.3.9　通道盒

"通道盒"位于中文版Maya 2024软件界面的右侧，与"建模工具包"和"属性编辑器"叠加在一起，是用于编辑对象属性的快速、高效的工具。它允许用户快速更改属性值，在可设置关键帧的属性上设置关键帧，锁定或解除锁定属性以及创建属性的表达式。

"通道盒"在默认状态下是没有命令的，如图1-67所示。只有当用户在场景中选择了对象，才会出现相对应的命令，如图1-68所示。

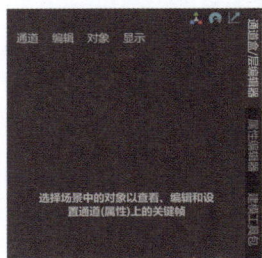
图1-67

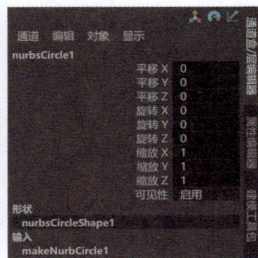
图1-68

1.3.10 建模工具包

"建模工具包"是Maya为用户提供的一个便于进行多边形建模的命令集合面板，用户可以很方便地进入到多边形的顶点、边、面以及UV中对模型进行编辑，如图1-69所示。

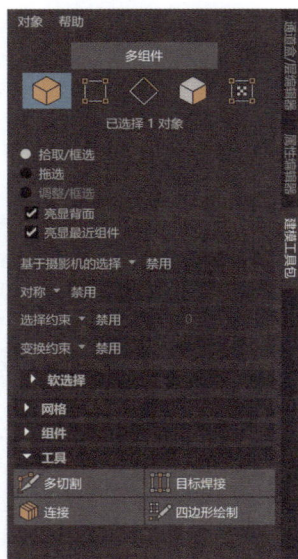
图1-69

1.3.11 属性编辑器

"属性编辑器"主要用来修改物体的自身属性，从功能上来说与"通道盒"的作用非常类似，但是"属性编辑器"为用户提供了更加全面、完整的节点命令以及图形控件，如图1-70所示。

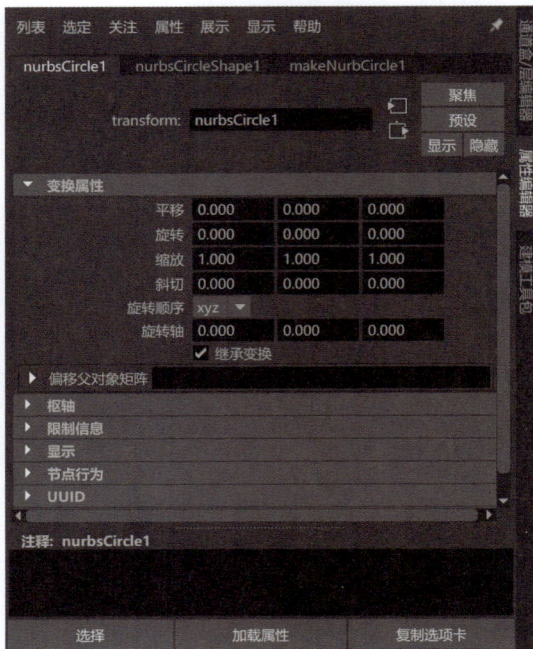
图1-70

1.3.12 播放控件

"播放控件"是一组播放动画和遍历动画的按钮，播放范围显示在"时间滑块"中，如图1-71所示。

图1-71

常用工具解析

⏮转至播放范围开头：单击该按钮，转到播放范围的起点。

◀后退一帧：单击该按钮，后退一个时间段或帧。

⏴后退到前一关键帧：单击该按钮，后退一个关键帧。

◀向后播放：单击该按钮，以反向播放。

▶向前播放：单击该按钮，以正向播放。

⏵前进到下一关键帧：单击该按钮，前进一个关键帧。

▶前进一帧：单击该按钮，前进一个时间段（或帧）。

▶▶转至播放范围末尾：单击该按钮，转到播放范围的结尾。

1.3.13 命令行和帮助行

Maya软件界面的最下方就是"命令行"和"帮助行"，其中"命令行"的左侧区域用于输入单个 MEL 命令，右侧区域用于提供反馈；"帮助行"主要显示工具和菜单项的简短描述，还会提示用户使用工具或完成工作流所需的步骤，如图1-72所示。

图1-72

1.4 课后习题

1.4.1 课后习题：复制对象

这一小节主要为读者介绍在中文版Maya 2024软件中复制对象的方法。

| 效果文件位置 | 无 |
| 素材文件位置 | 无 |

微课视频

制作思路

（1）创建对象。

（2）学习复制对象。

（3）学习特殊复制对象。

操作步骤

（1）启动中文版Maya 2024软件，单击"多边形建模"工具架上的"多边形圆柱体"图标，如图1-73所示。在场景中创建一个圆柱体模型，如图1-74所示。

图1-73

（2）选择创建组合键的圆柱体模型，按下Ctrl+D组合键，即可在同样的位置复制一个新的圆柱体模型。在"大纲视图"面板中，我们

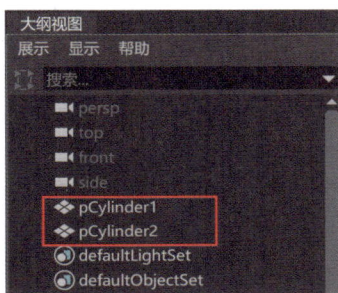

可以看到场景中有两个圆柱体模型，如图1-75所示。

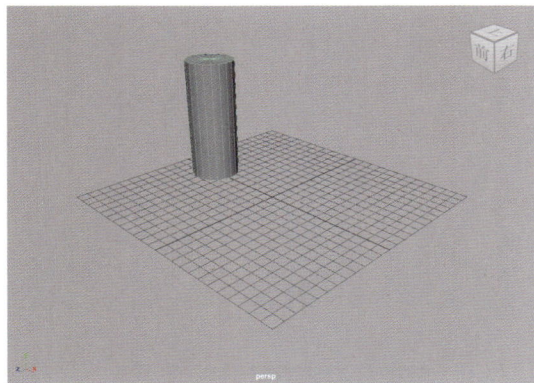

图1-74

图1-75

（3）我们可以使用"移动工具"更改其位置，如图1-76所示。

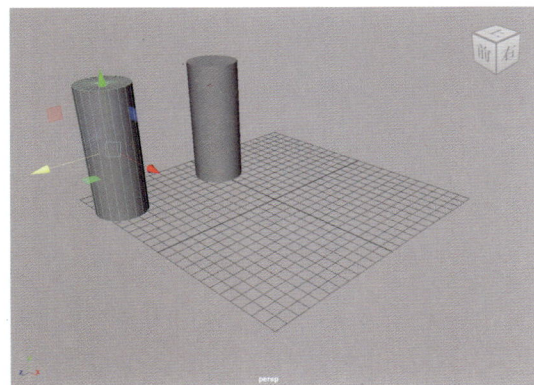

图1-76

（4）我们还可以按住Shift键，以拖动对象的方式来复制所选择的模型，如图1-77所示。

（5）当我们希望复制出来的对象与被复制对象的参数进行关联时，就需要进行特殊复制对象操作。将场景中的圆柱体模型全部删除后，单击"多边形建模"工具架上的"多边形立方体"图标，如图1-78所示。

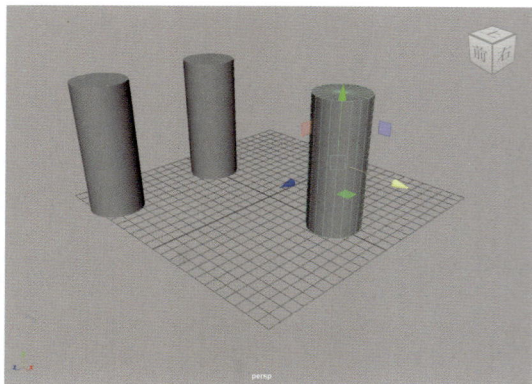

图1-77

图1-78

（6）在场景中创建一个长方体模型，如图1-79所示。

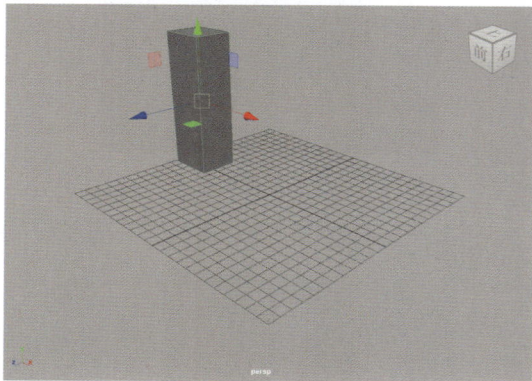

图1-79

（7）单击菜单栏中"编辑/特殊复制"命令后面的方形按钮，如图1-80所示。

（8）在弹出的"特殊复制选项"对话框中，设置"几何体类型"为"案例"，"下方分组"为"世界"，"平移"为（5，0，0），"副本数"为3，如图1-81所示。

（9）设置完成后，单击对话框下方左侧的"特殊复制"按钮，复制出来的长方体模型效果

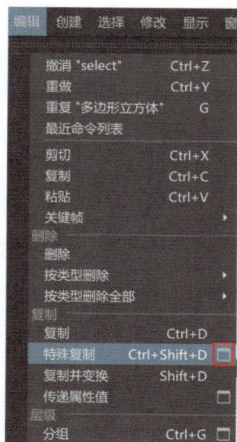

图1-80

如图1-82所示。

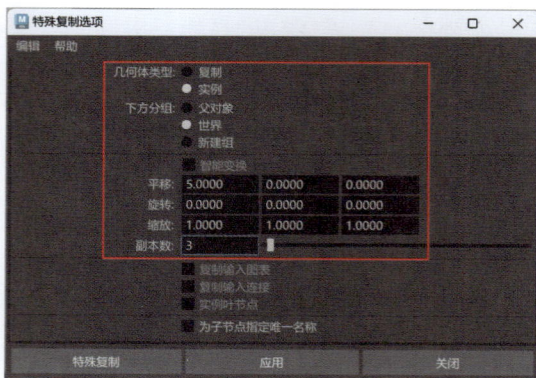

图1-81

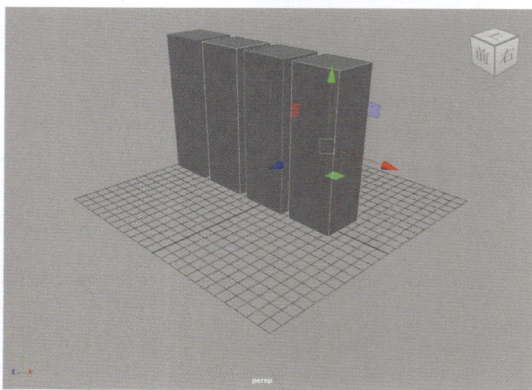

图1-82

（10）选择场景中的任意长方体模型，在"通道盒/层编辑器"选项卡中设置"宽度"为2，"高度"为12，"深度"为2，如图1-83所示。

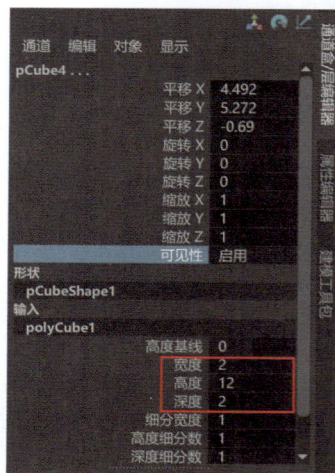

图1-83

（11）观察场景，我们可以看到所有长方体模型都会出现对应的变化，如图1-84所示。

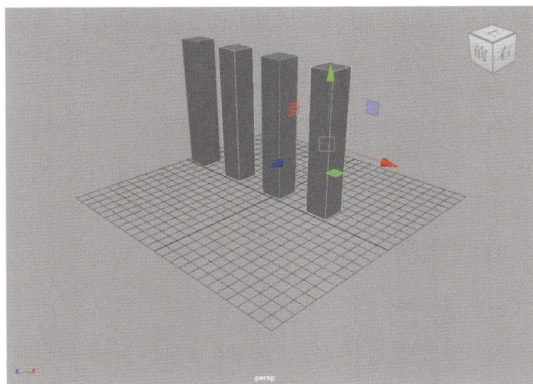

图1-84

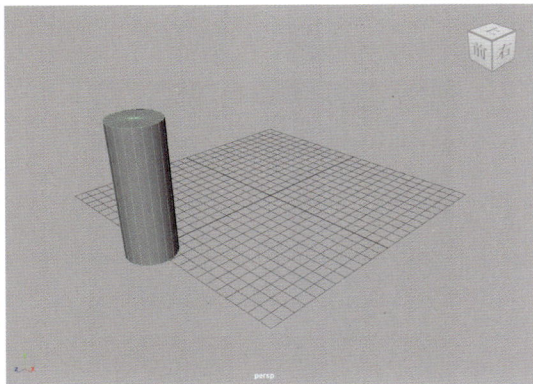

图1-86

1.4.2　课后习题：隐藏及显示对象

这一小节主要为读者介绍在中文版Maya 2024软件中隐藏及显示对象的方法。

| 效果文件位置 | 无 |
| 素材文件位置 | 无 |

微课视频

制作思路

（1）创建对象。

（2）隐藏对象。

（3）显示对象。

操作步骤

（1）启动中文版Maya 2024软件，单击"多边形建模"工具架上的"多边形圆柱体"图标，如图1-85所示。在场景中创建一个圆柱体模型，如图1-86所示。

图1-85

（2）按住Shift键，配合"移动工具"对圆柱体模型进行复制，如图1-87所示。

（3）按下Ctrl+H组合键，即可将所选择的圆柱体模型隐藏起来，并且在视图上方会自动弹出相关提示信息，如图1-88所示。

（4）观察"大纲视图"面板，可以看到被隐藏起来的圆柱体模型名称呈灰色显示状态，如图1-89所示。

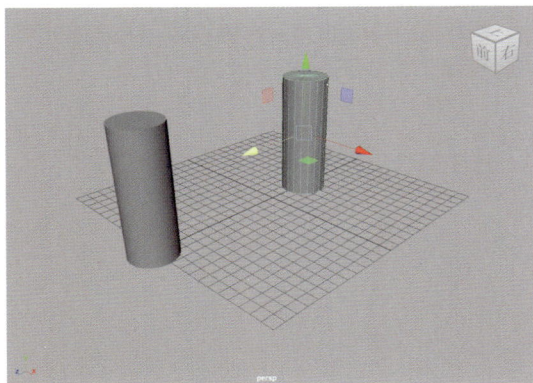

图1-87

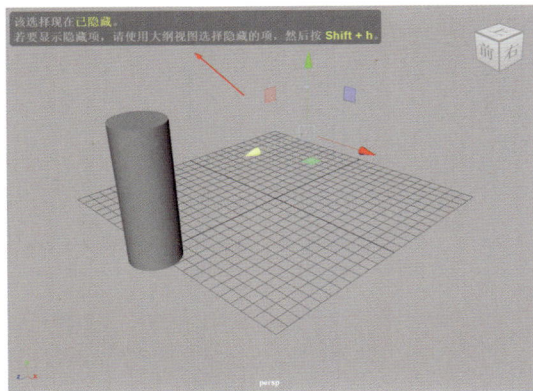

图1-88

图1-89

（5）在"大纲视图"面板中，选择被隐藏起来的圆柱体模型，如图1-90所示。

图1-90

（6）按下Shift+H组合键，即可将其在场景中显示出来，如图1-91所示。

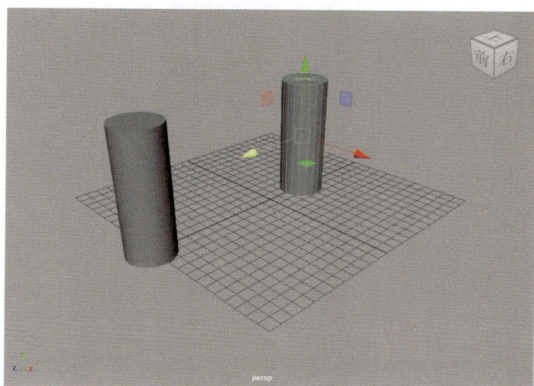

图1-91

（7）按下Alt+H组合键，可以将未选中的圆柱体模型隐藏起来，并且在视图上方会自动弹出相关提示信息，如图1-92所示。

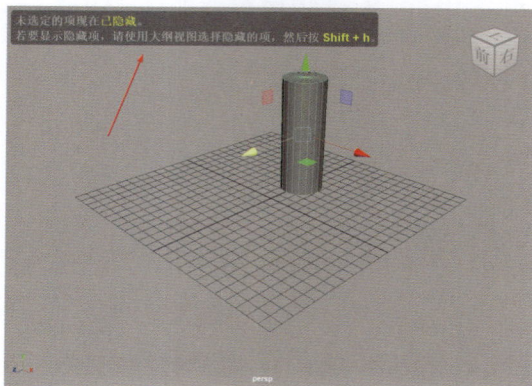

图1-92

（8）在"大纲视图"面板中，选择被隐藏起来的圆柱体模型，再次按下Shift+H组合键，即可将其在场景中显示出来。

技巧与提示

如果未选择场景中的任何对象，按下Alt+H组合键，就会隐藏场景中的所有对象。

第 **2** 章 曲面建模

📑 **本章导读**

本章将介绍 Maya 2024 的曲面建模技术，包含曲线编辑、NURBS 基本体及常用的曲面建模工具等。希望读者通过本章内容的学习，能够掌握曲面建模的技巧及建模思路。另外，本章还涉及不少常用的编辑命令，希望大家勤加练习，熟练掌握。

🎯 **学习要点**

- 掌握曲线的创建
- 掌握曲线的编辑方法
- 掌握 NURBS 基本体的创建
- 掌握常用曲面建模工具
- 掌握曲面建模的思路

2.1 曲面概述

曲面建模也称NURBS建模，是一种基于几何基本体和绘制曲线的3D建模方式。其中，NURBS是英文Non-Uniform Rational B-Spline，即非均匀有理B样条线的缩写。通过Maya 2024的"曲线"工具架和"曲面"工具架中的工具集合，用户有两种方式可以创建曲面模型。一是通过创建曲线的方式来构建曲面的基本轮廓，并配以相应的命令来生成模型；二是先通过创建曲面基本体的方式来绘制简单的三维对象，然后使用相应的工具修改其形状来获得我们想要的几何形体。如图2-1和图2-2所示，就是使用曲面建模技术制作出来的模型。

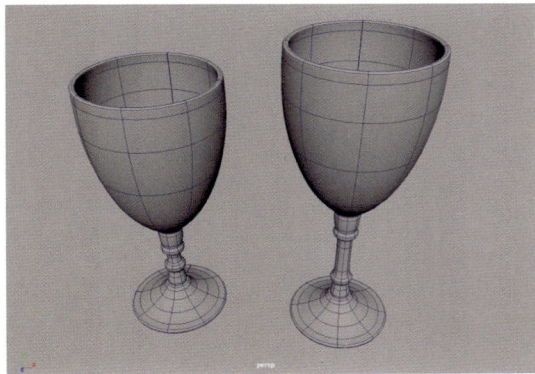

图2-2

由于NURBS用于构建曲面的曲线具有平滑和最小特性，因此它对于构建各种有机3D形状十分有用。NURBS曲面类型广泛用于动画、游戏、科学和工业设计领域。曲面建模可以制作出任何形状、精度非常高的三维模型，这一优势使得使用曲面建模慢慢成为广泛应用于工业建模领域的标准。这一建模方式的学习与使用非常简单，用户通过较少的控制点即可得到复杂的流线型几何形体。

图2-1

2.2 曲线工具

Maya软件界面中，"曲线"工具架提供了与创建曲线有关的大部分常用图标，如图2-3所示。通过这些图标，可以在场景中创建曲线并对其进行修改，以制作出我们所需要的线条形态。

图2-3

2.2.1 课堂案例：制作曲别针模型

本课堂案例讲解使用"曲线"工具架中的工具图标来制作一个云朵形状的曲别针模型。案例的渲染效果如图2-4所示。

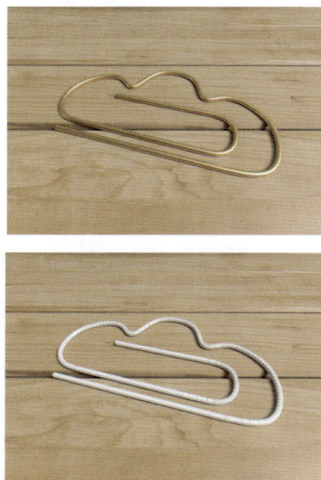

图2-4

效果文件位置	曲别针-完成.mb
素材文件位置	曲别针.mb

微课视频

制作思路

（1）绘制曲线。

（2）使用"扫描网格"生成曲别针模型。

操作步骤

（1）启动中文版Maya 2024软件，单击"曲线"工具架上的"EP曲线工具"图标，如图2-5所示。

图2-5

（2）在"顶视图"中绘制出云朵形状的曲别针图形，如图2-6所示。

图2-6

（3）绘制完成后，我们可以看到第一次绘制出来的曲线有很多细节还需要仔细调整，这时可以选择曲线并按住鼠标右键，在弹出的快捷菜单中执行"控制顶点"命令，如图2-7和图2-8所示。

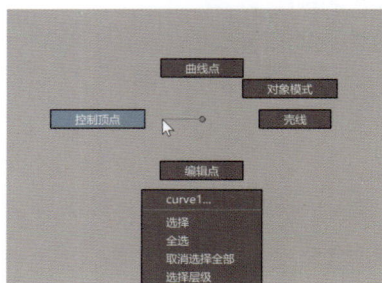

图2-7

图2-8

（4）调整曲线的控制顶点位置，仔细修改曲线的形态细节，如图2-9所示。

图2-9

（5）调整完成后，退出曲线的编辑模式。绘制完成的云朵形状曲别针线条效果如图2-10

所示。

图2-10

（6）选择绘制完成的曲别针线条，单击"多边形建模"工具架上的"扫描网格"图标，如图2-11所示。

图2-11

（7）观察视图，我们可以看到在默认状态下生成的曲别针模型效果，如图2-12所示。

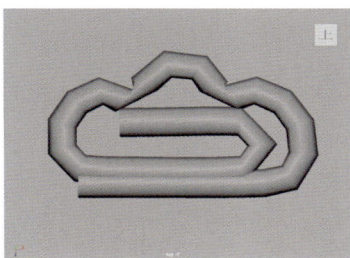

图2-12

（8）在"属性编辑器"选项卡中，设置"扫描剖面"为"多边形"，勾选"封口"复选框，在"变换"卷展栏中，设置"缩放剖面"为0.2，如图2-13所示。

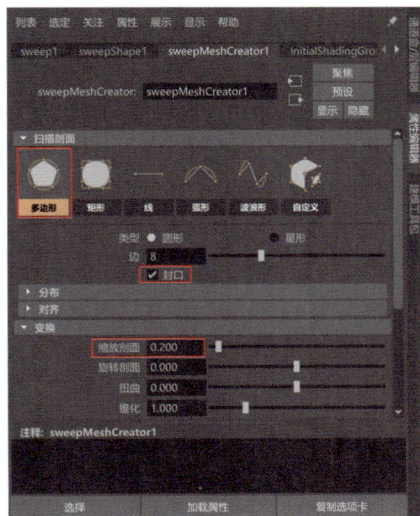

图2-13

（9）设置完成后，曲别针模型的视图显示结果如图2-14所示。

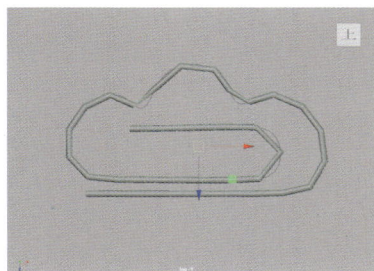

图2-14

（10）在"插值"卷展栏中，设置"模式"为"EP到EP"，"步数"为30，勾选"优化"复选框，如图2-15所示。

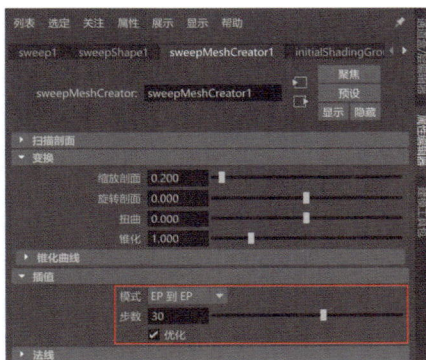

图2-15

（11）设置完成后，曲别针模型的视图显示结果如图2-16所示。

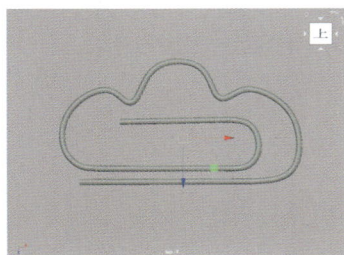

图2-16

（12）本案例制作完成后的云朵形状曲别针模型最终效果如图2-17所示。

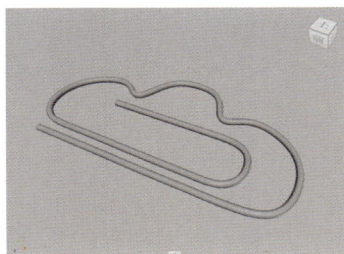

图2-17

2.2.2 NURBS圆形

"曲线"工具架中的第一个图标就是"NURBS圆形"图标，单击该图标即可在场景中生成一个圆形图形，如图2-18所示。

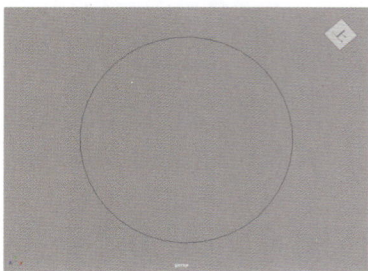

图2-18

在"圆形历史"卷展栏中，可以看到"NURBS圆形"图形的参数设置，如图2-19所示。

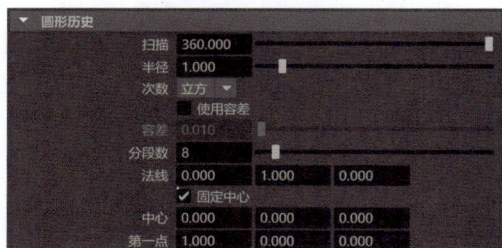

图2-19

常用参数解析

扫描：用于设置NURBS圆形的弧长范围，最大值为360，为一个圆形；较小的值则可以得到一段圆弧。如图2-20所示为"扫描"值分别是180和360所得到的图形对比。

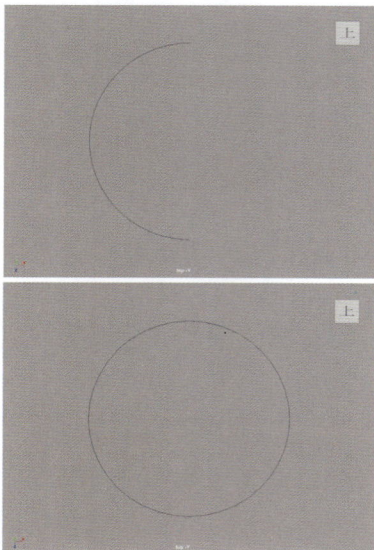

图2-20

半径：用于设置NURBS圆形的半径大小。

次数：用于设置NURBS圆形的显示方式，有"线性"和"立方"两个选项可选择。如图2-21所示为"次数"分别是"线性"和"立方"两种不同方式的图形结果对比。

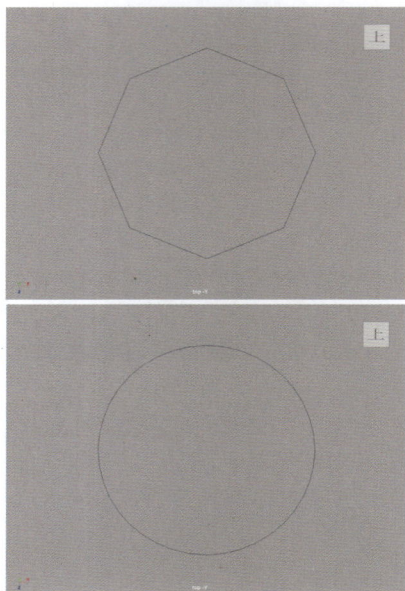

图2-21

分段数：当NURBS圆形的"次数"设置为"线性"时，NURBS圆形显示为一个多边形，通过设置"分段数"即可设置边数。如图2-22所示为"分段数"分别是5和12时的图形结果对比。

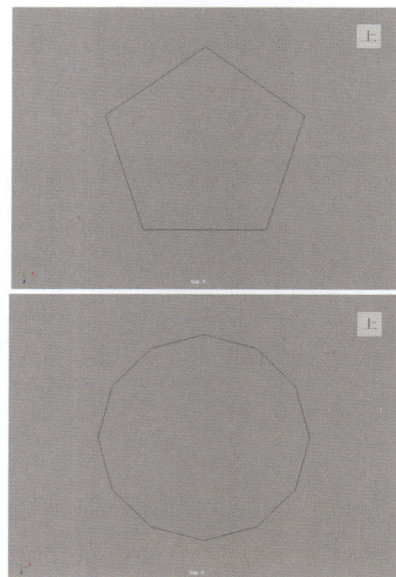

图2-22

如果"属性编辑器"中没有make NurbCircle1选项卡时，可以单击▤图标，打开"构建历史"功能后，再重新创建NURBS圆形，这样其"属性编辑器"面板中就会有该选项卡了。

2.2.3 NURBS方形

单击"曲线"工具架中的"NURBS方形"图标，即可在场景中创建一个方形图形，如图2-23所示。

图2-23

在场景中选择构成NURBS方形的任意一条边线，在"属性编辑器"面板中找到makeNurbsSquare1选项卡，展开"方形历史"卷展栏，通过修改该卷展栏中的相应参数即可更改NURBS方形的大小，如图2-24所示。

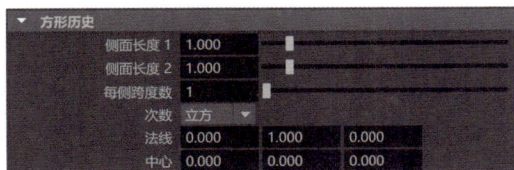

图2-24

常用参数解析

侧面长度1/侧面长度2：用来分别调整NURBS方形的长度和宽度。

2.2.4 EP曲线工具

单击"曲线"工具架中的"EP曲线工具"图标，即可在场景中以鼠标单击创建编辑点的方式来绘制曲线，绘制完成后，需要按下"回车键"来结束曲线绘制操作，如图2-25所示。

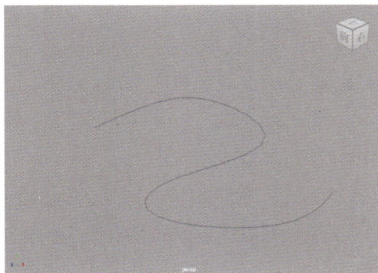

图2-25

在创建EP曲线前，还可以在工具架上双击"EP曲线工具"图标，打开"工具设置"对话框，其中的参数设置如图2-26所示。

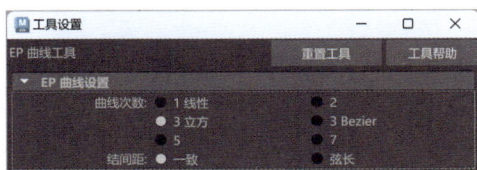

图2-26

常用参数解析

曲线次数：该值设置越大，曲线越平滑。默认设置（3立方）适用于大多数曲线。

结间距：结间距指定Maya如何将U位置值指定给结。

2.2.5 三点圆弧

单击"曲线"工具架中的"三点圆弧"图标，即可在场景中以鼠标单击创建编辑点的方式来绘制圆弧曲线，绘制完成后，需要按下"回车键"来结束曲线绘制操作，如图2-27所示。

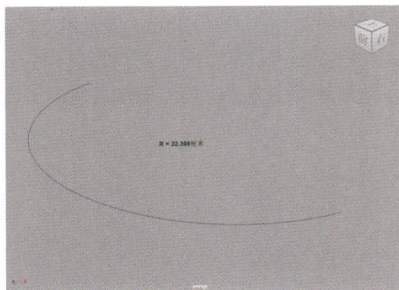

图2-27

在"属性编辑器"面板中展开"三点圆弧历史"卷展栏，其参数设置如图2-28所示。

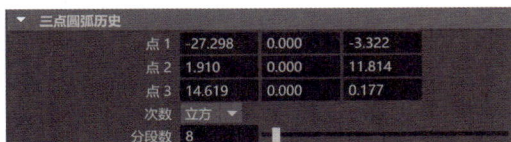

图2-28

常用参数解析

点1/点2/点3：更改这些点的坐标位置可以微调圆弧的形状。

2.2.6　Bezier曲线工具

单击"曲线"工具架中的"Bezier曲线工具"图标，即可在场景中以鼠标单击或拖动的方式来绘制曲线，绘制完成后，需要按下"回车键"来结束曲线绘制操作，如图2-29所示。

图2-29

绘制完成后的曲线，可以通过单击鼠标右键，在弹出的快捷菜单中选择"控制顶点"命令，来进行曲线的修改操作，如图2-30和图2-31所示。

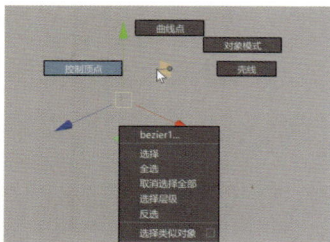

图2-30

图2-31

2.2.7　曲线修改工具

在"曲线"工具架上，可以找到常用的曲线修改工具，如图2-32所示。

图2-32

常用工具解析

附加曲线：将两条或两条以上的曲线附加成为一条曲线。

分离曲线：根据曲线的参数点来断开曲线。

插入点：根据曲线上的参数点来为曲线添加一个控制点。

延伸曲线：选择曲线或曲面上的曲线来延伸该曲线。

偏移曲线：将曲线复制并偏移一些。

重建曲线：将选择的曲线上的控制点重新进行排列。

添加点工具：选择要添加点的曲线来进行加点操作。

曲线编辑工具：使用操纵器来更改所选择曲线。

2.3　曲面工具

Maya软件界面中，"曲面"工具架提供了与创建曲面有关的大部分常用图标，如图2-33所示。我们可以使用这些图标在场景中创建曲面模型并对其进行修改，下面将通过课堂案例来详细讲解其中常用图标的使用方法。

图2-33

2.3.1　课堂案例：制作玻璃杯模型

本课堂案例讲解使用"曲线"工具架中的"EP曲线工具"图标来制作一个玻璃杯模型。案例的渲染效果如图2-34所示。

图2-34

効果文件位置 玻璃杯-完
成.mb
素材文件位置 玻璃杯.mb
微课视频

制作思路

（1）使用AI绘画软件绘制酒杯参考图。
（2）创建瓶子的剖面曲线。
（3）使用"旋转"图标生成玻璃杯模型。

操作步骤

（1）启动中文版Maya 2024软件，按住"空
格键"并单击"Maya"按钮，在弹出的菜单中
选择"右视图"，如图2-35所示，即可将当前视
图切换至右视图，如图2-36所示。

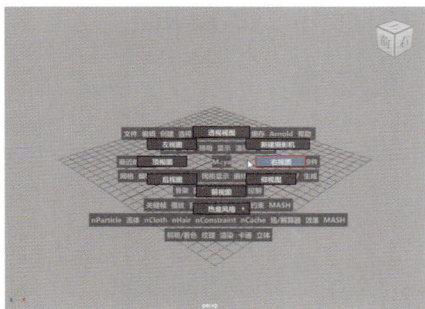

图2-35

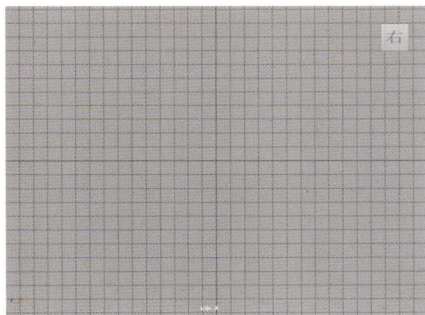

图2-36

（2）单击"曲线"工具架上的"EP曲线工
具"图标，如图2-37所示。

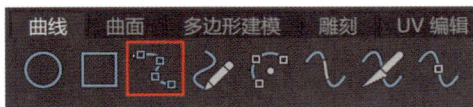

图2-37

（3）在右视图中绘制出杯子的侧面图形，如
图2-38所示。

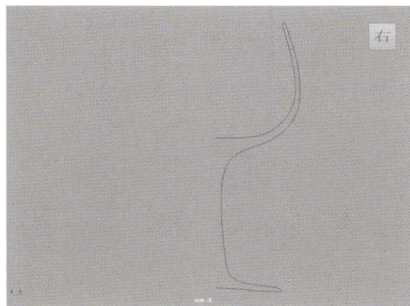

图2-38

（4）绘制完成后，可以看到第一次绘制出来
的曲线有很多细节还需要仔细调整，这时可以选
择曲线并按住鼠标右键，在弹出的快捷菜单中执
行"控制顶点"命令，如图2-39所示。

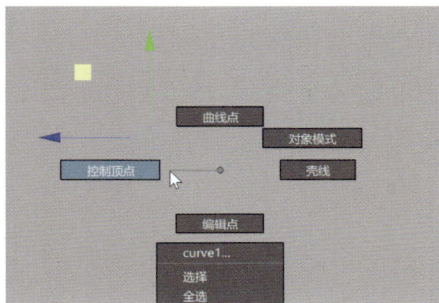

图2-39

（5）调整曲线的控制顶点位置，仔细修改曲
线的形态细节，如图2-40和图2-41所示。

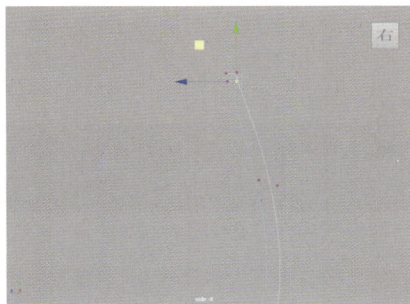

图2-40

图2-41

（6）观察曲线，如果希望添加一些控制顶点，可以单击鼠标右键，在弹出的快捷菜单中执行"曲线点"命令，如图2-42所示。

图2-42

（7）按住Shift键，可以在任意位置处添加多个黄色的点，如图2-43所示。

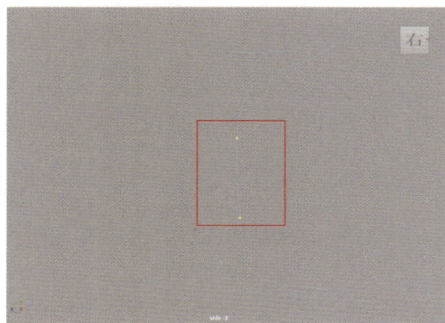

图2-43

（8）单击"曲线"工具架上的"插入点"图标，如图2-44所示。这时，会自动退出线的编辑状态，如图2-45所示。

图2-44

图2-45

（9）接下来，再次单击鼠标右键，在弹出的

快捷菜单中执行"控制顶点"命令，我们即可看到添加的控制顶点，如图2-46所示。

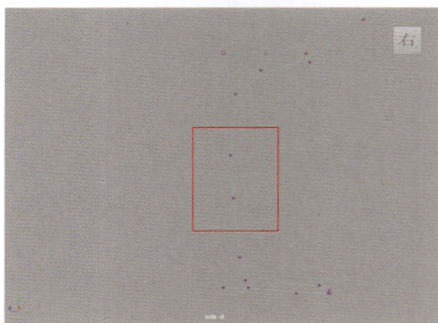

图2-46

（10）调整完成后，单击鼠标右键，在弹出的快捷菜单中执行"对象模式"命令，如图2-47所示，即可退出曲线编辑状态。

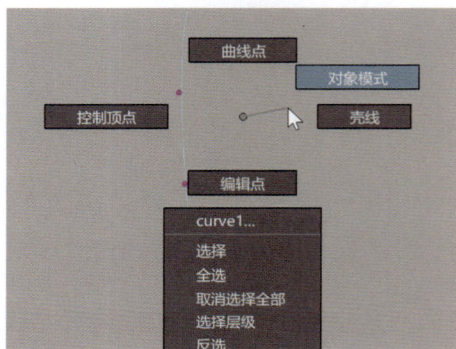

图2-47

（11）观察绘制完成的曲线形态，如图2-48所示。

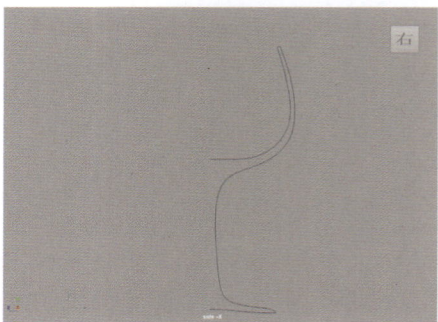

图2-48

（12）选择场景中绘制完成的曲线，单击"曲面"工具架上的"旋转"图标，如图2-49所示。

图2-49

（13）在场景中可以看到曲线经过旋转后得到的曲面模型，如图2-50所示。

图2-50

（14）在默认状态下，当前的曲面模型结果显示为黑色，如图2-51所示。

图2-51

（15）可以执行菜单栏中的"曲面/反转方向"命令，来更改曲面模型的面方向，如图2-52所示。这样就可以得到正确的曲面模型显示结果，如图2-53所示。

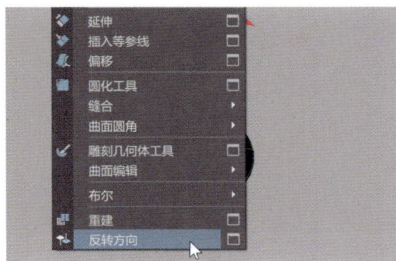

图2-52

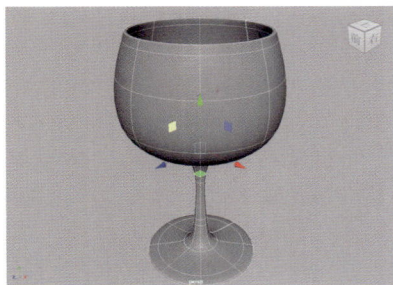

图2-53

（16）在"通道盒/层编辑器"选项卡中，设置"分段数"为16，如图2-54所示，可以得到更加平滑的模型显示结果。

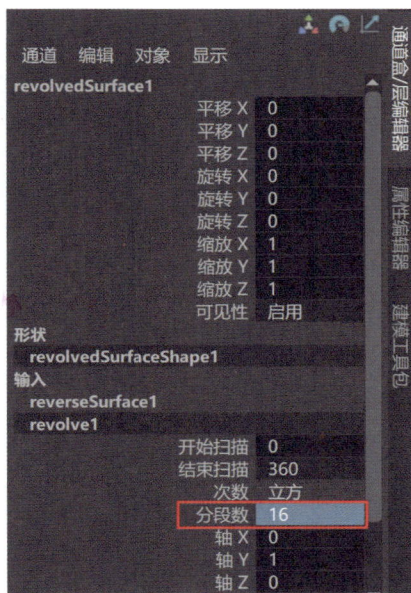

图2-54

（17）本案例制作完成后的玻璃杯模型最终效果如图2-55所示。

图2-55

2.3.2　NURBS球体

单击"曲面"工具架中的"NURBS球体"图标，即可在场景中生成一个球形曲面模型，如图2-56所示。

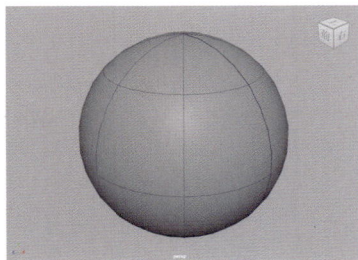

图2-56

在"属性编辑器"面板中选择makeNurb
Sphere1选项卡，展开"球体历史"卷展栏，
可以看到"NURBS球体"模型的参数设置，如
图2-57所示。

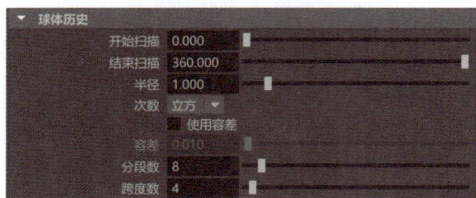

图2-57

常用参数解析

开始扫描：设置球体曲面模型的起始扫描度
数，默认值为0。

结束扫描：设置球体曲面模型的结束扫描度
数，默认值为360。

半径：设置球体模型的半径大小。

次数：有"线性"和"立方"两种方式可选
择，用来控制球体的显示结果。

分段数：设置球体模型的竖向分段。

跨度数：设置球体模型的横向分段。

2.3.3　NURBS立方体

单击"曲面"工具架中的"NURBS立方
体"图标，即可在场景中生成一个立方形曲面模
型，如图2-58所示。

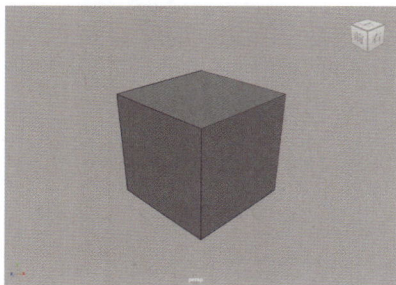

图2-58

在场景中选择构成NURBS立方体的任
意一个面，在"属性编辑器"面板中找到
makeNurbCube1选项卡，展开"立方体历史"
卷展栏，通过修改该卷展栏中的相应参数即可更
改NURBS立方体的大小，如图2-59所示。

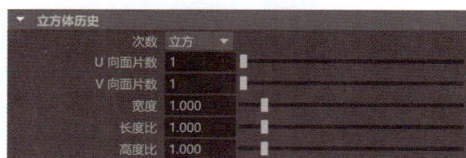

图2-59

常用参数解析

U向面片数：用来控制NURBS立方体U向
的分段数。

V向面片数：用来控制NURBS立方体V向的
分段数。

宽度：用来控制NURBS立方体的整体比例
大小。

长度比/高度比：分别用来调整NURBS立方
体的长度和高度。

2.3.4　NURBS圆柱体

在"曲面"工具架中单击"NURBS圆柱体"
图标，即可在场景中生成一个圆柱形的曲面模
型，如图2-60所示。

图2-60

在makeNurbCylinder1选项卡中展开"圆
柱体历史"卷展栏，其参数设置如图2-61所示。

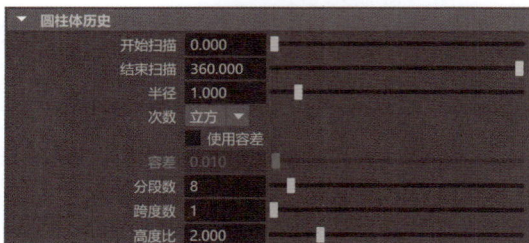

图2-61

常用参数解析

开始扫描：设置NURBS圆柱体的起始扫描
度数，默认值为0。

结束扫描：设置NURBS圆柱体的结束扫描
度数，默认值为360。

半径：设置NURBS圆柱体的半径大小。注
意，调整该值的同时也会影响NURBS圆柱体的
高度。

分段数：设置NURBS圆柱体的竖向分段。

跨度数：设置NURBS圆柱体的横向分段。

高度比：可以用来调整NURBS圆柱体的高度。

技巧与提示

如果使用"交互式创建"方法来创建NURBS圆柱体，可以得到如图2-62所示的模型效果。

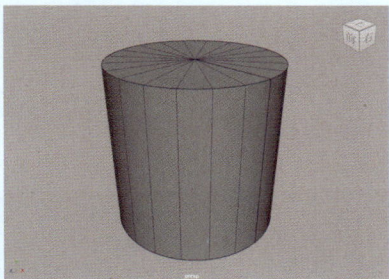

图2-62

2.3.5 NURBS圆锥体

单击"曲面"工具架中的"NURBS圆锥体"图标，即可在场景中生成一个圆锥形的曲面模型，如图2-63所示。

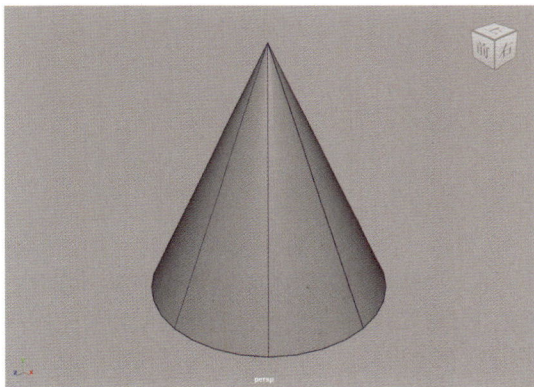

图2-63

技巧与提示

NURBS圆锥体位于其"属性编辑器"中的参数与NURBS圆柱体很相似，在这里不再重复讲解。

2.3.6 曲面修改工具

在"曲面"工具架上，可以找到常用的曲面修改工具，如图2-64所示。

图2-64

常用工具解析

旋转：根据所选择的曲线来旋转生成一个曲面模型。

放样：根据所选择的多条曲线来放样生成曲面模型。

平面：根据闭合的曲面来生成曲面模型。

挤出：根据选择的曲线来挤出模型。

双轨成形1工具：让一条轮廓线沿着两条曲线进行扫描来生成曲面模型。

倒角：根据一条曲线来生成带有倒角的曲面模型。

在曲面上投影曲线：将曲线投影到曲面上，从而生成曲面曲线。

曲面相交：在曲面的交界处产生一条相交曲线。

修剪工具：根据曲面上的曲线来对曲面进行修剪操作。

取消修剪工具：取消对曲面的修剪操作。

附加曲面：将两个曲面模型附加为一个曲面模型。

分离曲面：根据曲面上的等参线来分离曲面模型。

开放/闭合曲面：将曲面在U向/V向进行打开或者封闭操作。

插入等参线：在曲面的任意位置插入新的等参线。

延伸曲面：根据选择的曲面来延伸曲面模型。

重建曲面：在曲面上重新构造等参线以生成布线均匀的曲面模型。

雕刻几何体工具：使用笔刷绘制的方式在曲面模型上进行雕刻操作。

曲面编辑工具：使用操纵器来更改曲面上的点。

2.4 课后习题

2.4.1 课后习题：制作碗模型

本课后习题讲解使用"曲线"工具架中的另一个工具——"Bezier曲线工具"来制作一个碗

模型。习题的渲染效果如图2-65所示。

图2-65

| 效果文件位置 | 碗-完成.mb |
| 素材文件位置 | 碗.mb |

微课视频

制作思路

（1）绘制碗侧面曲线。
（2）使用"旋转"生成碗模型。

制作要点

（1）启动中文版Maya 2024软件，按住"空格键"并单击"Maya"按钮，在弹出的菜单中选择"右视图"，如图2-66所示，即可将当前视图切换至右视图，如图2-67所示。

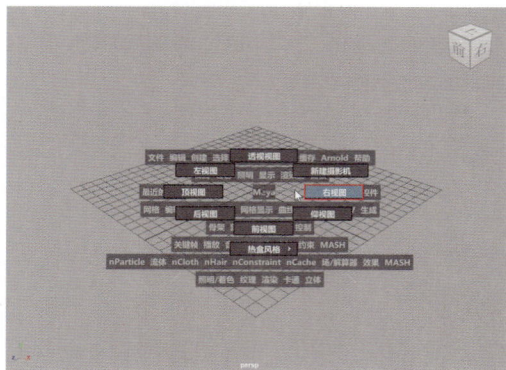

图2-66

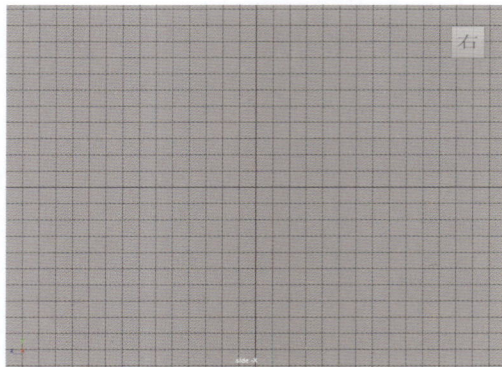

图2-67

（2）单击"曲线"工具架上的"Bezier工具"图标，如图2-68所示。

图2-68

（3）在右视图中绘制出碗的侧面图形，如图2-69所示。

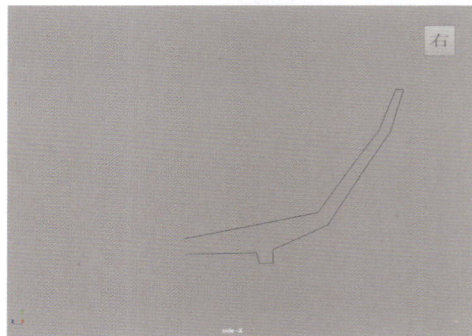

图2-69

（4）绘制完成后，绘制出的图形有很多细节还需要仔细调整，这时可以选择曲线并按住鼠标右键，在弹出的快捷菜单中执行"控制顶点"命令，如图2-70所示。

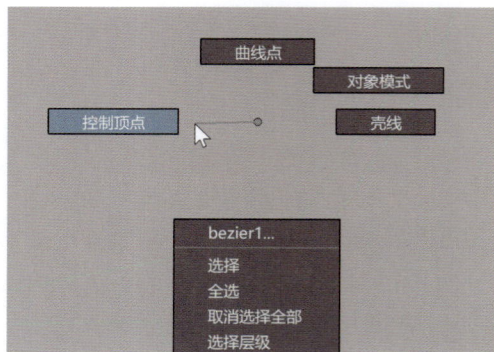

图2-70

（5）在视图中选择线上的所有顶点，按住
Shift键的同时单击鼠标右键，在弹出的快捷菜
单中执行"Bezier角点"命令，如图2-71所示。
设置完成后，我们可以看到现在这些顶点都会显
示出各自的控制手柄，如图2-72所示。

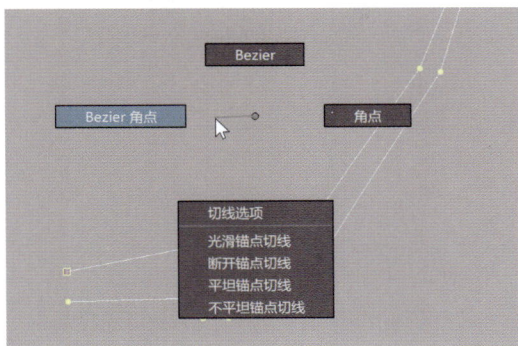

图2-71

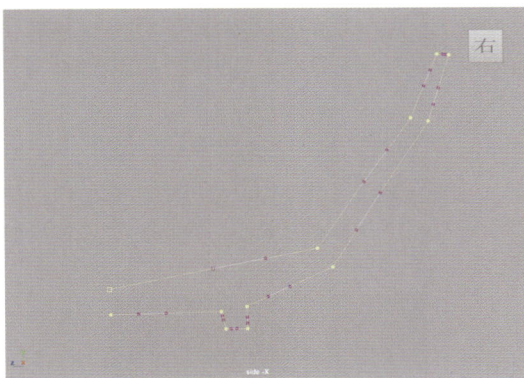

图2-72

（6）调整每个顶点的控制手柄，制作出碗的
侧面曲线效果，如图2-73所示。

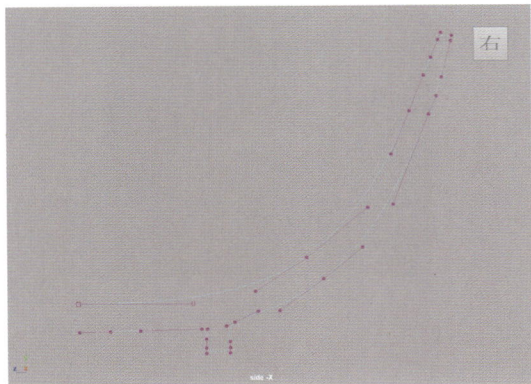

图2-73

（7）调整完成后，单击鼠标右键，在弹出的
快捷菜单中执行"对象模式"命令，如图2-74
所示，即可退出曲线编辑状态。

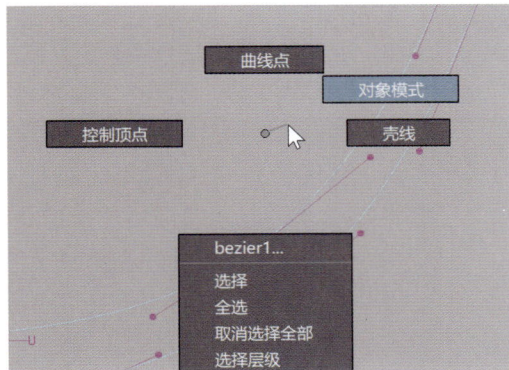

图2-74

（8）观察绘制完成的碗侧面曲线形态，如
图2-75所示。

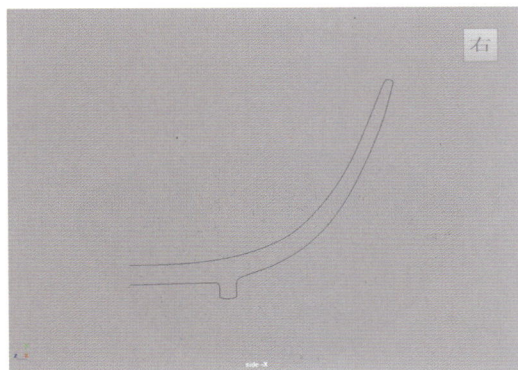

图2-75

（9）选择场景中绘制完成的碗侧面曲线，单
击"曲面"工具架上的"旋转"图标，如图2-76
所示。

图2-76

（10）在场景中可以看到曲线经过旋转后得
到的曲面模型，如图2-77所示。

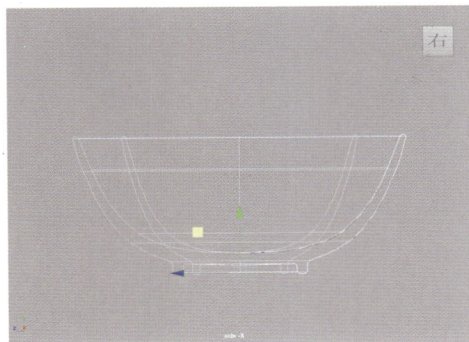

图2-77

（11）执行菜单栏中的"面板/透视/persp"命令，如图2-78所示，将视图切换至透视视图，观察碗的模型显示结果，如图2-79所示。

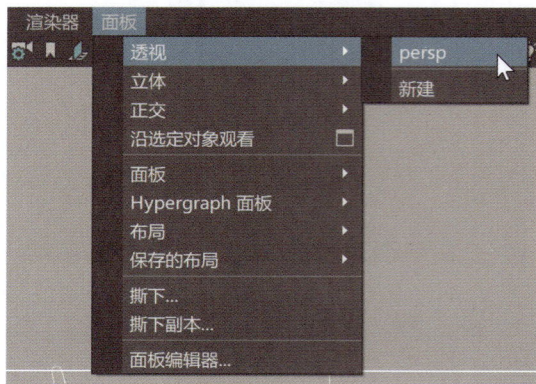

图2-78

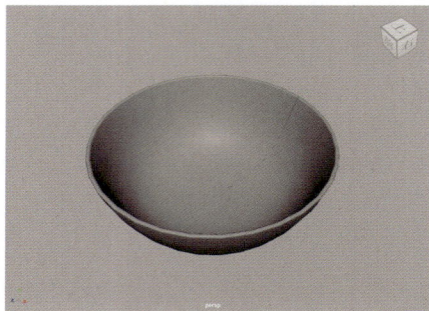

图2-81

2.4.2　课后习题：制作瓶子模型

　　本课后习题讲解使用"曲线"工具架中的工具图标来制作一个瓶子模型。习题的渲染效果如图2-82所示。

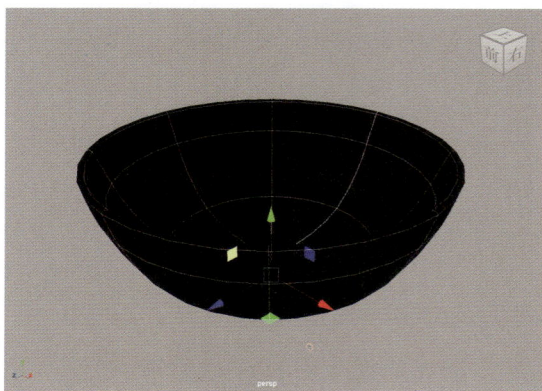

图2-79

（12）执行菜单栏中的"曲面/反转方向"命令，来更改曲面模型的面方向。这样就可以得到正确的曲面模型显示结果，如图2-80所示。

图2-82

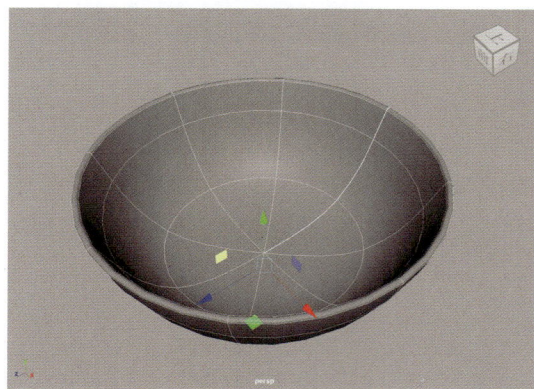

图2-80

（13）本习题制作完成后的碗模型最终效果如图2-81所示。

效果文件位置　瓶子-完成.mb
素材文件位置　瓶子.mb

微课视频

（1）使用多个NURBS圆形制作出瓶子的大概形状。

（2）使用放样工具制作瓶子模型。

制作要点

（1）启动中文版Maya 2024软件，在"曲线"工具架上单击"NURBS圆形"图标，如图2-83所示。在场景中绘制出一个圆形图形，如图2-84所示。

图2-83

图2-84

（2）对圆形图形进行复制，并调整其位置及大小至如图2-85所示，制作出瓶子的大概形状。

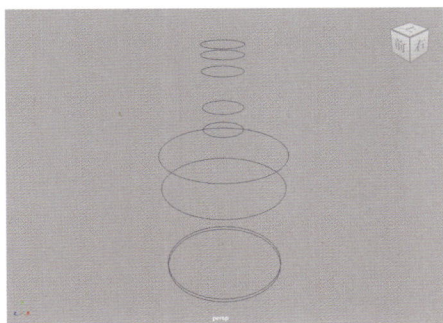

图2-85

（3）按照圆形创建的顺序依次选择这些图形，在"曲面"工具架上单击"放样"图标，如图2-86所示，即可得到如图2-87所示的模型效果。

图2-86

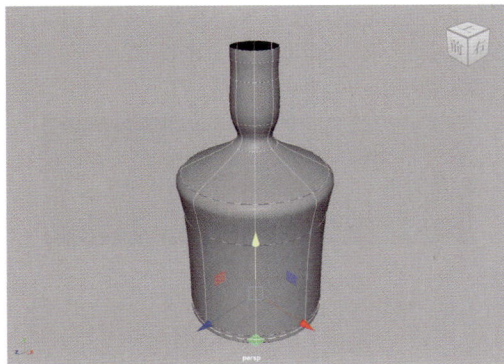

图2-87

（4）调整圆形图形的大小和位置，即可影响瓶子模型的形状，如图2-88所示。

图2-88

（5）在"大纲视图"面板中，选择创建的第一个圆形图形，如图2-89所示。

图2-89

（6）在"曲面"工具架上单击"平面"图标，如图2-90所示，即可得到如图2-91所示的瓶子底部模型效果。

图2-90

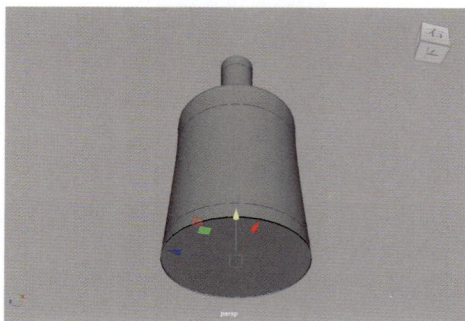

图2-91

（7）本习题制作完成后的瓶子模型最终效果如图2-92所示。

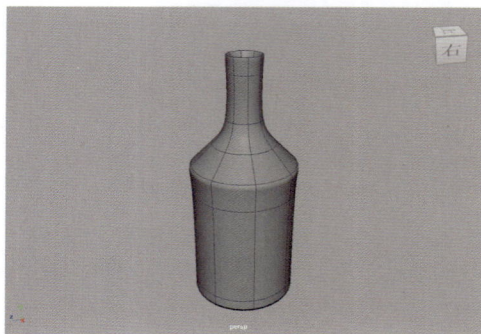

图2-92

第 **3** 章 > 多边形建模

本章导读

本章将以较为典型的案例来为读者详细讲解 Maya 2024 中常用多边形建模工具的使用方法。本章内容非常重要，请读者务必认真学习。

学习要点

- 了解多边形建模的思路
- 掌握多边形组件的切换方式
- 掌握多边形建模技术
- 学习创建规则的多边形模型
- 学习创建不规则的多边形模型

3.1 多边形概述

　　大多数的三维软件都提供了多种建模方式以供广大建模师选择使用，Maya 2024软件也不例外。我们学习了上一章的建模技术之后，对于曲面建模应该已经有了一定的了解，同时也会慢慢地发现曲面建模技术中有一些不够方便的地方。比如在Maya软件中创建出来的NURBS长方体模型、NURBS圆柱体模型和NURBS圆锥体模型不像NURBS球体一样仅仅是一个对象，而是由多个结构拼凑而成的，当我们使用曲面建模技术处理这些形体的边角连接处时会略微感觉到麻烦，如果我们在Maya软件中使用多边形建模技术来进行建模的话，这些问题就会变得非常简单。

　　多边形由顶点和连接它们的边来定义形体的结构，多边形的内部区域称为面，这些要素的命令编辑就构成了多边形建模技术。经过几十年的应用发展，多边形建模技术如今被广泛用于电影、游戏、虚拟现实等动画模型的开发制作。如图3-1和图3-2所示为使用多边形建模技术创建的建筑模型作品。

图3-1

图3-2

3.2 多边形工具

　　Maya软件界面中"多边形建模"工具架的前半部分提供了与创建多边形有关的常用图标，如图3-3所示。通过这些图标，可以在场景中创建多边形，制作出我们所需要的模型结果。

图3-3

3.2.1　课堂案例：制作石膏模型

　　本课堂案例讲解使用"多边形建模"工具架中的工具图标来制作一个圆柱插图锥的石膏几何体模型。案例的渲染效果如图3-4所示。

图3-4

效果文件位置　石膏-完成.mb
素材文件位置　石膏.mb

微课视频

制作思路

（1）使用多边形圆锥体和多边形圆柱体制作出石膏的基本形态。

（2）微调模型的位置完成模型的制作。

操作步骤

（1）启动中文版Maya 2024软件，单击"多边形建模"工具架上的"多边形圆锥体"图标，如图3-5所示，即可在场景中创建一个圆锥体模型，如图3-6所示。

图3-5

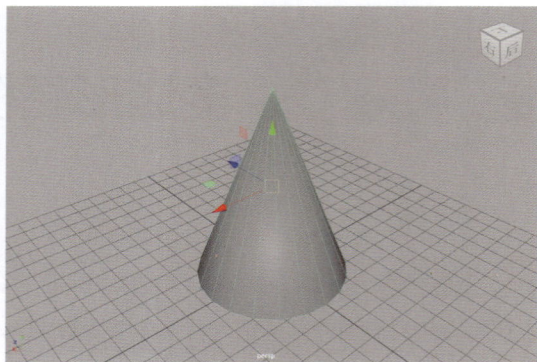

图3-6

（2）在"多边形圆锥体历史"卷展栏中，设置"半径"为4，"高度"为10，"轴向细分数"为50，如图3-7所示。

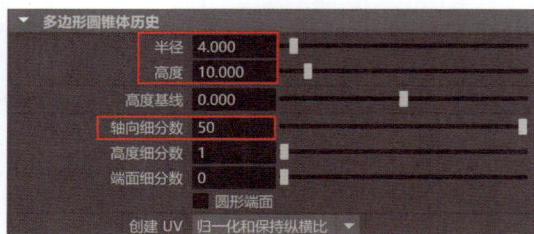

图3-7

（3）在"通道盒/层编辑器"选项卡中，设置"平移X"为0，"平移Y"为5，"平移Z"为0，如图3-8所示。

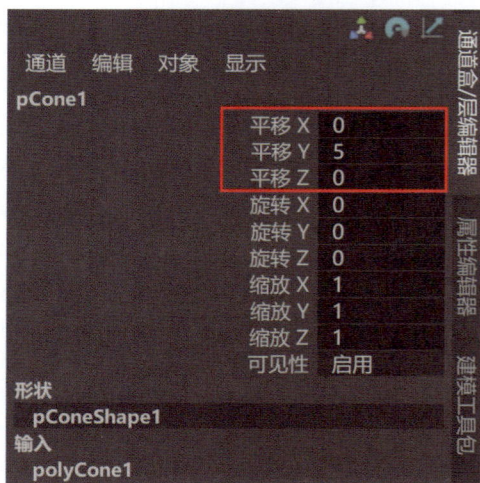

图3-8

（4）设置完成后，圆锥体模型的视图显示效果如图3-9所示。

（5）单击"多边形建模"工具架上的"多边形圆柱体"图标，如图3-10所示，即可在场景中创建一个圆柱体模型，如图3-11所示。

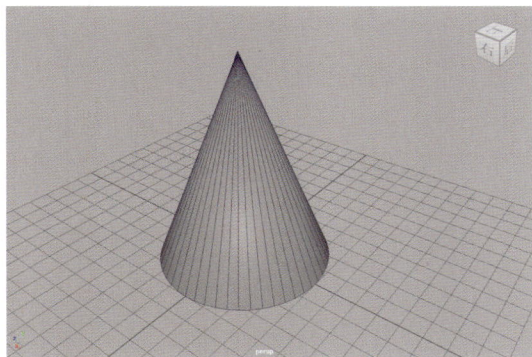

图3-9

图3-10

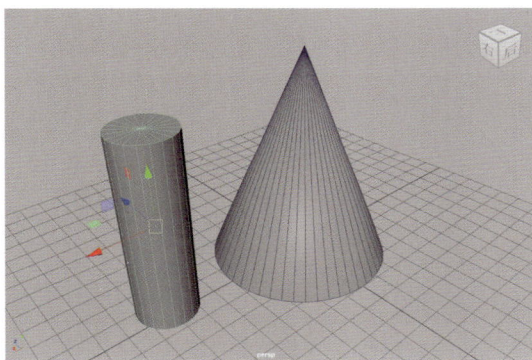

图3-11

（6）在"多边形圆柱体历史"卷展栏中，设置"半径"为1.5，"高度"为10，"轴向细分数"为50，如图3-12所示。

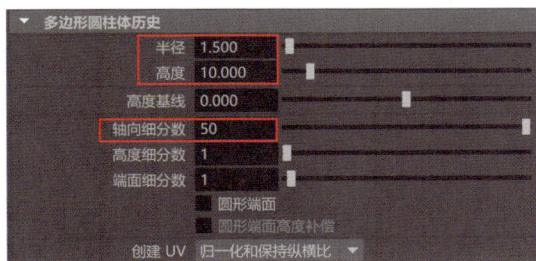

图3-12

（7）在"通道盒/层编辑器"选项卡中，设置"平移X"为0，"平移Y"为5.95，"平移Z"为0，"旋转X"为90，如图3-13所示。

（8）设置完成后，圆柱体模型的视图显示效果如图3-14所示，一个圆柱贯穿圆锥的石膏模型就制作完成了。

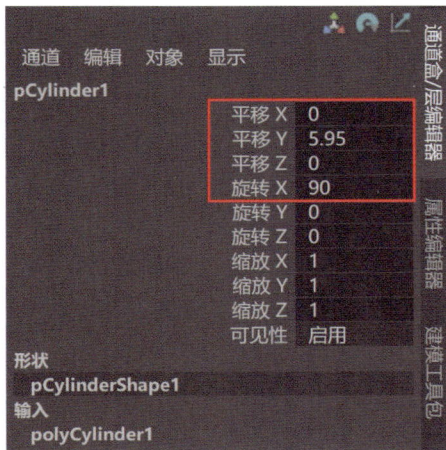

图3-13

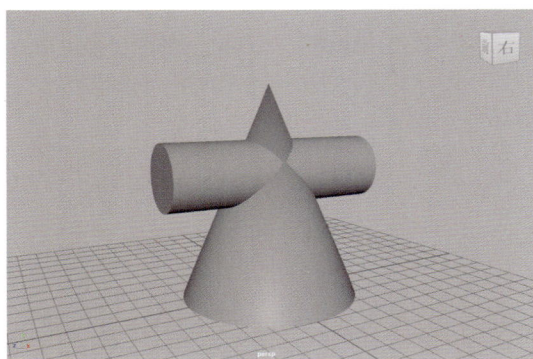

图3-14

3.2.2　多边形球体

在"多边形建模"工具架上单击"多边形球体"图标，即可在场景中创建一个多边形球体模型，如图3-15所示。

图3-15

在"属性编辑器"面板的polySphere1选项卡中，展开"多边形球体历史"卷展栏，可以看到多边形球体的参数设置，如图3-16所示。

图3-16

常用参数解析

半径：用来控制多边形球体的半径大小。

高度基线：用来控制球体模型轴心的高度。

轴向细分数：用于设置多边形球体轴向方向上的细分段数。

高度细分数：用于设置多边形球体高度上的细分段数。

3.2.3　多边形立方体

在"多边形建模"工具架上单击"多边形立方体"图标，即可在场景中创建一个多边形长方体模型，如图3-17所示。

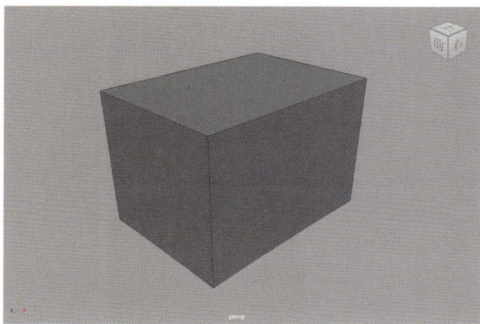
图3-17

在"多边形立方体历史"卷展栏中，可以看到多边形立方体的参数设置，如图3-18所示。

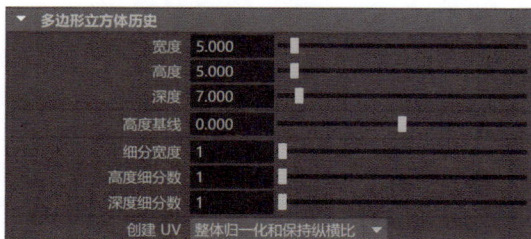
图3-18

常用参数解析

宽度：设置多边形立方体的宽度。

高度：设置多边形立方体的高度。

深度：设置多边形立方体的深度。

分段宽度：设置多边形立方体宽度上的分段数量。

高度细分数/深度细分数：分别用于设置多

边形立方体高度/深度上的分段数。

3.2.4　多边形圆柱体

在"多边形建模"工具架上单击"多边形圆柱体"图标，即可在场景中创建一个多边形圆柱体模型，如图3-19所示。

图3-19

在"多边形圆柱体历史"卷展栏中，可以看到多边形圆柱体的参数设置，如图3-20所示。

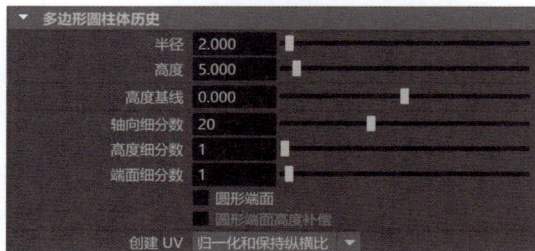
图3-20

常用参数解析

半径：设置多边形圆柱体的半径大小。

高度：设置多边形圆柱体的高度。

轴向细分数/高度细分数/端面细分数：设置多边形圆柱体轴向/高度/端面的分段数值。

3.2.5　多边形圆锥体

在"多边形建模"工具架上单击"多边形圆锥体"图标，即可在场景中创建一个多边形圆锥体模型，如图3-21所示。

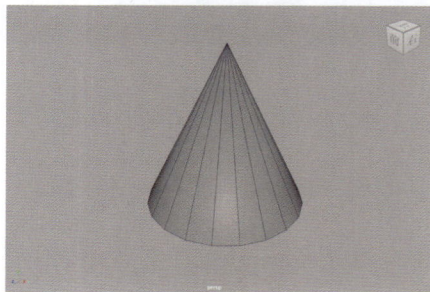
图3-21

在"多边形圆锥体历史"卷展栏中,可以看到多边形圆锥体的参数设置,如图3-22所示。

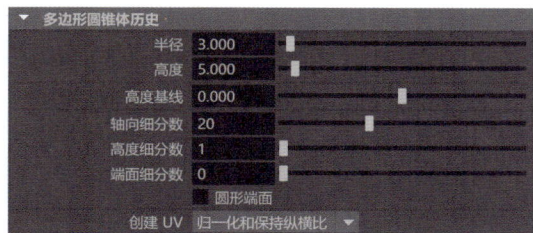

图3-22

常用参数解析

半径:设置多边形圆锥体的半径大小。

高度:设置多边形圆锥体的高度。

轴向细分数/高度细分数/端面细分数:分别用于设置多边形圆锥体轴向/高度/端面的分段数。

3.2.6 多边形圆环

在"多边形建模"工具架上单击"多边形圆环"图标,即可在场景中创建一个多边形圆环模型,如图3-23所示。

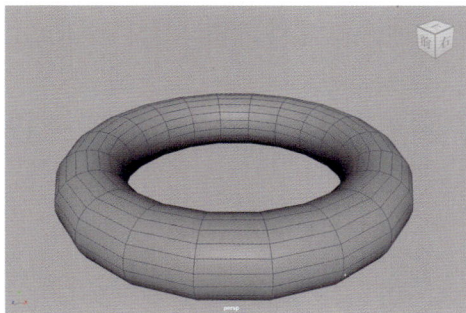

图3-23

在"多边形圆环历史"卷展栏中,可以看到多边形圆环的参数设置,如图3-24所示。

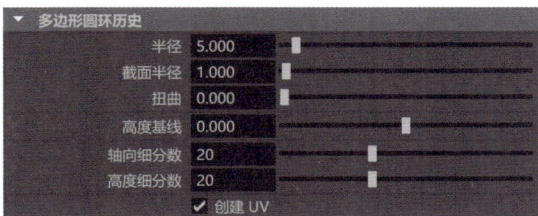

图3-24

常用参数解析

半径:设置多边形圆环的半径大小。

截面半径:设置多边形圆环的截面半径大小。

扭曲:设置多边形圆环的扭曲值。

轴向细分数/高度细分数:设置多边形圆环

轴向/高度的分段数。

3.2.7 多边形类型

在"多边形建模"工具架上单击"多边形类型"图标,即可在场景中快速创建出多边形文本模型,如图3-25所示。

图3-25

在"属性编辑器"中找到type1选项卡,即可看到"多边形类型"工具的基本参数,如图3-26所示。

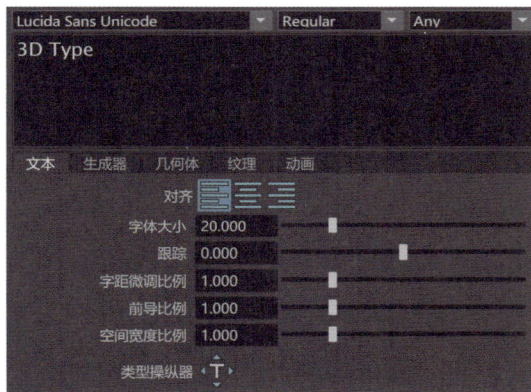

图3-26

常用参数解析

"选择字体和样式"列表:在该下拉列表中,用户可以更改文字的字体及样式,如图3-27所示。

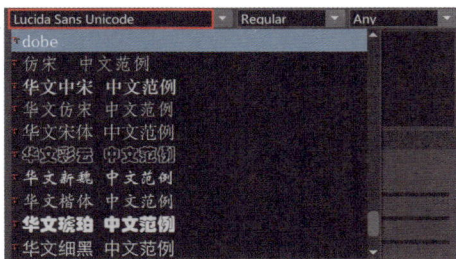

图3-27

"选择写入系统"列表:在该下拉列表中,

可以更改文字语言，如图3-28所示。

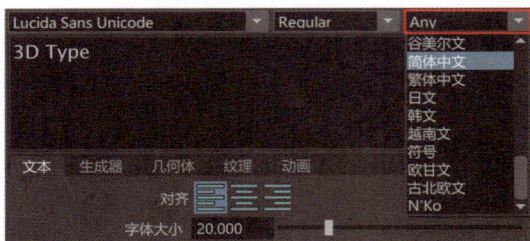

图3-28

对齐：设置文字段落，有"类型左对齐""中心类型"和"类型右对齐"3种对齐方式可选择。

字体大小：设置字体的大小。

跟踪：根据设置的方形边界框均匀地调整所有字母之间的水平间距。

字距微调比例：根据每个字母的特定形状均匀地调整所有字母之间的水平间距。

前导比例：均匀地调整所有线之间的垂直间距。

空间宽度比例：手动调整空间的宽度。

3.3　建模工具包

"建模工具包"是Maya为模型师提供的一个用于快速查找建模命令的工具集合，如图3-29所示。

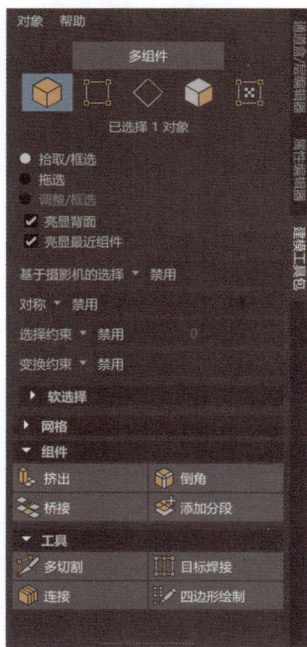

图3-29

技巧与提示

"建模工具包"选项中的部分按钮与"多边形建模"工具架中的部分图标是重复的，也就是说相同的命令我们选择哪个使用都可以。

3.3.1　课堂案例：制作菜刀模型

本课堂案例讲解使用"多边形建模"工具架中的工具图标来制作一把游戏用的低面数菜刀模型。案例的渲染效果如图3-30所示。

图3-30

效果文件位置	菜刀-完成.mb
素材文件位置	菜刀.mb

微课视频

制作思路

（1）使用多边形立方体制作出菜刀的基本形态。

（2）使用"建模工具包"中的工具制作出菜

刀的刀刃及把手细节。

操作步骤

（1）启动中文版Maya 2024软件，单击"多边形建模"工具架上的"多边形立方体"图标，如图3-31所示，即可在场景中创建一个长方体模型。

图3-31

（2）在"多边形立方体历史"卷展栏中，设置"宽度"为0.5，"高度"为8，"深度"为15，"细分宽度"为2，"高度细分数"为3，"深度细分数"为9，如图3-32所示。

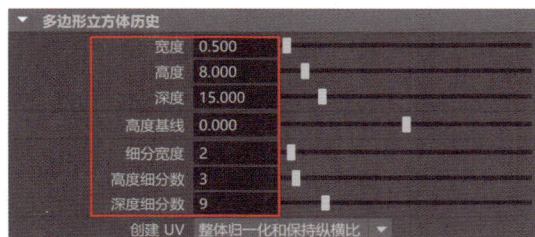

图3-32

（3）在"通道盒/层编辑器"选项卡中，设置"平移X"为0，"平移Y"为4，"平移Z"为0，如图3-33所示。

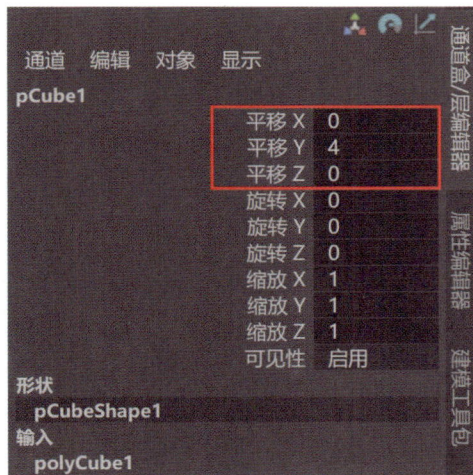

图3-33

（4）设置完成后，长方体模型的视图显示效果如图3-34所示。

（5）选择如图3-35所示的顶点，使用"缩放工具"制作出如图3-36所示的刀刃效果。

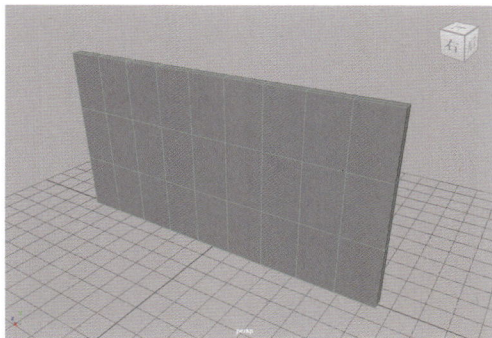

图3-34

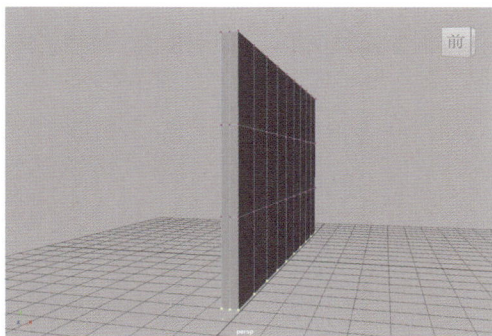

图3-35

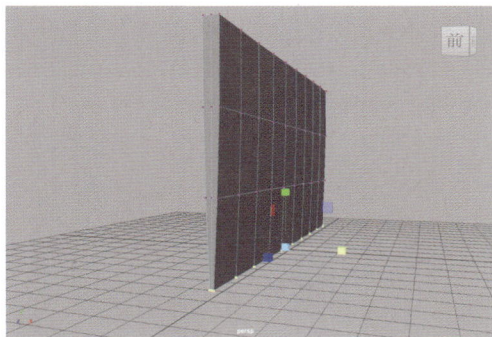

图3-36

（6）选择如图3-37所示的边线，使用"倒角工具"制作出如图3-38所示的模型效果。

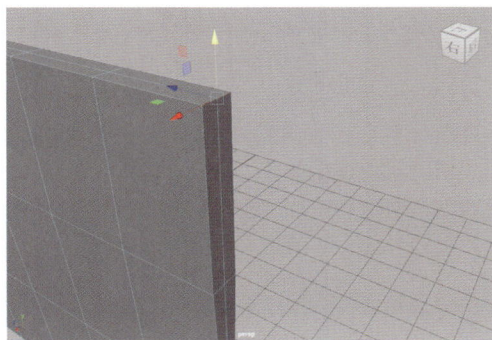

图3-37

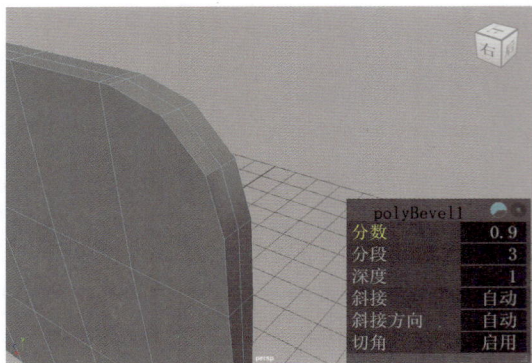

图3-38

（7）选择如图3-39所示的面，使用"挤出工具"制作出如图3-40所示的模型效果。

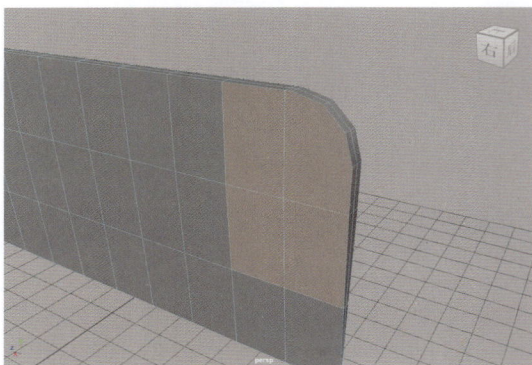

图3-39

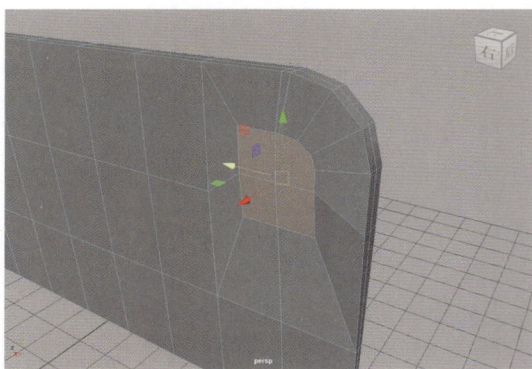

图3-40

（8）单击"多边形建模"工具架上的"圆形圆角"图标，如图3-41所示，即可得到如图3-42所示的模型效果。

图3-41

（9）使用"桥接工具"制作出如图3-43所示的孔洞效果。

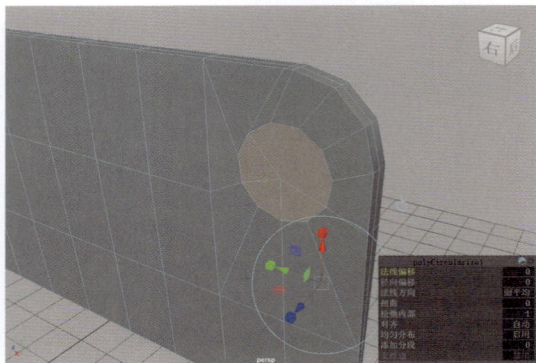

图3-42

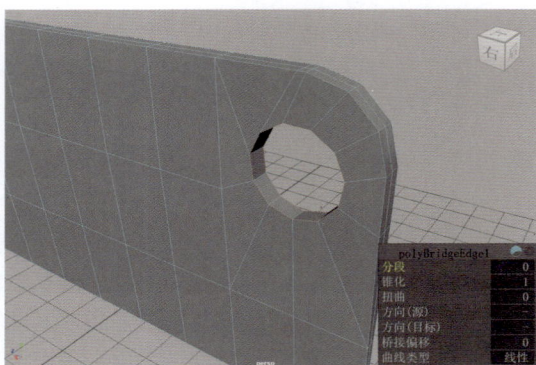

图3-43

（10）切换到右视图中，调整孔洞的大小和位置至如图3-44所示。

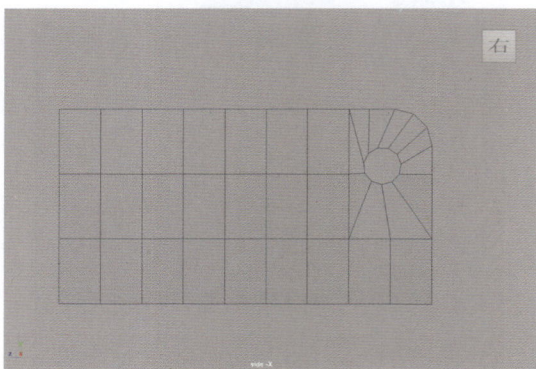

图3-44

（11）选择如图3-45所示的面，使用"挤出工具"制作出与其连接的刀把手模型，效果如图3-46所示。

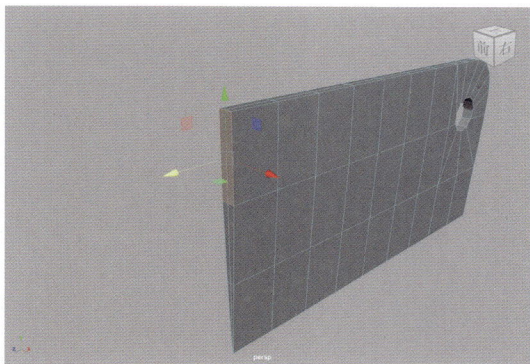

图3-45

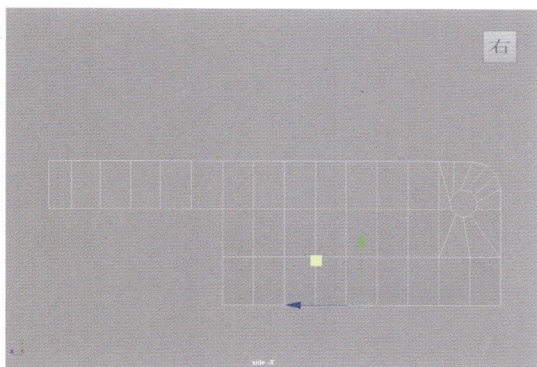

图3-46

（12）单击"曲线"工具架上的"EP曲线工具"图标，如图3-47所示。

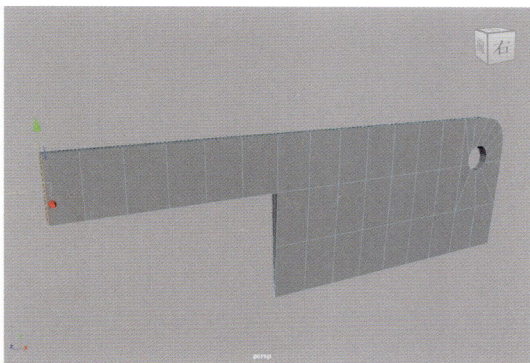

图3-47

（13）在右视图中至右向左绘制一条曲线，用来控制菜刀的形态，如图3-48所示。

图3-48

（14）先选择菜刀模型，再选择曲线，如图3-49所示。

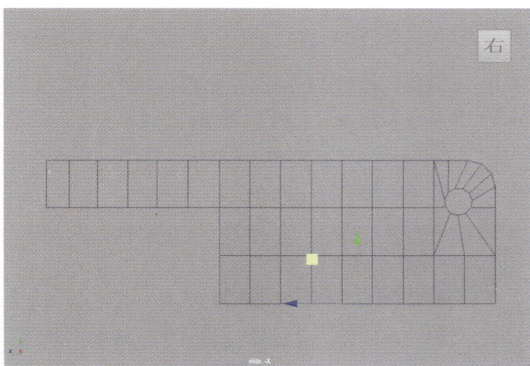

图3-49

（15）单击"运动图形"工具架上的"曲线扭曲"图标，如图3-50所示，即可得到如图3-51所示的模型效果。

图3-50

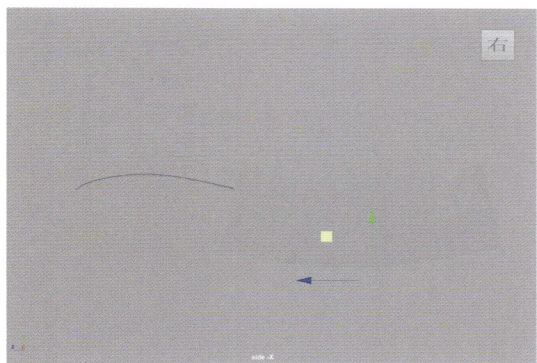

图3-51

（16）在"曲线扭曲"卷展栏中，设置"封套"为0.6，如图3-52所示。菜刀的变形效果如图3-53所示。

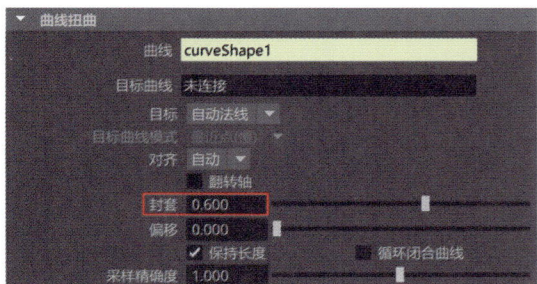

图3-52

图3-53

（17）单击"多边形建模"工具架上的"按类型删除：历史"图标，如图3-54所示，将场景中的曲线删除。

图3-54

（18）在右视图中，调整刀刃所处的顶点位置至如图3-55所示，制作出菜刀模型的磨损效果，如图3-56所示。

图3-55

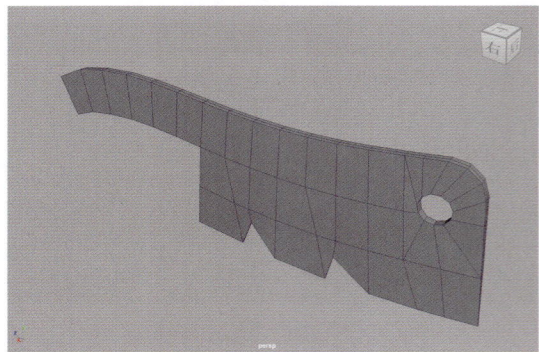

图3-56

（19）选择如图3-57所示的面，使用"挤出

工具"制作出菜刀的刀把细节，如图3-58所示。

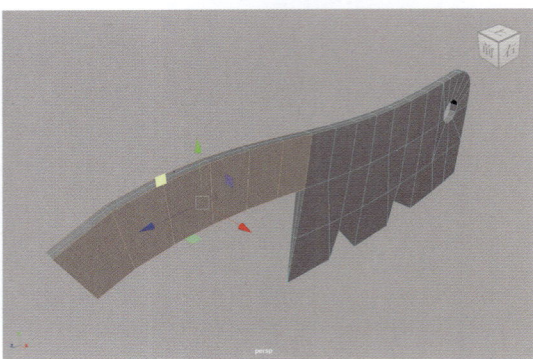

图3-57

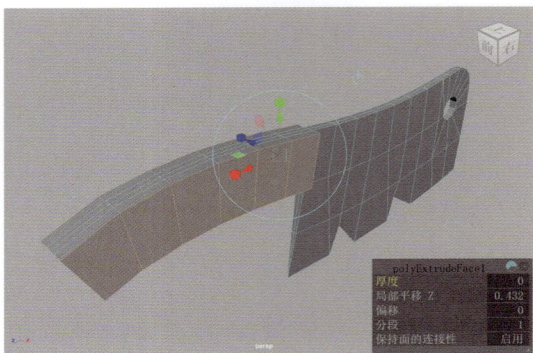

图3-58

（20）调整刀把手边线至如图3-59所示。

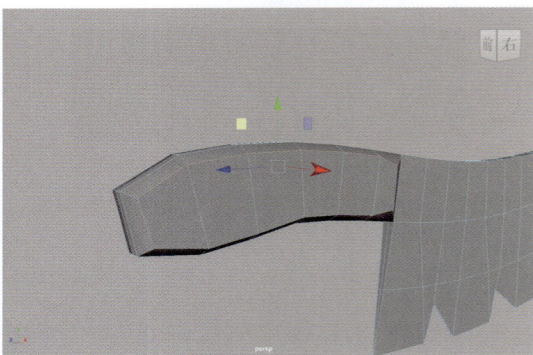

图3-59

（21）单击"多边形建模"工具架上的"多边形圆柱体"图标，如图3-60所示。

图3-60

（22）在右视图中创建一个圆柱体模型，如图3-61所示。

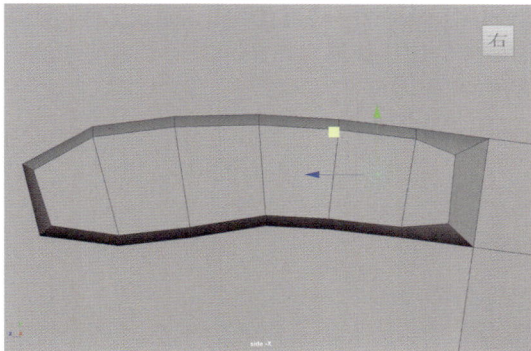

图3-61

（23）在"多边形圆柱体历史"卷展栏中，设置"轴向细分数"为8，如图3-62所示。

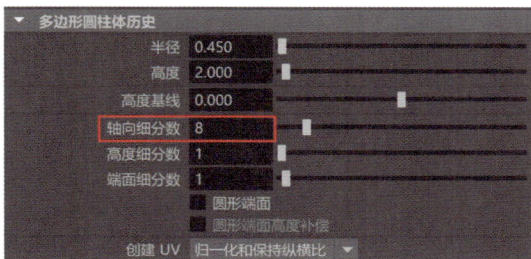

图3-62

（24）选择如图3-63所示的边线，使用"倒角工具"制作出如图3-64所示的铆钉模型效果。

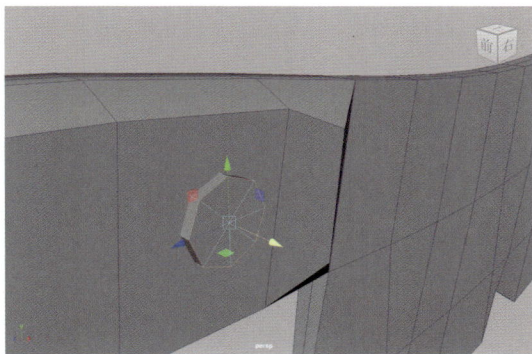

图3-63

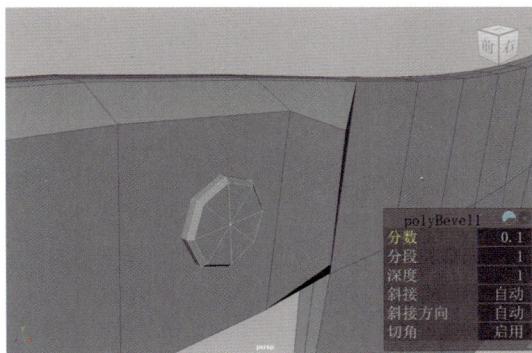

图3-64

（25）在右视图中，对铆钉模型进行复制并调整其位置至如图3-65所示。

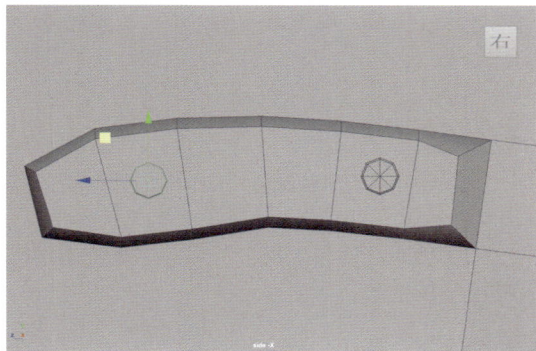

图3-65

（26）本案例制作完成后的菜刀模型最终效果如图3-66所示。

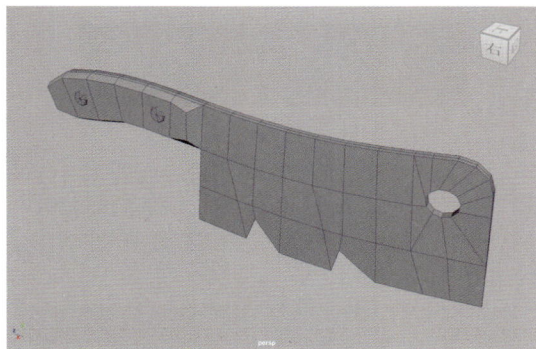

图3-66

3.3.2　课堂案例：制作炮弹模型

本课堂案例讲解使用"多边形建模"工具架中的工具图标来制作一只玩具炮弹模型。案例的渲染效果如图3-67所示。

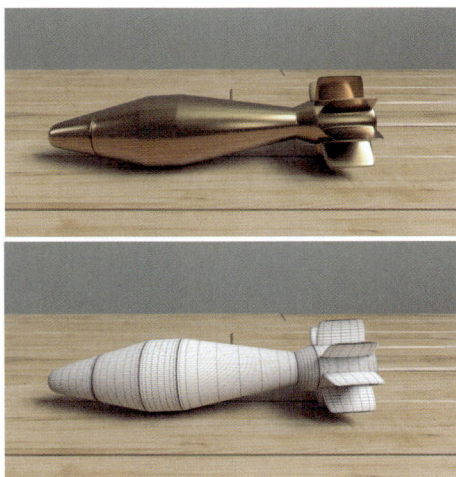

图3-67

效果文件位置	炮弹-完成.mb
素材文件位置	炮弹.mb

微课视频

制作思路

（1）使用多边形圆柱体制作出炮弹模型的基本形态。

（2）使用"建模工具包"中的工具制作出炮弹模型上的细节。

操作步骤

（1）启动中文版Maya 2024软件，单击"多边形建模"工具架上的"多边形圆柱体"图标，如图3-68所示，在场景中创建一个圆柱体模型。

图3-68

（2）在"多边形圆柱体历史"卷展栏中，设置"半径"为1.5，"高度"为8，"轴向细分数"为32，"高度细分数"为5，"端面细分数"为2，如图3-69所示。

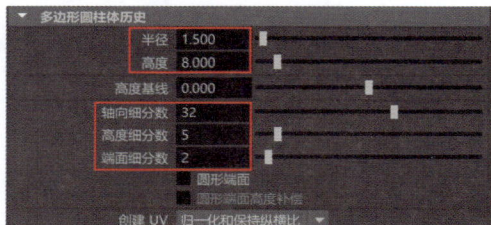

图3-69

（3）在"通道盒/层编辑器"选项卡中，设置"平移X"为0，"平移Y"为4，"平移Z"为0，如图3-70所示。

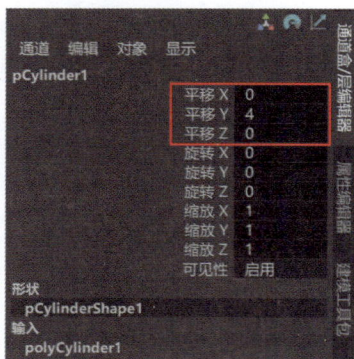

图3-70

（4）使用"移动工具"和"缩放工具"调整圆柱体的边线位置至如图3-71所示，制作出炮弹的大致形状。

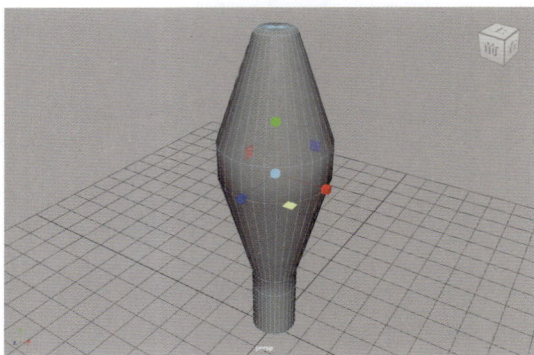

图3-71

（5）选择如图3-72所示的边线，使用"倒角工具"制作出如图3-73所示的模型效果。

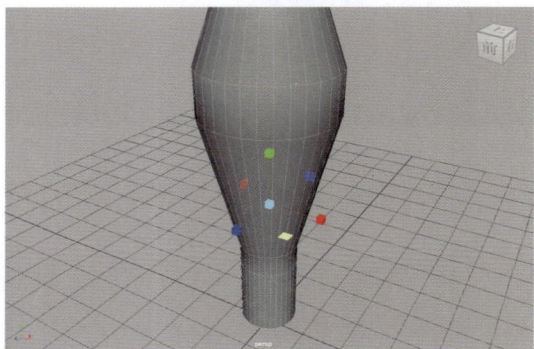

图3-72

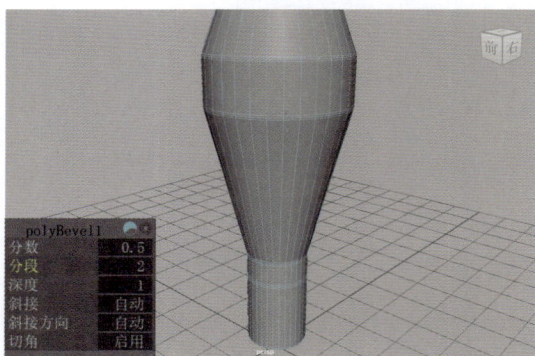

图3-73

（6）选择如图3-74所示的面，使用"挤出工具"制作出如图3-75所示的模型效果。

（7）选择如图3-76所示的顶点，使用"缩放工具"制作出如图3-77所示的模型效果。

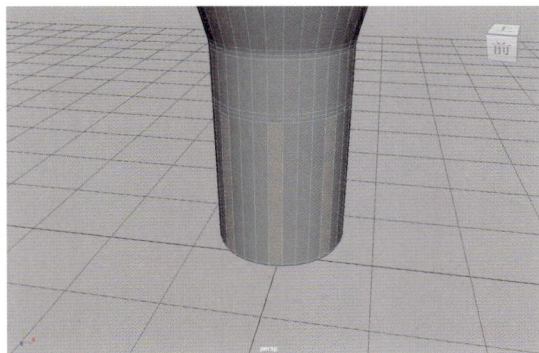

图3-74

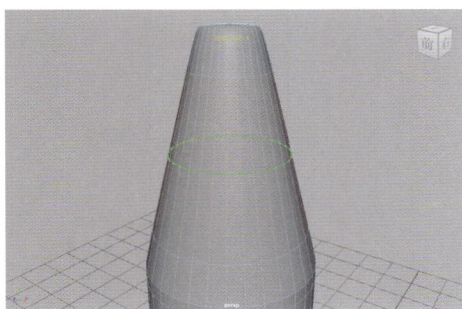

图3-75

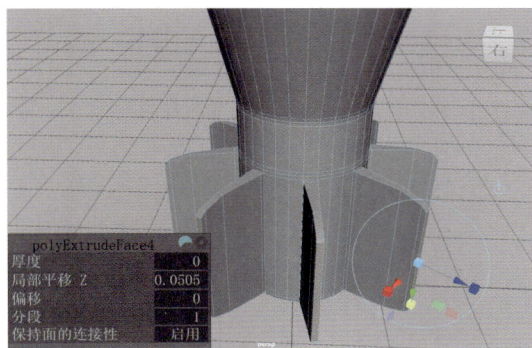

图3-76

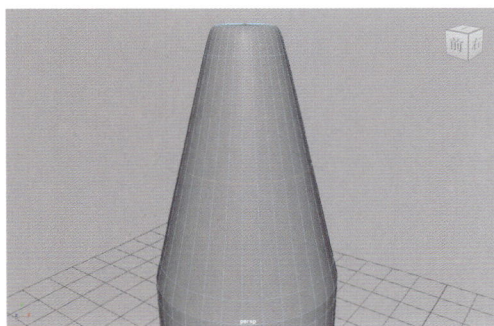

图3-77

（8）使用"连接工具"为炮弹模型添加边

线，如图3-78所示。

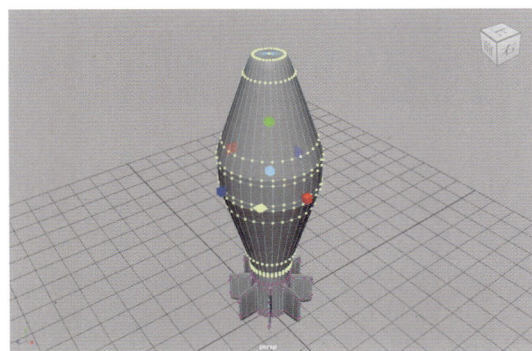

图3-78

（9）选择如图3-79所示的边线，使用"倒角工具"制作出如图3-80所示的模型效果。

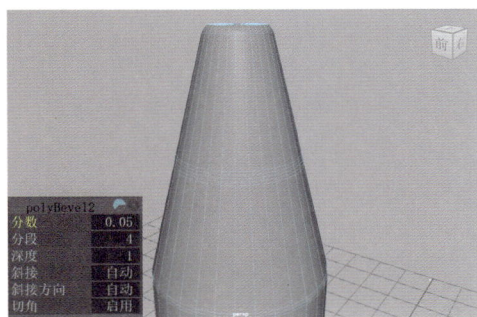

图3-79

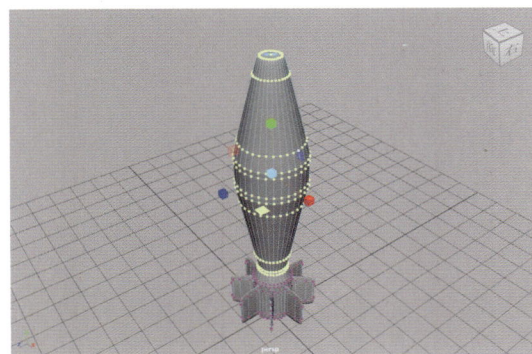

图3-80

（10）选择如图3-81所示的边线，使用"缩放工具"制作出如图3-82所示的模型效果。

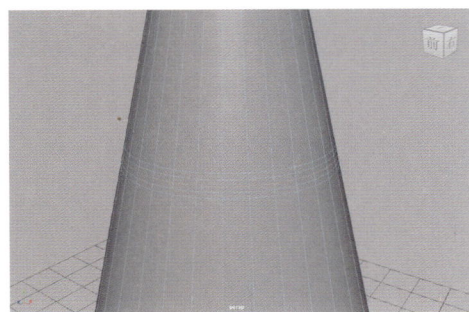

图3-81

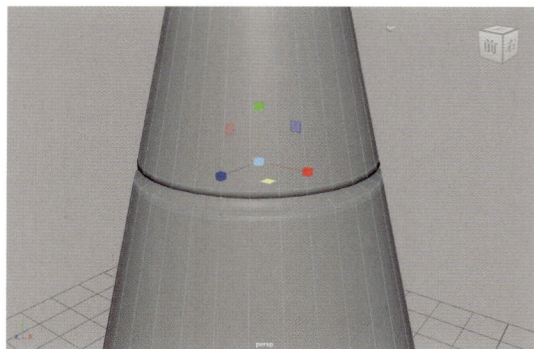

图3-82

（11）按下键盘上的3键，对模型进行平滑计算，本案例制作完成后的导弹模型最终效果如图3-83所示。

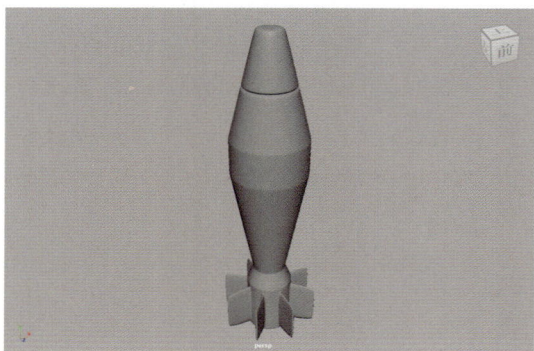

图3-83

3.3.3 课堂案例：制作足球模型

本课堂案例讲解使用"多边形建模"工具架中的工具图标来制作一只足球模型。案例的渲染效果如图3-84所示。

图3-84

效果文件位置　足球-完成.mb
素材文件位置　足球.mb

微课视频

制作思路

（1）设置足球的基本大小。
（2）使用"建模工具包"中的工具制作出足球模型上的细节。

操作步骤

（1）启动中文版Maya 2024软件，鼠标右击"多边形建模"工具架上的"柏拉图多面体"图标，在弹出的快捷菜单中执行"足球"命令，如图3-85所示，在场景中创建一个足球模型。

图3-85

（2）在"通道盒/层编辑器"选项卡中，设置"平移X"为0，"平移Y"为0，"平移Z"为0，"半径"为10，如图3-86所示。

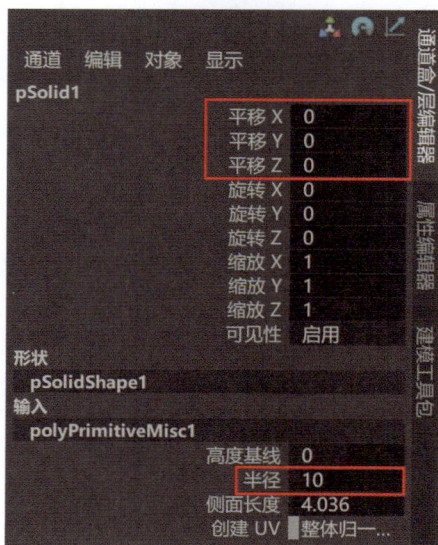

图3-86

（3）设置完成后，足球模型的视图显示结果如图3-87所示。

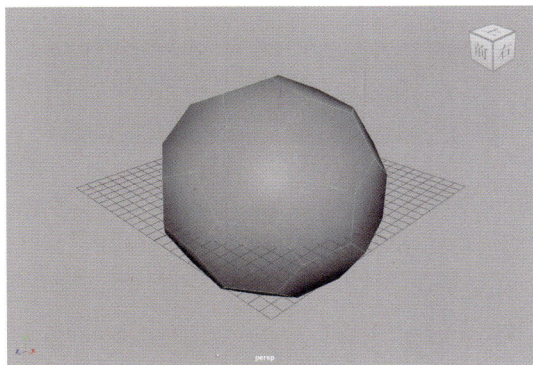

图3-87

（4）选择足球模型上的所有面，如图3-88所示。

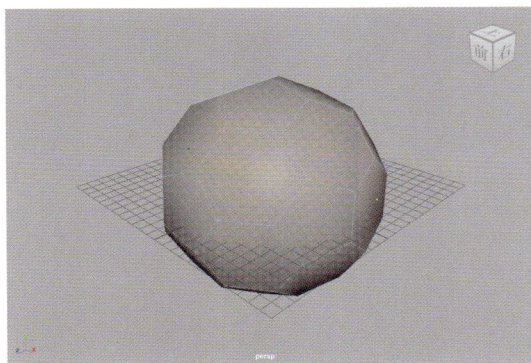

图3-88

（5）双击"多边形建模"工具架上的"提取"图标，如图3-89所示。

图3-89

（6）在弹出的"提取选项"对话框中，取消勾选"分离提取的面"复选框，如图3-90所示，然后单击对话框下方左侧的"提取"按钮，关闭该对话框。

图3-90

（7）设置"保持面的连接性"为"禁用"，如图3-91所示。

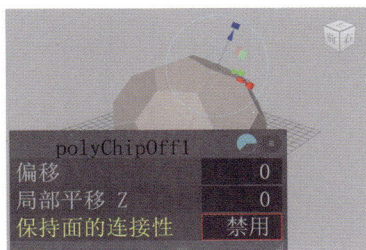

图3-91

（8）选择足球模型上的所有面，双击"多边形建模"工具架上的"平滑"图标，如图3-92所示。

图3-92

（9）在弹出的"平滑选项"对话框中，设置"分段级别"为2，如图3-93所示，然后单击对话框下方左侧的"平滑"按钮，关闭该对话框。

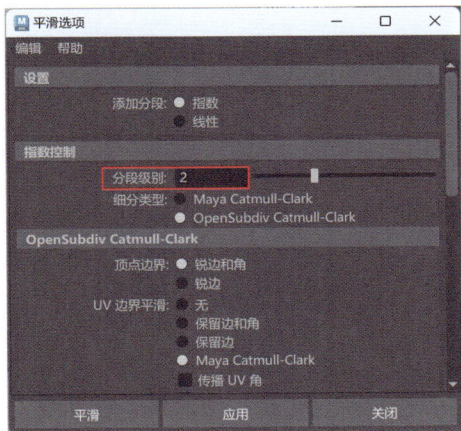

图3-93

（10）足球模型平滑后的视图显示结果如图3-94所示。

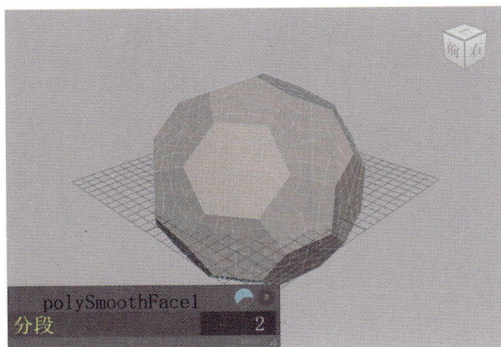

图3-94

（11）为了方便观察，将足球模型上的部分五边面设置为黑色，如图3-95所示。

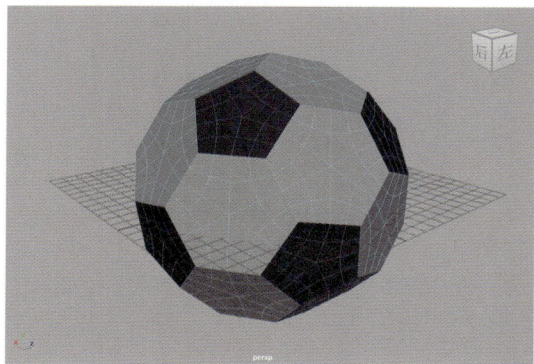

图3-95

（12）选择足球模型，执行菜单栏中的"变形/雕刻"命令，可以看到"大纲视图"面板中多出一个雕刻对象，如图3-96所示。

图3-96

（13）使用"缩放工具"调整雕刻对象的大小，使足球模型的形状慢慢变成球体，如图3-97所示。

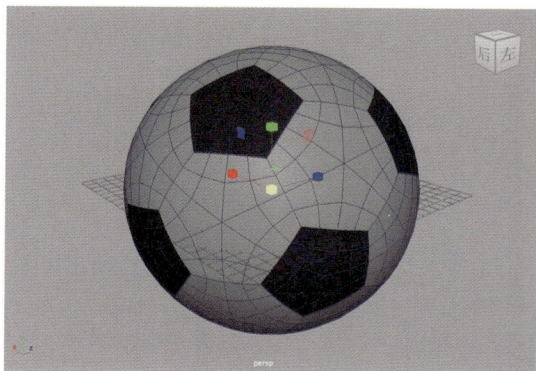

图3-97

（14）选择足球模型，单击"多边形建模"

工具架上的"按类型删除：历史"图标，如图3-98所示，即可自动将场景中的雕刻对象删除。

图3-98

（15）选择如图3-99所示的面，使用"挤出工具"制作出如图3-100所示的模型结果。

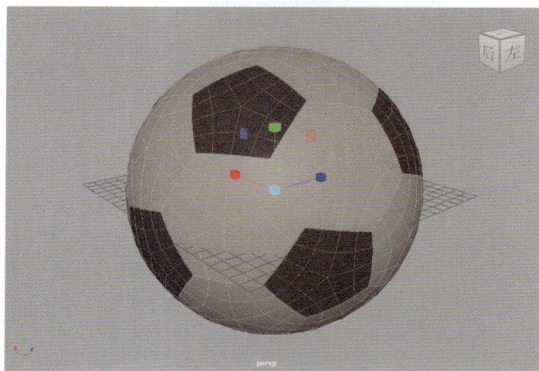

图3-99

图3-100

（16）将足球内部的面全部删除，如图3-101所示。

图3-101

（17）选择足球模型上所有的点，如图3-102所示，单击"多边形建模"工具架上的"合并"图标，如图3-103所示。

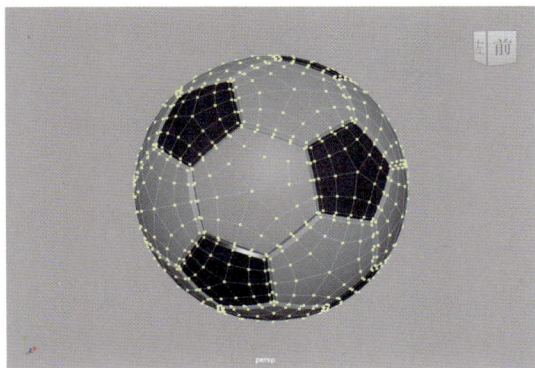

图3-102

图3-103

（18）按下键盘上的3键，对足球模型进行平滑处理。本案例制作完成后的足球模型最终效果如图3-104所示。

图3-104

3.3.4　结合

在"多边形建模"工具架上双击"结合"图标，系统自动弹出"组合选项"对话框，参数设置如图3-105所示。

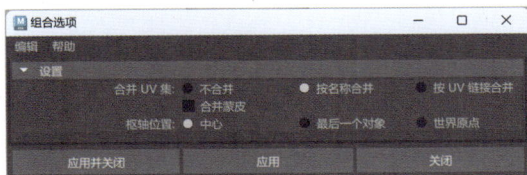

图3-105

常用参数解析

合并UV集：用户可在"不合并""按名称合并"和"按UV链接合并"3个选项中选择一项作为设置UV集在合并时的行为方式。

枢轴位置：用于确定组合对象的枢轴点所在位置。

3.3.5　提取

在"多边形建模"工具架上双击"提取"图标，系统自动弹出"提取选项"对话框，参数设置如图3-106所示。

图3-106

常用参数解析

分离提取的面：勾选该复选框后，可以在提取面后自动进行分离操作。

偏移：通过输入数值来偏移提取的面。如图3-107所示为"偏移"值分别设置0和1的模型结果对比。

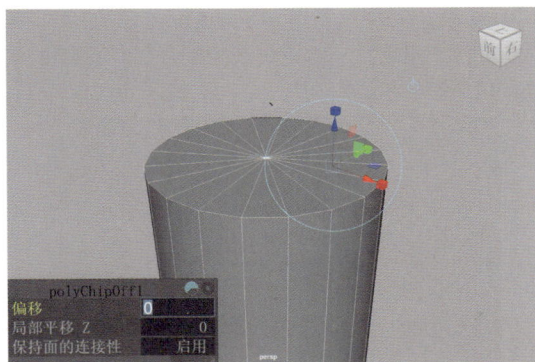

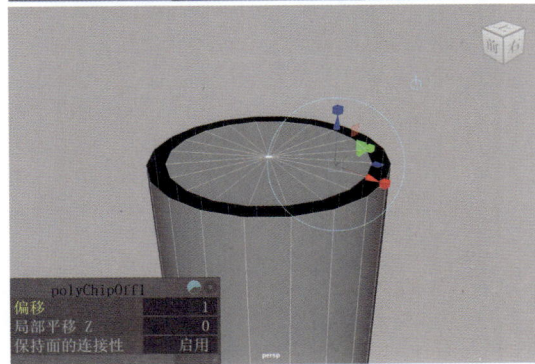

图3-107

3.3.6 镜像

在"多边形建模"工具架上双击"镜像"图标，系统自动弹出"镜像选项"对话框，参数设置如图3-108所示。

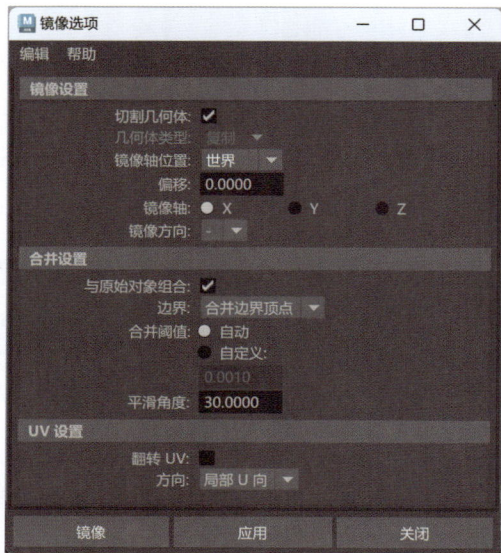

图3-108

常用参数解析

①"镜像设置"卷展栏

切割几何体：勾选该复选框后，系统会对模型进行切割操作。如图3-109所示为该复选框勾选前后的模型结果对比。

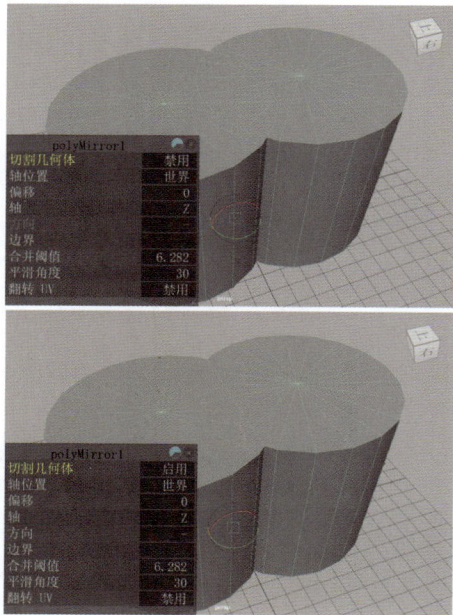

图3-109

几何体类型：用于确定使用该工具后，Maya软件生成的网格类型。

镜像轴位置：用于设置要镜像模型的对称平面的位置，有"边界框""对象"和"世界"3个选项可选择。

镜像轴：用于设置被镜像模型的轴。

镜像方向：用于设置"镜像轴"镜像模型的方向。

②"合并设置"卷展栏

与原始对象组合：该复选框默认为勾选状态。指将镜像出来的模型与原始模型组合在一个单个的网格中。

边界：用于设置使用何种方式将镜像模型接合到原始模型中，有"合并边界顶点""桥接边界边"和"不合并边界"3个选项可选择。

③"UV设置"卷展栏

翻转UV：控制使用副本或选定对象来翻转UV。

方向：指定UV空间中翻转UV壳的方向。

3.3.7 挤出

在"多边形建模"工具架上双击"挤出"图标，系统自动弹出"挤出面选项"对话框，参数设置如图3-110所示。

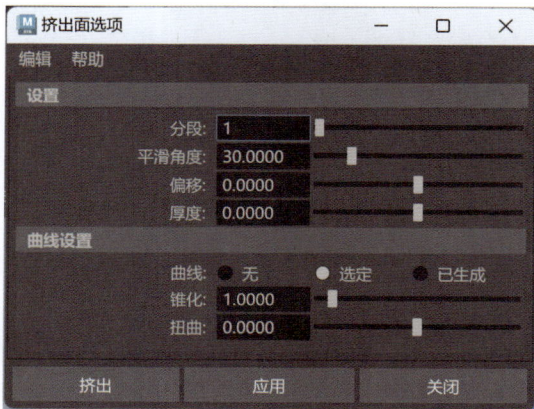

图3-110

常用参数解析

①"设置"卷展栏

分段：控制挤出长度的分段数，如图3-111所示分别为该值是1和5的模型挤出效果对比。

平滑角度：用于控制挤出面的平滑效果。

偏移：用于设置偏移面的程度，如图3-112所示为该值分别是0.05和0.2的模型挤出效果对比。

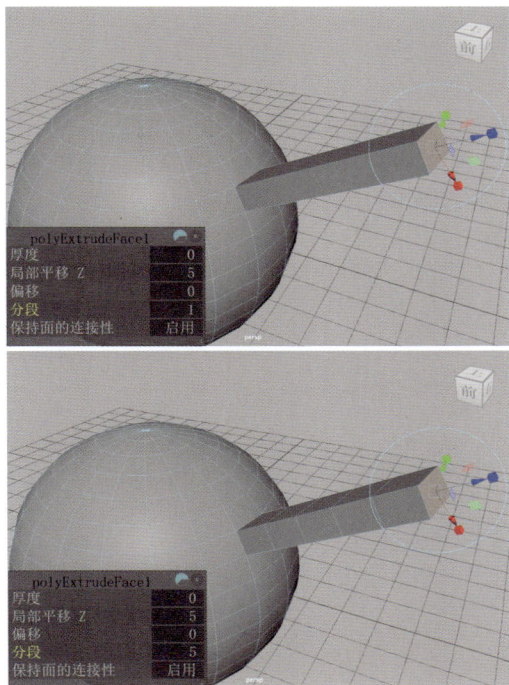

图3-111

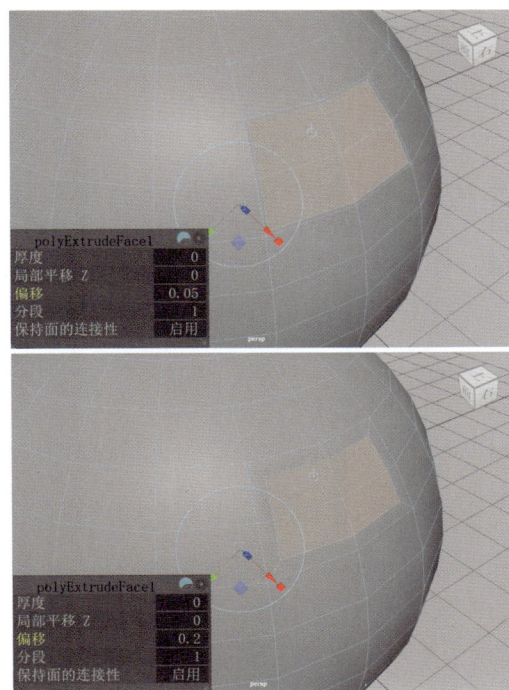

图3-112

厚度：用于控制选定面的深度。

②"曲线设置"卷展栏

曲线：用于控制根据以何种方式的曲线来挤出面，有"无""选定"和"已生成"3个选项可选择。

锥化：用于控制在挤出多边形时是否缩放面，如图3-113所示为该值分别是1和0.3的挤出效果对比。

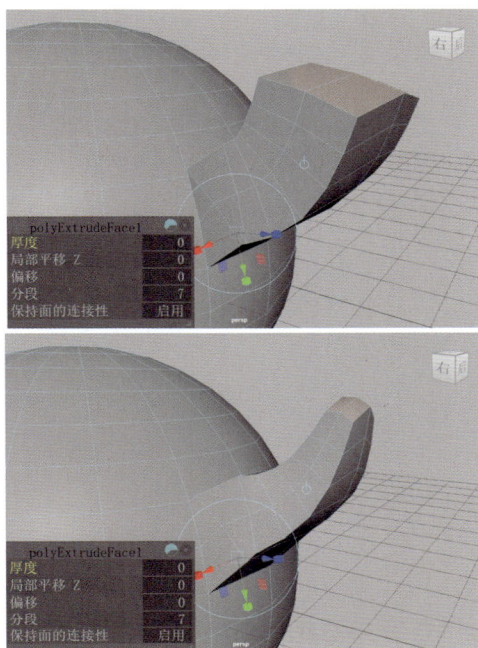

图3-113

扭曲：用于控制在挤出多边形时是否扭曲面。

3.3.8　桥接

在"多边形建模"工具架上双击"桥接"图标，系统自动弹出"桥接选项"对话框，参数设置如图3-114所示。

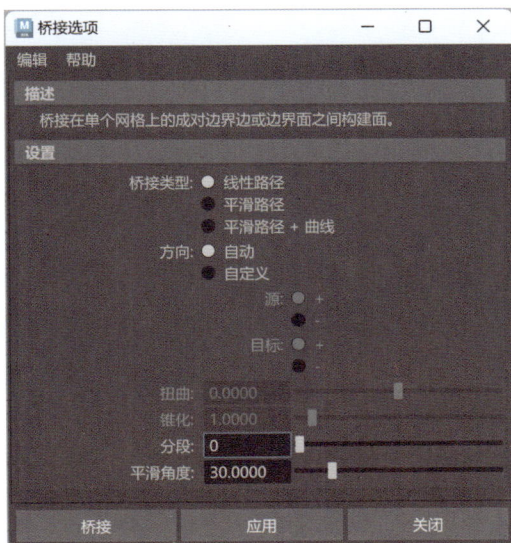

图3-114

常用参数解析

①"描述"卷展栏：对该命令的作用进行介绍。

②"设置"卷展栏

桥接类型：控制桥接区域的剖面形状。

方向：确定桥接的方向。

扭曲：控制桥接部分的扭曲程度，如图3-115所示为该值分别是0和7的桥接效果对比。

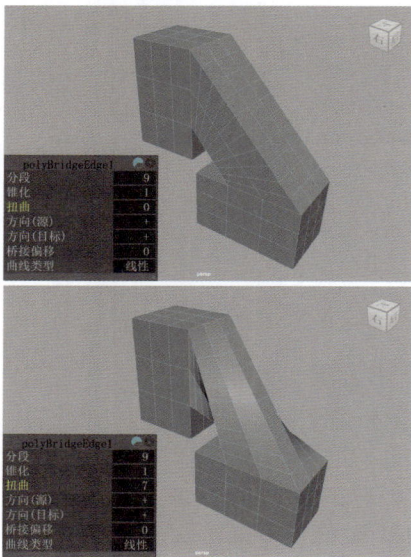

图3-115

锥化：控制桥接部分的缩放程度。

分段：设置桥接部分的分段数量。

平滑角度：控制桥接部分的平滑效果。

3.3.9 倒角

在"多边形建模"工具架上双击"倒角"图标，系统自动弹出"倒角选项"对话框，参数设置如图3-116所示。

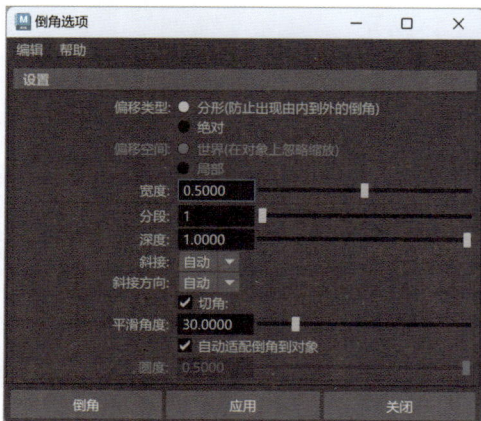

图3-116

常用参数解析

偏移类型：选择计算倒角宽度的方式。

偏移空间：确定应用到已缩放对象的倒角是否也将按照同样的缩放方式进行缩放。

分数：控制倒角后边之间的宽度。如图3-117所示为该值分别是0.2和0.5的模型倒角结果对比。

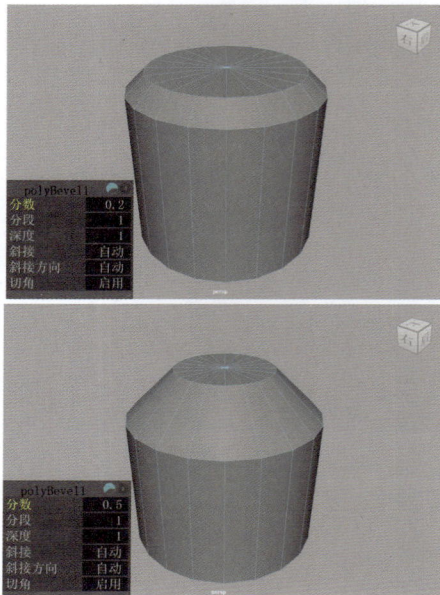

图3-117

分段：确定倒角边所产生的分段数量。如图3-118所示为该值分别是1和5的模型倒角结果对比。

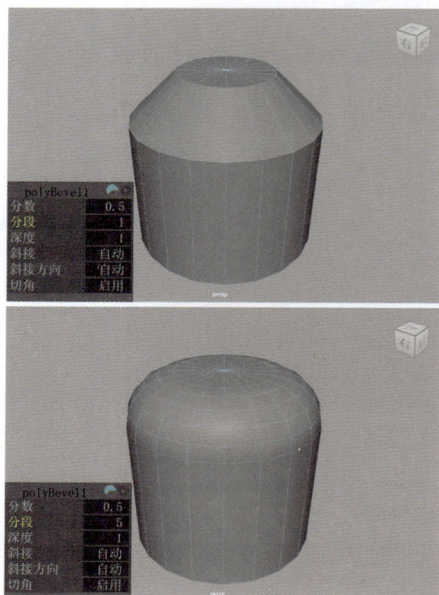

图3-118

深度：用于控制倒角产生面是否具有凸起或凹陷的效果。如图3-119所示为该值分别是1和-1的模型倒角结果对比。

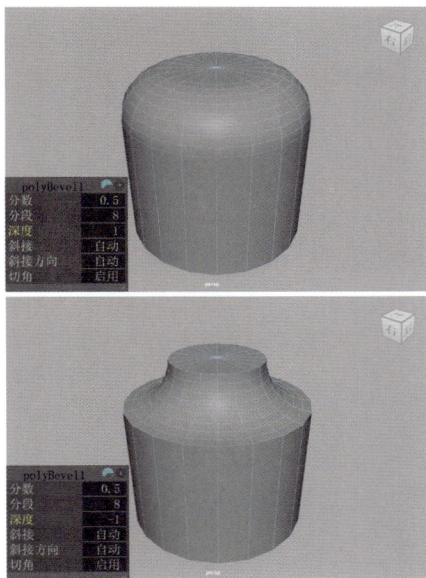

图3-119

效果文件位置　树-完成.mb
素材文件位置　树.mb
微课视频

制作思路

（1）使用多边形圆柱体制作出树枝的基本形态。

（2）使用多边形球体制作出树冠的基本形态。

操作步骤

（1）启动中文版Maya 2024软件，单击"多边形建模"工具架上的"多边形圆柱体"图标，如图3-121所示，在场景中创建一个如图3-122所示大小的圆柱体模型。

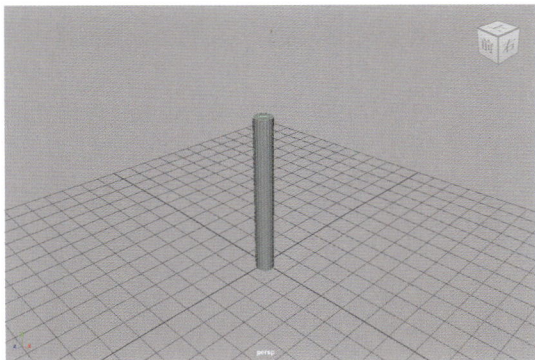

图3-121

3.4 课后习题

3.4.1 课后习题：制作树木模型

本课后习题讲解使用"多边形建模"工具架中的工具图标来制作一棵游戏用低多边形树木模型。习题的渲染效果如图3-120所示。

图3-120

图3-122

（2）在"多边形圆柱体历史"卷展栏中，设置"半径"为0.4，"高度"为7，"轴向细分数"为8，"高度细分数"为4，"端面细分数"为1，如图3-123所示。

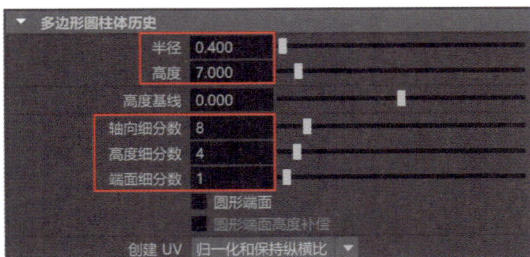

图3-123

（3）设置完成后，圆柱体的视图显示结果如图3-124所示。

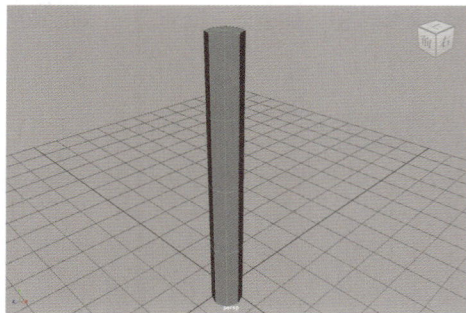
图3-124

（4）在前视图中，调整圆柱体上的顶点位置至如图3-125所示，制作出树干的大概形态。

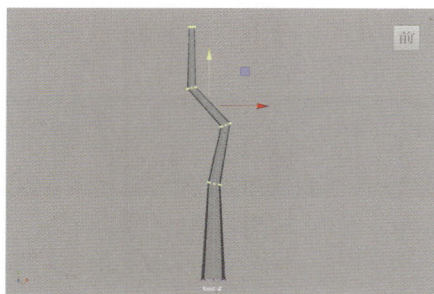
图3-125

（5）选择如图3-126所示的边线，使用"倒角工具"制作出如图3-127所示的模型结果。

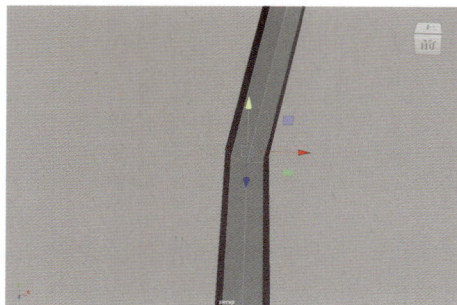
图3-126

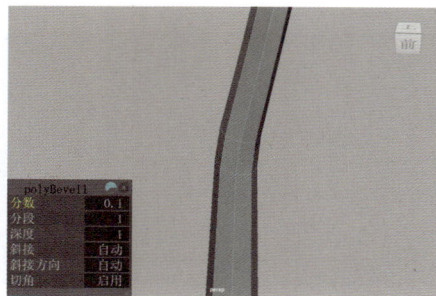
图3-127

（6）选择如图3-128所示的面，使用"圆形圆角工具"制作出如图3-129所示的模型结果。

图3-128

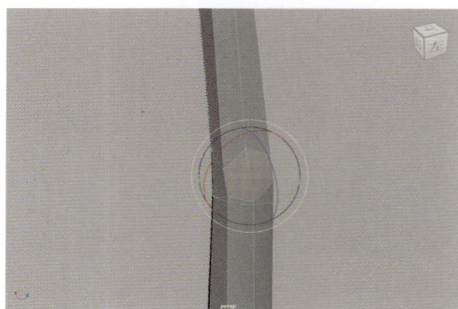
图3-129

（7）使用"挤出工具"对多选择的面进行挤出，制作出如图3-130所示的模型结果。

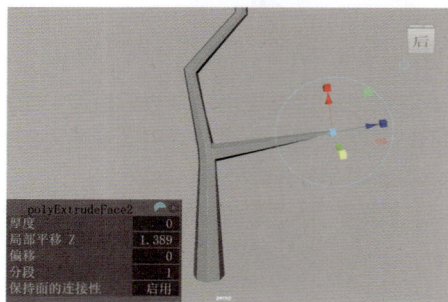
图3-130

（8）在前视图中，使用"移动工具"调整树干模型的顶点位置至如图3-131所示。

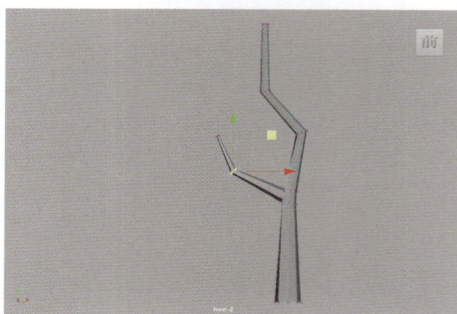
图3-131

（9）使用同样的操作步骤制作出其他树枝效果，如图3-132所示。

图3-132

（10）选择如图3-133所示的边线，使用"连接工具"添加边线，如图3-134所示。

图3-133

图3-134

（11）选择如图3-135所示的面，使用"圆形圆角工具"制作出如图3-136所示的模型结果。

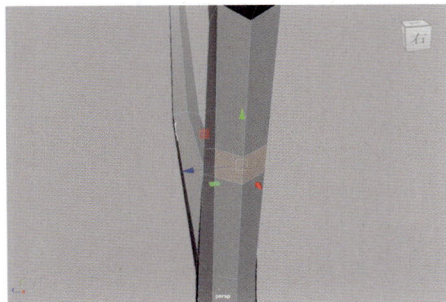

图3-135

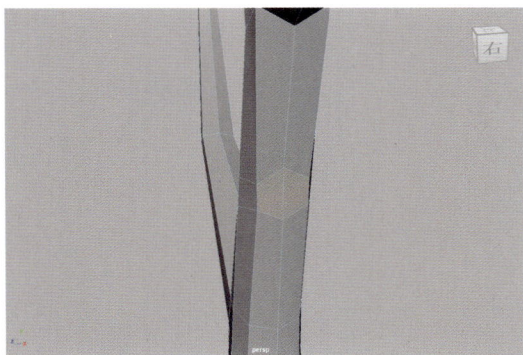

图3-136

（12）使用"挤出工具"对多选择的面进行挤出，制作出如图3-137所示的模型结果。

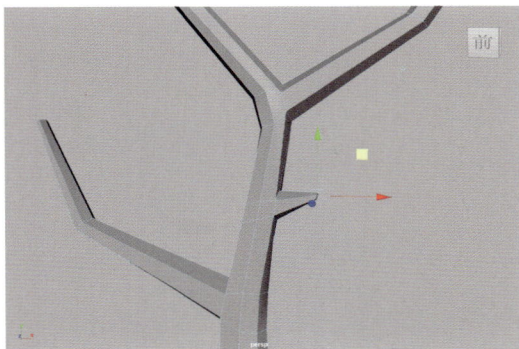

图3-137

（13）制作完成后的树干模型如图3-138所示。

图3-138

（14）单击"多边形建模"工具架上的"柏拉图多面体"图标，如图3-139所示。在场景中创建一个如图3-140所示大小的柏拉图多面体模型作为树冠模型。

图3-139

图3-140

（15）以同样的操作步骤再创建两个柏拉图多面体以丰富模型，并调整其大小和位置至如图3-141所示，完成树木模型的制作。

图3-141

3.4.2　课后习题：制作文字模型

本课后习题讲解使用"多边形类型"图标来制作一个立体文字模型。习题的渲染效果如图3-142所示。

图3-142

效果文件位置　文字-完成.mb
素材文件位置　文字.mb
微课视频

制作思路

（1）使用多边形类型制作出立体文字。
（2）设置文字模型边缘的倒角效果。

操作步骤

（1）启动中文版Maya 2024软件，单击"多边形建模"工具架上的"多边形类型"图标，如图3-143所示，即可在场景中自动生成一个如图3-144所示大小的文字模型。

图3-143

图3-144

（2）在"属性编辑器"选项卡中，设置文字的内容为"天气预报"，在"选择字体和样式"下拉列表中选择"微软雅黑"，在"选择写入系统"下拉列表中选择"简体中文"，设置"字体大小"为15，如图3-145所示。

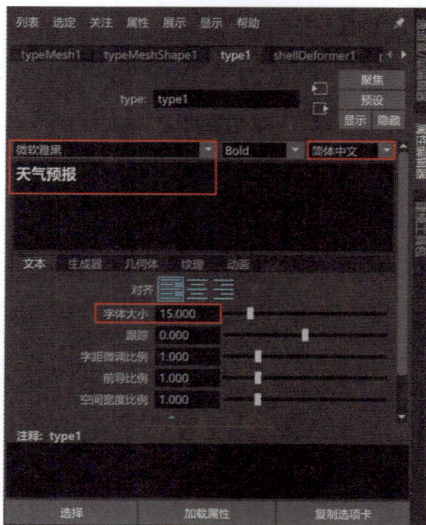

图3-145

（3）设置完成后，文字模型的视图显示效果如图3-146所示。

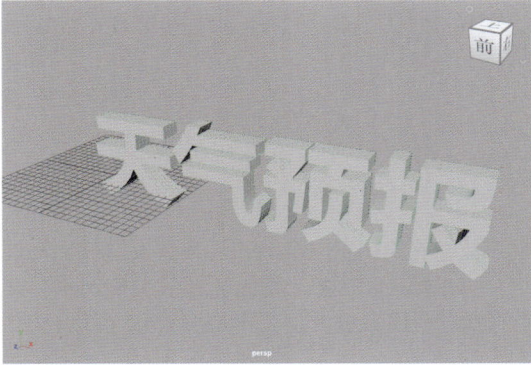

图3-146

（4）在"倒角"卷展栏中，勾选"启用倒角"复选框，设置"倒角距离"为0.25，如图3-147所示。

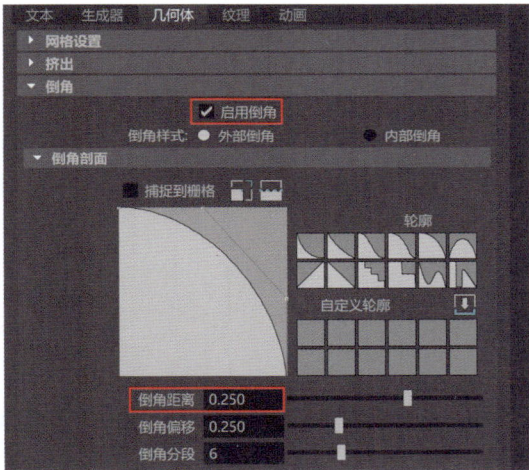

图3-147

（5）设置完成后，文字模型的视图显示效果如图3-148所示。

图3-148

（6）在"属性编辑器"选项卡中，将"天气

预报"分成两行输入，设置"前导比例"为0.75，如图3-149所示。

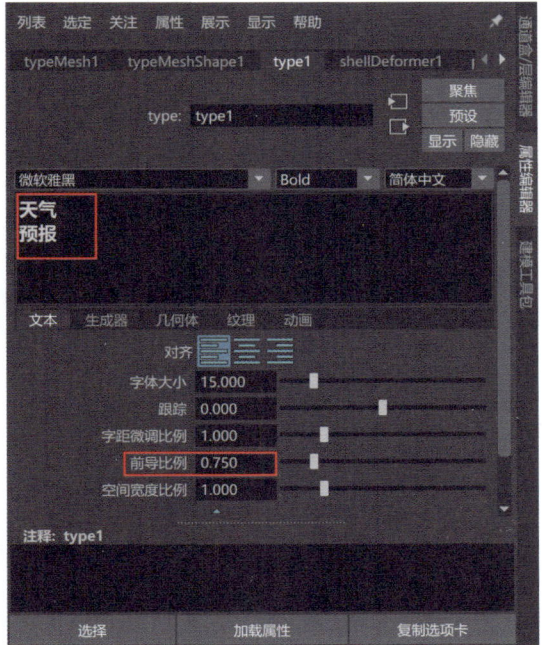

图3-149

（7）本习题制作完成后的文字模型最终效果如图3-150所示。

图3-150

第4章 灯光技术

本章导读

本章将介绍 Maya 2024 中的灯光技术，包含布光的原则、灯光的类型以及灯光的参数设置等。与现实世界相同，灯光在 Maya 中非常重要，在 Maya 软件中如果没有灯光，就什么都渲染不出来。在本章中，以常见的灯光场景为例，为读者详细讲解常用灯光的使用方法。

学习要点

- 掌握灯光的类型
- 掌握 Area Light（区域光）的使用方法
- 掌握 Physical Sky（物理天空）的使用方法
- 掌握 Mesh Light（网格灯光）的使用方法
- 掌握通过后期的方式来调整渲染图像亮度的技巧

4.1 灯光概述

灯光的设置是三维制作表现中非常重要的一环。灯光不仅仅可以照亮物体，还在表现场景气氛、天气效果等方面起着至关重要的作用，如清晨的室外天光、午后的阳光、室内的自然光、阴雨天的光照效果等。

中文版Maya 2024软件的默认渲染器是Arnold渲染器。如果场景中没有灯光，那么渲染结果将会是一片漆黑，什么都看不到。因此，在学习完建模技术之后、学习材质技术之前，熟练掌握灯光的设置尤为重要。

学习灯光技术时，我们首先要对模拟的灯光环境有所了解，建议读者多留意身边的光影现象并拍下照片，方便日后用作项目制作时的重要参考素材。如图4-1和图4-2所示分别为编者所拍摄的顺光和逆光的照片素材。

图4-2

图4-1

4.2 Arnold灯光

中文版Maya 2024软件内整合了全新的Arnold灯光系统，使用这一套灯光系统并配合Arnold渲染器，用户可以渲染出超写实的画面效果。在Arnold工具架上用户可以找到并使用这些灯光按钮，如图4-3所示。

图4-3

用户还可以通过执行菜单栏中的Arnold/Lights命令找到这些灯光工具，如图4-4所示。

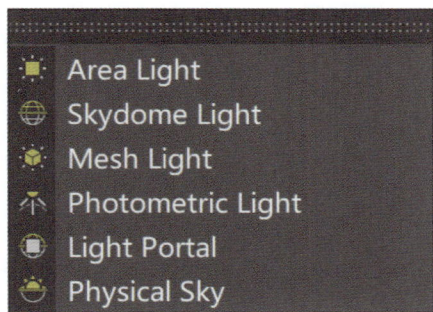

图4-4

4.2.1 课堂案例：制作室内天光照明效果

本课堂案例讲解使用"区域光"来制作室内天光照明效果。案例的渲染效果如图4-5所示。

图4-5

效果文件位置	室内场景-天光完成.mb
素材文件位置	室内场景.mb

微课视频

制作思路

（1）思考使用哪种灯光来模拟天光。

（2）调整灯光的角度及参数得到想要的照明效果。

操作步骤

（1）启动中文版Maya 2024软件，打开本书配套资源"室内场景.mb"文件，场景中有一个放置了沙发和桌子的室内模型，并已经设置好了材质及摄影机的渲染角度，如图4-6所示。

图4-6

（2）单击Arnold工具架上的Area Light（区域光）图标，如图4-7所示，在场景中创建一个区域光。

图4-7

（3）按下R键，使用"缩放工具"对区域光进行缩放，并在右视图中调整其大小与窗户模型接近，如图4-8所示。

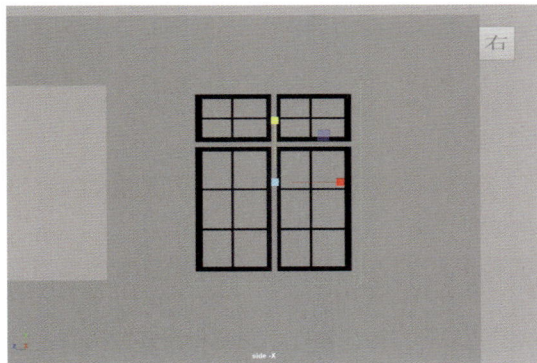

图4-8

（4）使用"移动工具"调整区域光的位置至如图4-9所示。在透视视图中将灯光放置在房间中窗户模型的位置处。

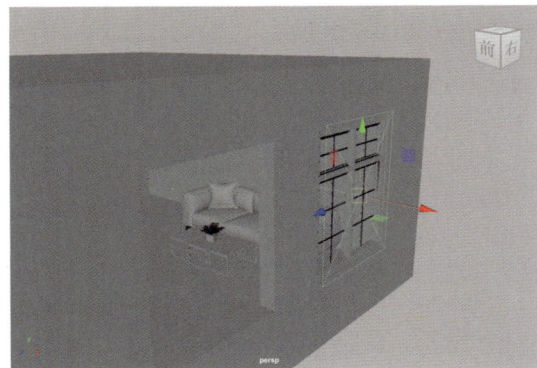

图4-9

（5）在Arnold Area Light Attributes（Arnold区域光属性）卷展栏中，设置Intensity（强度）为500，Exposure（曝光）为10，如图4-10所示。

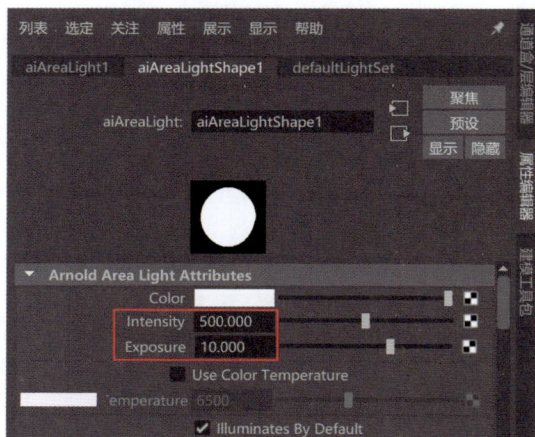

图4-10

（6）设置完成后，摄影机视图的渲染效果如图4-11所示。

图4-11

（7）缩放并观察场景中的房间模型整体，可以看到该房间的一侧墙上有两个窗户，所以我们将刚刚创建的区域光复制后调整其位置至另一个窗户模型的位置处，如图4-12所示。

（8）设置完成后渲染该场景，渲染结果如图4-13所示。

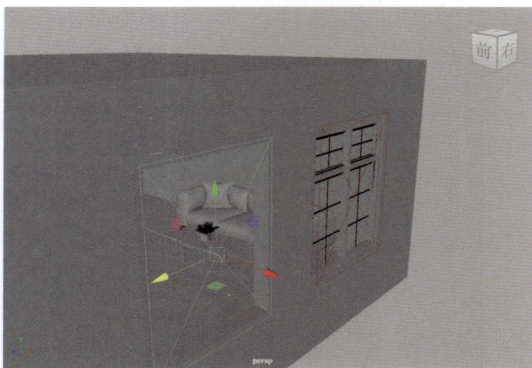

图4-12

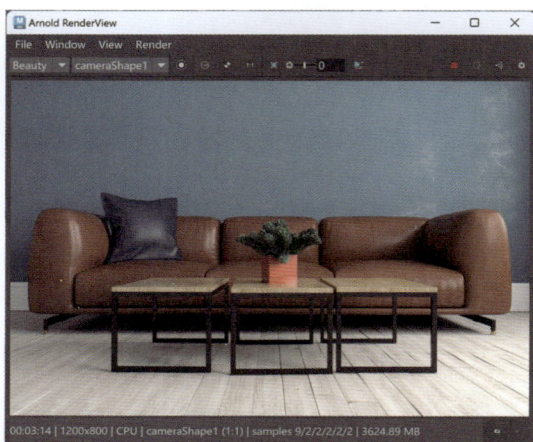

图4-13

（9）在Arnold RenderView（Arnold渲染视图）对话框右侧的Display选项卡中，设置渲染图像的Gamma为1.2，以提高渲染图像的亮度，如图4-14所示。

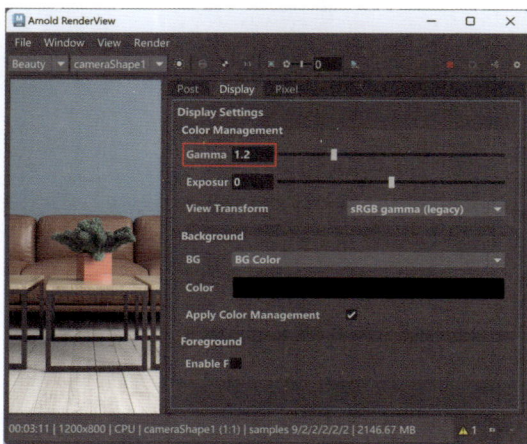

图4-14

（10）本案例的最终渲染结果如图4-15所示。

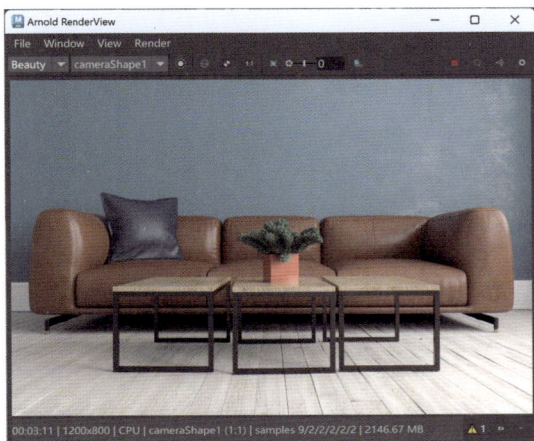

图4-15

（11）执行Arnold RenderView对话框上方的"File/Save Image Options"菜单命令，如图4-16所示。

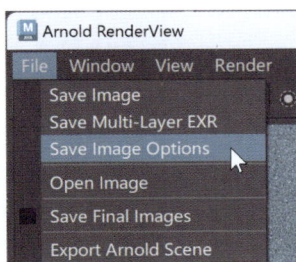

图4-16

（12）在弹出的Save Image Options（保存图像选项）对话框中，勾选Apply Gamma/Exposure（应用伽马/曝光）复选框，如图4-17所示。这样，我们在保存渲染图像时，就可以将调整了图像Gamma值的渲染结果保存到本地硬盘中了。

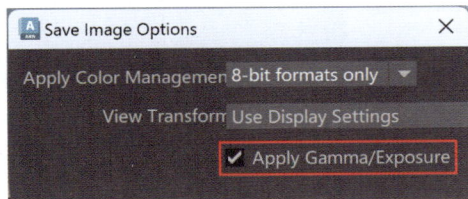

图4-17

4.2.2 课堂案例：制作室内阳光照明效果

本课堂案例仍然使用上一案例的场景，来讲解使用"物理天空"制作室内阳光照明效果。案例的渲染效果如图4-18所示。

图4-18

| 效果文件位置 | 室内场景-阳光完成.mb |
| 素材文件位置 | 室内场景.mb |

微课视频

制作思路

（1）思考使用哪种灯光来模拟阳光。

（2）调整灯光的角度及参数得到想要的照明效果。

操作步骤

（1）启动中文版Maya 2024软件，打开本书配套资源"室内场景.mb"文件，场景中有一个放置了沙发和桌子的室内模型，并已经设置好了材质及摄影机的渲染角度，如图4-19所示。

图4-19

（2）单击Arnold工具架上的Physical Sky
（物理天空）图标，如图4-20所示，即可在场景
中创建一个物理天空，如图4-21所示。

图4-20

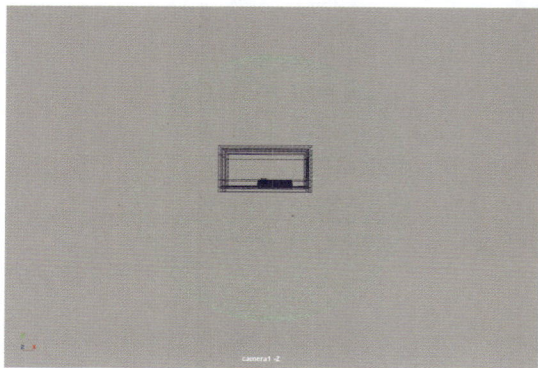

图4-21

（3）在Physical Sky Attributes（物理天
空属性）卷展栏中，设置Elevation（海拔）为
30，Azimuth（方位）为30，Intensity（强度）
为20，Sun Tint（太阳色调）为黄色，Sun Size
（太阳尺寸）为1，如图4-22所示。其中Sun
Tint（太阳色调）的参数设置如图4-23所示。

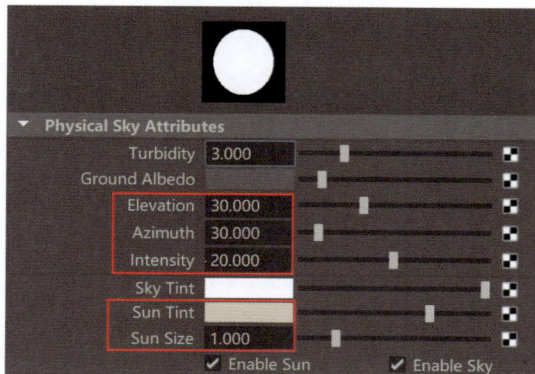

图4-22

图4-23

（4）设置完成后进行场景渲染，渲染结果如
图4-24所示。

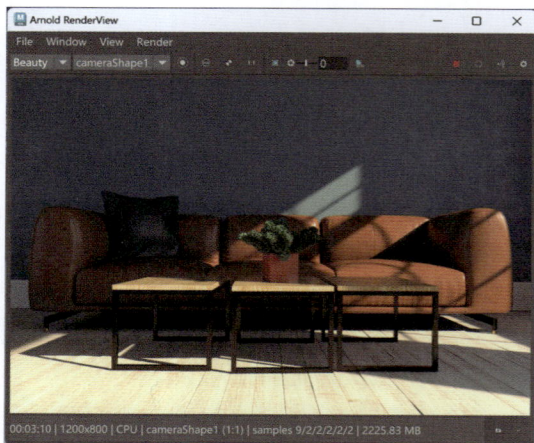

图4-24

（5）在Arnold RenderView对话框右侧
的Display选项卡中，设置渲染图像的Gamma
为1.6，以提高渲染图像的亮度，如图4-25
所示。

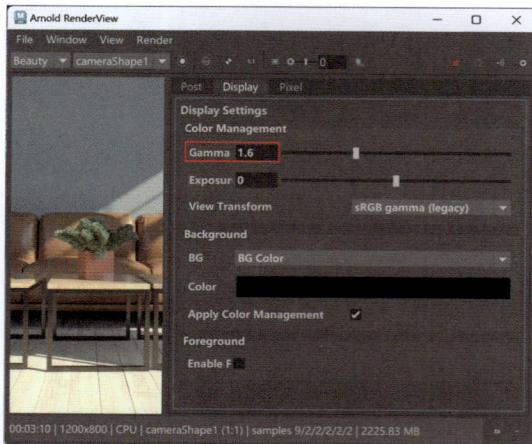

图4-25

（6）本案例的最终渲染结果如图4-26所示。

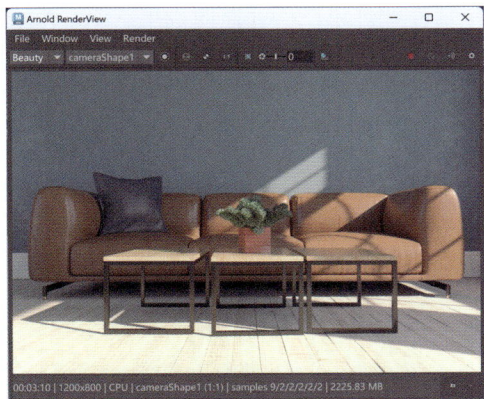

图4-26

4.2.3 Area Light（区域光）

单击Arnold工具架上的Create Area Light图标，即可在场景中创建出一个区域光，如图4-27所示。

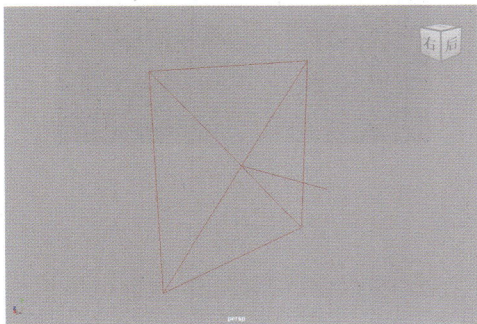

图4-27

在Arnold Area Light Attributes（Arnold区域光属性）卷展栏中，可以看到Arnold区域光的参数设置，如图4-28所示。

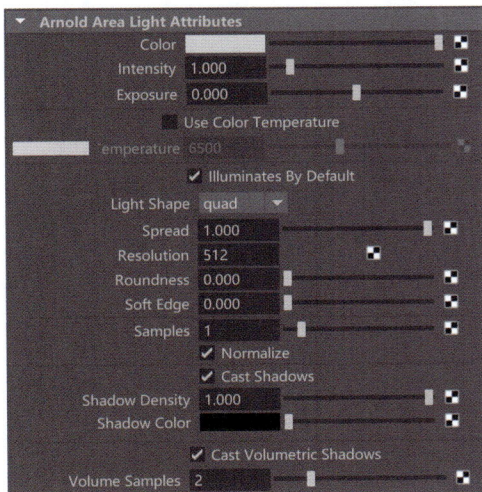

图4-28

常用参数解析

Color：用来控制灯光的颜色。

Intensity：用来设置灯光的倍增值。

Exposure：用来设置灯光的曝光值。

Use Color Temperature：勾选该复选框，可以使用色温来控制灯光的颜色。

技巧与提示

色温主要用于控制灯光的颜色，以开尔文（k）为单位。Maya中色温默认值为6500，是国际照明委员会（CIE）所认定的白色。当色温值小于6500时，画面会偏向于红色，当色温值大于6500时，画面则会偏向于蓝色，如图4-29所示显示了不同单位的色温值对场景所产生的光照色彩影响。另外，需要注意的是，当我们勾选了Use Color Temperature（使用色温）复选框后，将覆盖掉灯光的默认颜色，并包括指定给颜色属性的任何纹理。

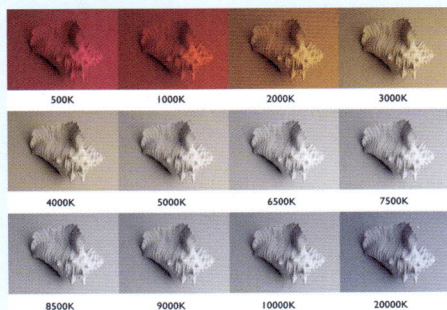

图4-29

Temperature：用于输入色温值。

Illuminates By Default：勾选该复选框，将开启默认照明设置。

Light Shape：用于设置灯光的形状。

Resolution：设置灯光计算的细分值。

Samples：设置灯光的采样值。该值越高，渲染图像的噪点越少，反之亦然。如图4-30所示为该值分别是1和10的图像渲染结果对比。通过图像对比可以看出，较高的采样值渲染后可以得到更加细腻的光影效果。

Cast Shadows：勾选该复选框，可以开启灯光的阴影计算。

Shadow Density：设置阴影的密度，该值越低，影子越淡。如图4-31所示为该值分别是

0.8和1的图像渲染结果对比。需要注意的是，较低的密度值可能会导致图像看起来不够真实。

图4-30

图4-31

Shadow Color：用于设置阴影颜色。

4.2.4　Mesh Light（网格灯光）

Mesh Light（网格灯光）可以将场景中的任意多边形对象设置为光源。执行该命令前，需要用户先在场景中选择一个多边形模型对象，如图4-32和图4-33所示为将一个螺旋模型设置为网格灯光后的显示效果及渲染效果。

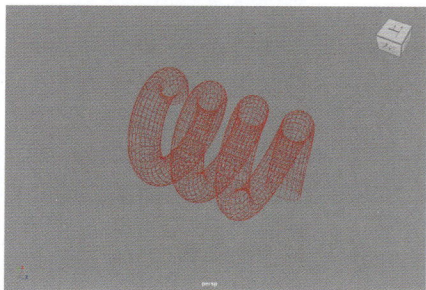

图4-32

图4-33

4.2.5　Photometric Light（光度学灯光）

Photometric Light（光度学灯光）常用来模拟制作射灯所产生的照明效果。单击Arnold工具架上的Create Photometric Light图标，即可在场景中创建一个光度学灯光，如图4-34所示。为光度学灯光添加光域网文件，可以制作出形状各异的光线效果，如图4-35所示。

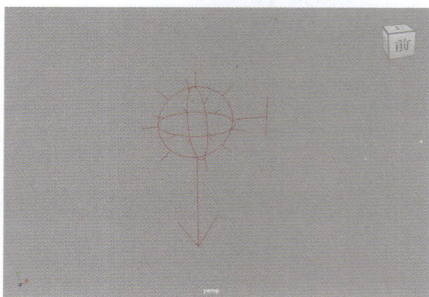

图4-34

图4-35

4.2.6　Skydome Light（天空光）

Skydome Light（天空光）可以用来制作模拟阴天环境下的室外光照，如图4-36所示。如图4-37所示是为场景添加了天空光后的渲染效果。

图4-36

图4-37

图4-40

Skydome Light（天空光）、Mesh Light
（网格灯光）和Photometric Light（光度
学灯光）的参数设置与Area Light（区域
光）非常相似，这里不再重复讲解。

4.2.7　Physical Sky（物理天空）

Physical Sky（物理天空）主要用来模拟真
实的日光照明及天空效果。在Arnold工具架上单
击"创建物理天空"图标，即可在场景中添加物
理天空，如图4-38所示，其参数设置如图4-39
所示。

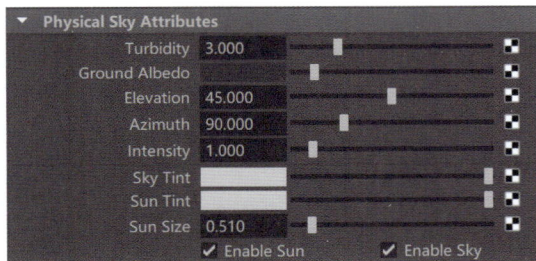

图4-41

图4-38

图4-39

常用参数解析

Turbidity：控制大气的浊度，如图4-40和
图4-41所示分别为该值是1和10的渲染图像结果
对比。

Ground Albedo：控制地平面以下的大气
颜色。

Elevation：设置太阳的高度。该值越高，
太阳的位置越高，则天空越亮，物体的影子越
短；反之，太阳的位置越低，则天空越暗，物体
的影子越长。如图4-42和图4-43所示分别为该

图4-42

图4-43

Azimuth：设置太阳的方位。

Intensity：设置太阳的倍增值。

Sky Tint：用于设置天空的色调，默认为
白色。将Sky Tint的颜色调试为黄色，渲染结

果如图4-44所示，可以用来模拟沙尘天气效果；将Sky Tint的颜色调试为蓝色，渲染结果如图4-45所示，可以增强天空的色彩饱和度，使得渲染出来的画面更加艳丽，从而显得天空更加晴朗。

图4-44

图4-45

Sun Tint：用于设置太阳色调，使用方法与Sky Tint极为相似。

Sun Size：设置太阳的大小，如图4-46和图4-47所示分别为该值是1和5的渲染结果对比。此外，该值还会对物体的阴影产生影响，该值越大，物体的投影越虚。

图4-46

图4-47

Enable Sun：勾选该复选框，可以开启太阳计算。

4.3 课后习题

4.3.1 课后习题：制作射灯照明效果

本课后习题讲解使用"光度学灯光"来制作射灯照明效果。习题的渲染效果如图4-48所示。

图4-48

| 效果文件位置 | 花瓶-完成.mb |
| 素材文件位置 | 花瓶.mb |

微课视频

制作思路

（1）思考使用哪种灯光来模拟射灯。

（2）调整灯光角度及参数得到想要的照明效果。

操作步骤

（1）启动中文版Maya 2024软件，打开本书配套资源"花瓶.mb"文件，场景中有一只花瓶模型，并已经设置好了材质及摄影机的渲染角度，如图4-49所示。

图4-49

（2）本场景已经设置好了天光照明效果，渲染预览效果如图4-50所示。

图4-50

（3）单击Arnold工具架上的Photometric Light（光度学灯光）图标，如图4-51所示，在场景中创建一个光度学灯光。

图4-51

（4）在"通道盒/层编辑器"选项卡中，设置"平移X"为60，"平移Y"为156，"平移Z"为−390，"旋转X"为0，"旋转Y"为90，"旋转Z"为0，"缩放X""缩放Y""缩放Z"均为20，如图4-52所示。

图4-52

（5）设置完成后，光度学灯光的视图显示效果如图4-53所示。

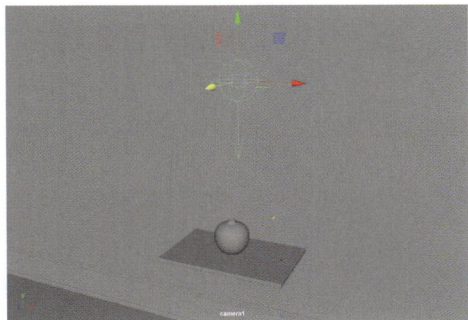

图4-53

（6）在Photometric Light Attributes（光度学灯光属性）卷展栏中，为Photometry File（光度学文件）指定"射灯-2.ies"文件，设置Intensity（强度）为200，勾选Use Color Temperature（使用色温）复选框，Temperature（温度）为3500，Exposure（曝光）为6，Samples（样本）为1，Radius（半径）为5，如图4-54所示。

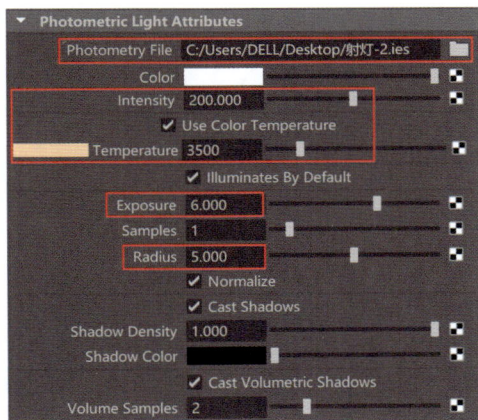

图4-54

（7）设置完成后渲染该场景，本习题的最终渲染结果如图4-55所示。

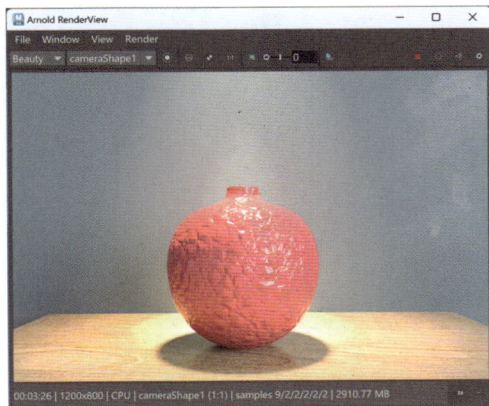

图4-55

4.3.2 课后习题：制作天空照明效果

本课后习题讲解使用"物理天空"来制作天空照明效果。习题的渲染效果如图4-56所示。

图4-56

效果文件位置	树-完成.mb
素材文件位置	树.mb

微课视频

制作思路

（1）思考使用哪种灯光来模拟天空环境。

（2）调整灯光角度及参数得到想要的照明效果。

操作步骤

（1）启动中文版Maya 2024软件，打开本书配套资源"树.mb"文件，场景中有一棵树模型，并已经设置好了材质及摄影机的渲染角度，如图4-57所示。

图4-57

（2）单击Arnold工具架上的Physical Sky（物理天空）图标，如图4-58所示，在场景中创建一个物理天空，如图4-59所示。

图4-58

图4-59

（3）渲染该场景，摄影机视图的默认渲染效果如图4-60所示。

图4-60

（4）在Physical Sky Attributes（物理天空属性）卷展栏中，设置Elevation（海拔）为30，Azimuth（方位）为80，Intensity（强度）为5，如图4-61所示。

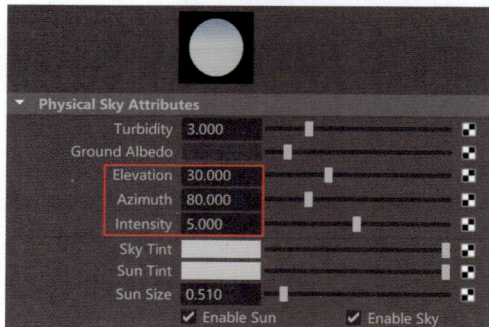
图4-61

（5）设置完成后渲染该场景，本习题的最终渲染结果如图4-62所示。

图4-62

图4-63

图4-64

技巧与提示

尝试设置物理天空的Elevation（海拔）及Azimuth（方位）值，可以得到如图4-63和图4-64所示的渲染图像效果。

第 **5** 章 摄影机技术

本章导读

本章将介绍 Maya 2024 的摄影机技术，主要包含摄影机的类型及基本参数。希望读者通过本章内容的学习，能够掌握摄影机的使用技巧。本章内容相对比较简单，希望大家勤加练习，熟练掌握。

学习要点

● 掌握摄影机的类型
● 掌握摄影机的基本参数
● 掌握摄影机景深特效的制作方法

5.1 摄影机概述

　　如何在不同光照环境下拍摄出优质的画面？这需要对摄影机有着很深的了解才可以做到。为了保证拍摄效果，配备一个性能出众的镜头就显得至关重要。摄影机的镜头分为很多种，如定焦镜头、标准镜头、长焦镜头、广角镜头、鱼眼镜头等，不同的光圈配合快门，通过控制曝光时间就可以抓住精彩的瞬间。中文版Maya 2024软件提供了多个类型的摄影机供用户选择使用，通过为场景设定摄影机，用户可以轻松地在三维软件中记录自己摆放好的镜头位置并设置动画。

　　摄影机的参数相对较少，但是并不意味着每个人都可以轻松掌握摄影机技术。学习摄影机技术就像我们拍照一样，读者需要额外学习有关画面构图方面的知识，图5-1和图5-2所示为编者在日常生活中所拍摄的一些画面。

图5-2

图5-1

5.2 创建摄影机

　　启动中文版Maya 2024软件后，我们在"大纲视图"中可以看到场景中已经有了4台摄影机。这4台摄影机的名称呈灰色显示，说明这4台摄影机目前正处于隐藏状态，它们分别用来控制"透视视图""顶视图""前视图"和"右视图"，如图5-3和图5-4所示。

图5-3

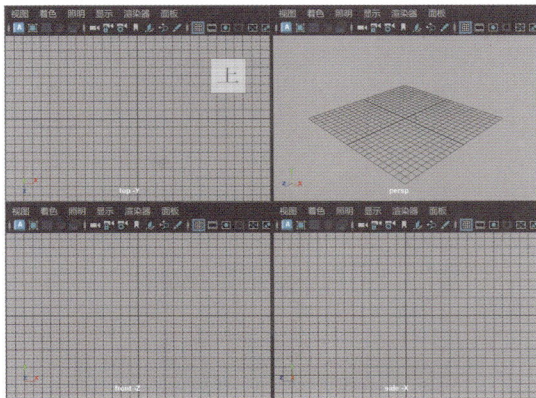

图5-4

在场景中进行各个视图的切换操作,实际上就是在这些摄影机视图中完成的。我们可以通过按住"空格键"并单击"Maya"按钮的方式,进行各个视图的切换,如图5-5所示。如果我们将当前视图切换至"后视图""左视图"或"仰视图",就会在当前场景中新建一个对应的摄影机。如图5-6所示为切换至"左视图"后,"大纲视图"中显示创建出来的对应摄影机。

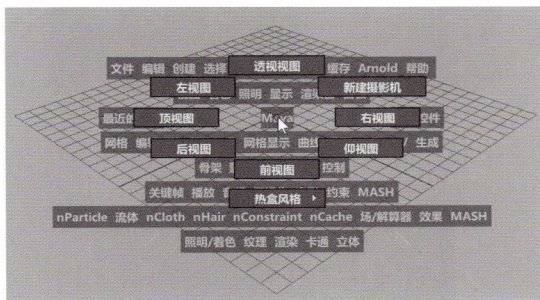

图5-5

图5-6

5.2.1 课堂案例:创建及锁定摄影机

本课堂案例讲解如何在场景中创建摄影机。案例的渲染效果如图5-7所示。

图5-7

效果文件位置	椅子-完成.mb
素材文件位置	椅子.mb

微课视频

制作思路

(1)在场景中创建摄影机。
(2)测量摄影机与目标点的距离。
(3)制作景深效果。

操作步骤

(1)启动中文版Maya 2024软件,打开本书配套素材文件"椅子.mb",场景中有一把椅子模型并已经设置好了灯光及材质,如图5-8所示。

图5-8

(2)单击"渲染"工具架中的"创建摄影机"图标,如图5-9所示,在场景中创建一个摄影机,如图5-10所示。

图5-9

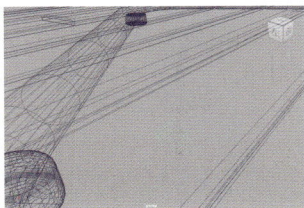

图5-10

（3）在右视图中，调整摄影机的大小和位置，如图5-11所示。

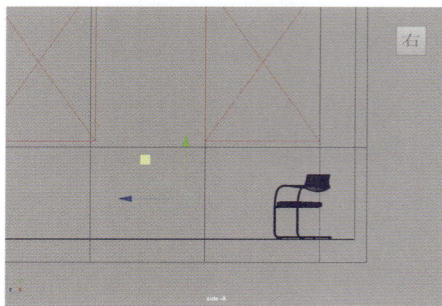

图5-11

（4）在前视图中，调整摄影机的位置，如图5-12所示。

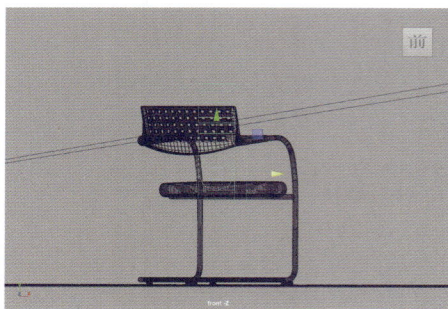

图5-12

（5）执行菜单栏中的"面板/透视/camera1"命令，如图5-13所示，即可将操作视图切换至"摄影机视图"，如图5-14所示。

图5-13

图5-14

（6）单击"分辨率门"按钮，可以查看摄影

机的渲染范围，如图5-15所示。

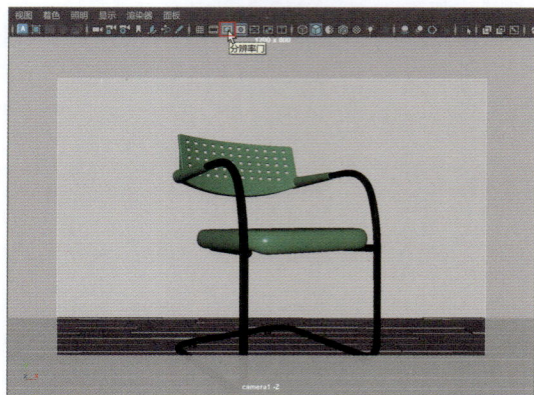

图5-15

（7）在"摄影机属性"卷展栏中，设置"视角"为70，如图5-16所示。

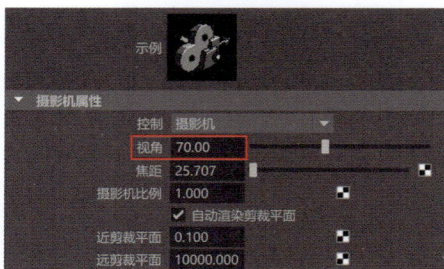

图5-16

（8）在"通道盒/层编辑器"选项卡中，设置摄影机的参数，如图5-17所示。

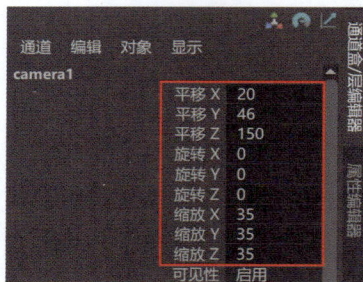

图5-17

（9）调整后的摄影机渲染角度如图5-18所示。

图5-18

（10）渲染场景，本案例的渲染效果如图5-19所示。

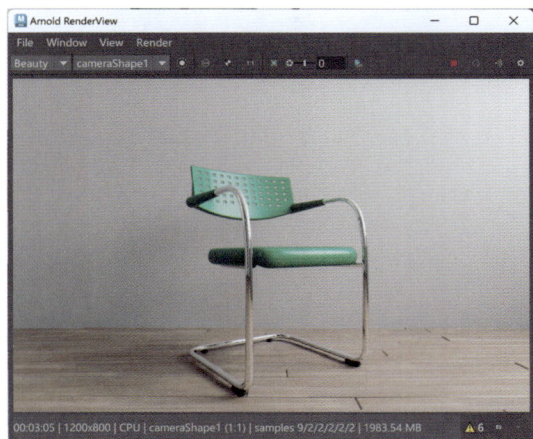

图5-19

（11）摄影机的位置和角度设置完成后，为了防止误触更改摄影机的变换属性，我们需要锁定摄影机的相关参数。选择摄影机，在"通道盒/层编辑器"选项卡中，设置摄影机的变换相关属性，如图5-20所示。

图5-20

（12）单击鼠标右键，在弹出的快捷菜单中执行"锁定选定项"命令，如图5-21所示。

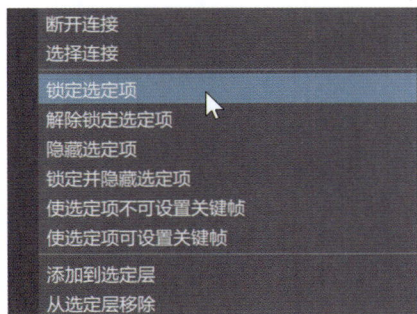

图5-21

（13）被锁定后的参数后面会显示出蓝灰色的方形标记，如图5-22所示。这样，摄影机就不会被移动位置了。

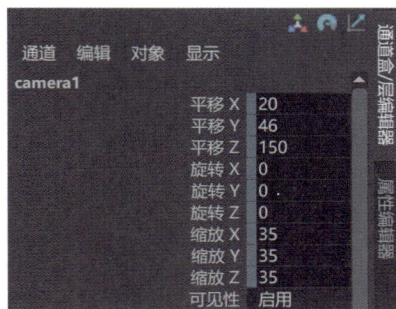

图5-22

（14）如果想解除这些参数的锁定状态，就可以在"通道盒/层编辑器"选项卡中选择摄影机的变换相关属性。单击鼠标右键，在弹出的快捷菜单中执行"解除锁定选定项"命令，如图5-23所示。

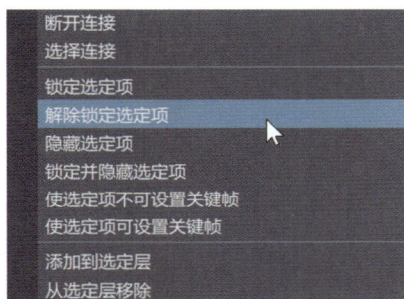

图5-23

💡 技巧与提示

我们还可以通过为摄影机的相关属性设置动画关键帧来记录摄影机的位置，读者可以通过观看本节课程视频来学习。

5.2.2 "摄影机属性"卷展栏

展开"摄影机属性"卷展栏，如图5-24所示。

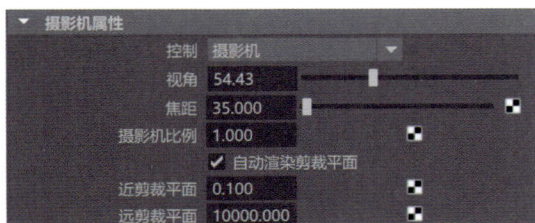

图5-24

常用参数解析

控制：用来切换当前摄影机的类型，有"摄

影机"摄影机和目标""摄影机、目标和上方向"3个选项,如图5-25所示。

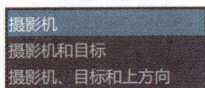

图5-25

视角:用于调节摄影机所拍摄的画面范围。

焦距:增加"焦距"可拉近摄影机镜头,放大对象在摄影机视图中的大小;减小"焦距"可拉远摄影机镜头,缩小对象在摄影机视图中的大小。

摄影机比例:根据场景缩放摄影机的大小。

自动渲染剪裁平面:该复选框处于勾选状态时,会自动设置近剪裁平面和远剪裁平面。

近剪裁平面:用于确定摄影机较近的范围内不需要渲染的距离。

远剪裁平面:超过该值的范围,摄影机不会进行渲染计算。

5.2.3 "视锥显示控件"卷展栏

展开"视锥显示控件"卷展栏,其中的参数设置如图5-26所示。

图5-26

常用参数解析

显示近剪裁平面:勾选该复选框,可显示近剪裁平面,如图5-27所示。

图5-27

显示远剪裁平面:勾选该复选框,可显示远剪裁平面,如图5-28所示。

图5-28

显示视锥:勾选该复选框,可显示视锥,如图5-29所示。

图5-29

5.2.4 "胶片背"卷展栏

展开"胶片背"卷展栏,其中的参数设置如图5-30所示。

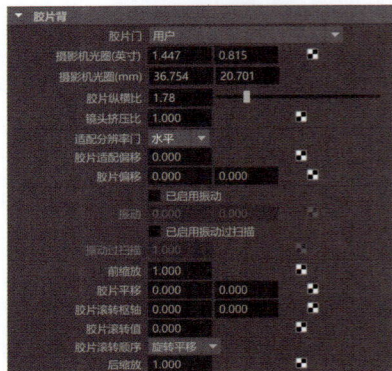

图5-30

常用参数解析

胶片门:允许用户选择某个预设的摄影机类型。除了"用户"选项,Maya还提供了10种其他选项供用户选择,如图5-31所示。

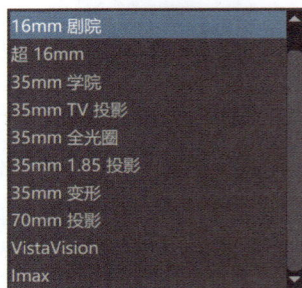

图5-31

摄影机光圈(英寸)/摄影机光圈(mm):用来控制摄影机的"胶片门"高度和宽度设置。

胶片纵横比:摄影机光圈的宽度和高度的比。

镜头挤压比:摄影机镜头水平压缩图像的程度。

适配分辨率门:控制分辨率门相对于胶片门

的大小。

振动：使用"振动"属性以应用一定量的2D转换到胶片背。曲线或表达式可以连接到"振动"属性来渲染真实的振动效果。

振动过扫描：用于渲染较大的区域。该属性会影响输出渲染。

前缩放：用于模拟2D摄影机的缩放效果。输入值将在胶片滚转之前应用。

胶片平移：用于模拟2D摄影机的平移效果。

胶片滚转枢轴：用于摄影机的后期投影矩阵计算。

胶片滚转值：旋转围绕指定的枢轴点发生以度为单位指定了胶片背的旋转量。用于计算胶片滚转矩阵，是后期投影矩阵的组件之一。

胶片滚转顺序：指定如何相对于枢轴的值应用滚动，有"旋转平移"和"平移旋转"两种方式可选择，如图5-32所示。

旋转平移
平移旋转

图5-32

后缩放：用于模拟2D摄影机的缩放效果。该值将在胶片滚转之后应用。

5.2.5 "景深"卷展栏

"景深"是摄影师常用的一种拍摄手法。当相机的镜头对着某一物体聚焦清晰时，焦点与镜头轴线垂直所形成的同一平面上的点均可以在胶片或接收器上得到相当清晰的图像，在这个平面沿着镜头轴线的前面和后面一定范围的点也可以结成眼睛可以接受的比较清晰的像点，我们把这个平面的前面和后面的所有景物的距离叫作相机的景深。在渲染中通过"景深"特效可以虚化配景，从而达到突出表现画面主体的作用。如图5-33～图5-36所示为编者在日常生活中所拍摄的一些带有"景深"效果的照片。

图5-33

图5-34

图5-35

图5-36

展开"景深"卷展栏，其中的参数设置如图5-37所示。

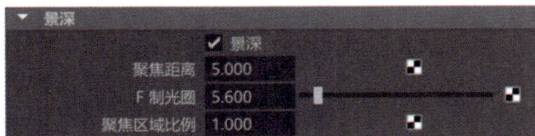

图5-37

常用参数解析

景深：取决于对象与摄影机的距离，如果勾选该复选框，焦点将聚焦于场景中的某些对象，而其他对象就会被计算为模糊效果。

聚焦距离：显示为聚焦对象与摄影机之间的距离，在场景中使用线性工作单位测量。减小聚焦距离也将降低景深，其有效范围为0到无穷大，默认值为5。

F制光圈：用于控制景深的渲染效果。

聚焦区域比例：用于成倍数地控制聚焦距离的值。

5.2.6 "输出设置"卷展栏

展开"输出设置"卷展栏，其中的参数设置如图5-38所示。

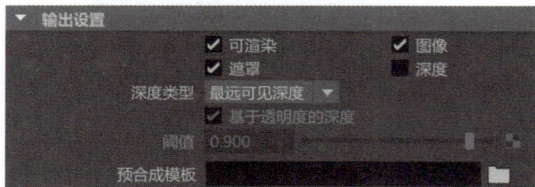

图5-38

常用参数解析

可渲染：如果勾选该复选框，摄影机就可以在渲染期间创建图像文件、遮罩文件或深度文件。

图像：如果勾选该复选框，摄影机将在渲染过程中创建图像。

遮罩：如果勾选该复选框，摄影机将在渲染过程中创建遮罩。

深度：如果勾选该复选框，摄影机将在渲染期间创建深度文件。深度文件是一种数据文件类型，用于表示对象到摄影机的距离。

深度类型：确定如何计算每个像素的深度。

基于透明度的深度：根据透明度确定哪些对象离摄影机最近。

预合成模板：使用该属性，可以在"合成"中使用预合成。

5.2.7 "环境"卷展栏

展开"环境"卷展栏，其中的参数设置如图5-39所示。

图5-39

常用参数解析

背景色：用于控制渲染场景的背景颜色。

图像平面：用于为渲染场景的背景指定一个图像文件。

5.3 课后习题

5.3.1 课后习题：制作景深效果

本课后习题讲解景深效果的制作步骤，设置

了景深前后的渲染图，对比效果如图5-40所示。

图5-40

| 效果文件位置 | 花瓶-完成.mb |
| 素材文件位置 | 花瓶.mb |

微课视频

制作思路

（1）测量摄影机与目标点的距离。
（2）制作景深效果。

操作步骤

（1）启动中文版Maya 2024软件，打开本书配套素材文件"花瓶.mb"，如图5-41所示。

图5-41

（2）场景中已经设置好了摄影机，渲染效果如图5-42所示。

图5-42

（3）执行菜单栏中的"创建/测量工具/距离工具"命令，在顶视图中测量出摄影机和花瓶之间的距离值，如图5-43所示。

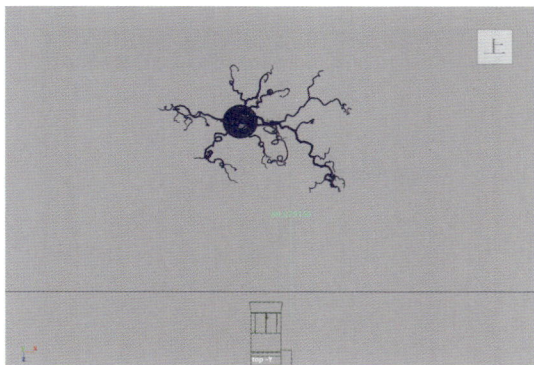

图5-43

（4）选择场景中的摄影机，在Arnold卷展栏中勾选Enable DOF（启用景深）复选框，开启景深计算。设置Focus Distance（焦距）为90，该值也就是我们在上一个步骤中所测量出来的值。设置Aperture Size（光圈尺寸）为2，如图5-44所示。

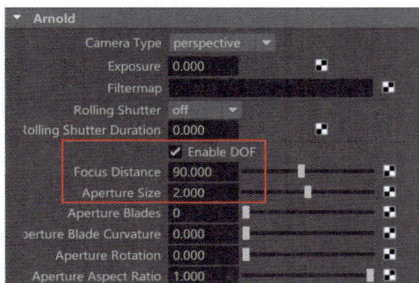

图5-44

（5）设置完成后渲染摄影机视图，渲染结果如图5-45所示。

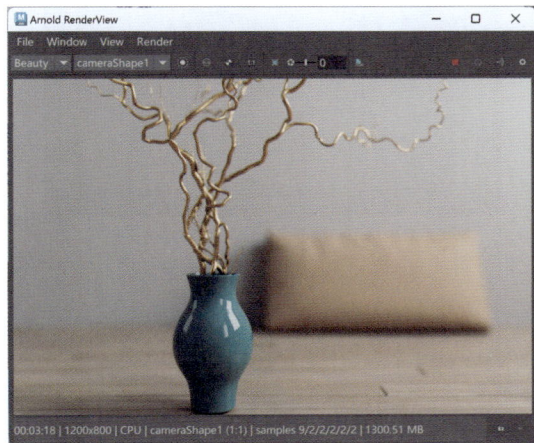

图5-45

5.3.2　课后习题：制作运动模糊效果

本课后习题讲解运动模糊效果的制作步骤，设置了运动模糊前后的渲染图，对比效果如图5-46所示。

图5-46

效果文件位置　凳子-完成.mb
素材文件位置　凳子.mb
微课视频

制作思路

（1）观察场景动画。
（2）制作运动模糊效果。

操作步骤

（1）启动中文版Maya 2024软件，打开本书配套素材文件"凳子.mb"，如图5-47所示。

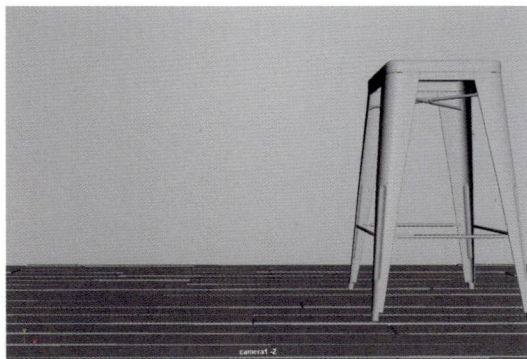

图5-47

（2）播放动画，观察凳子倒地的动画效果，如图5-48所示。

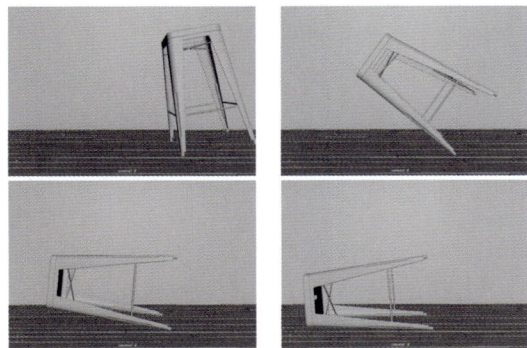

图5-48

（3）渲染该场景，效果如图5-49所示。

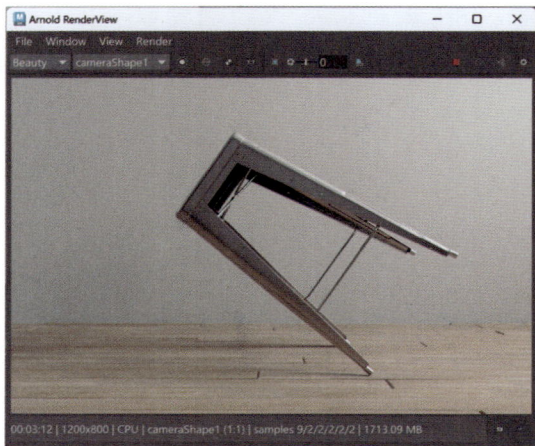

图5-49

（4）在"渲染设置"对话框中展开Motion Blur（运动模糊）卷展栏，勾选Enable（启用）复选框，如图5-50所示。

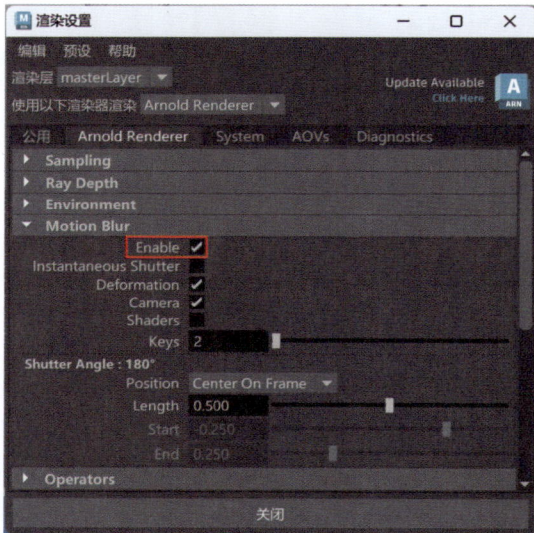

图5-50

（5）渲染场景，可以看到开启了运动模糊计算后的渲染效果，如图5-51所示。

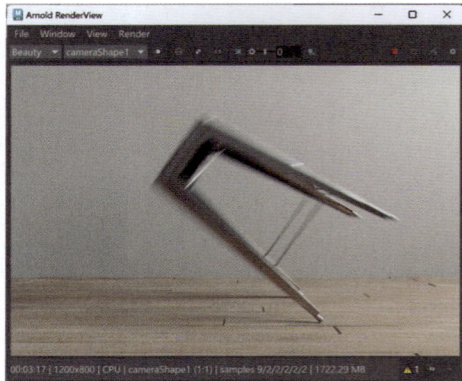

图5-51

（6）在Motion Blur（运动模糊）卷展栏中，设置Length（长度）为1.5，如图5-52所示。

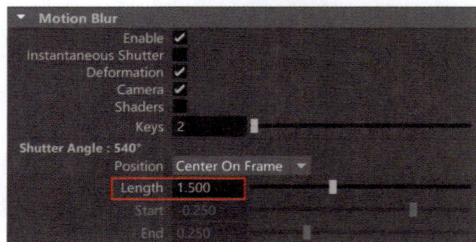

图5-52

（7）再次渲染场景，可以看到更加明显的运动模糊效果，如图5-53所示。

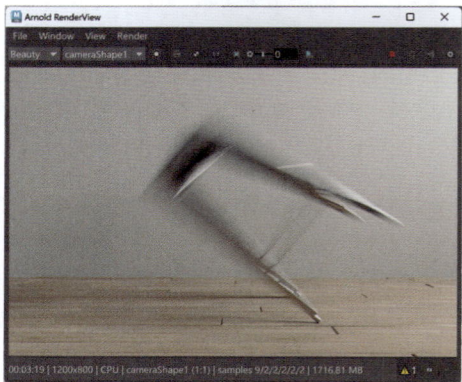

图5-53

第 **6** 章　材质与纹理

本章导读

本章将介绍 Maya 2024 中材质与纹理技术，通过讲解常用材质的制作方法来学习材质和纹理的知识点。好的材质不仅可以美化模型，加强模型的质感，还可以弥补模型上的欠缺与不足。本章内容非常重要，请读者务必多加练习，熟练掌握材质的设置方法与技巧。

学习要点

- 掌握 Hypershade 面板的使用方法
- 掌握标准曲面材质的使用方法
- 掌握 Lambert 的使用方法
- 掌握纹理及 UV 的使用方法
- 掌握常用材质的制作方法

6.1　材质概述

材质可以表现出对象的色彩、质感、光泽和通透程度等属性，在Maya软件中，材质功能几乎可以模拟制作出我们身边的任何物体特性。行业规范中，模型一般只有添加了材质后才算制作完成。如图6-1和图6-2所示分别为在三维软件中使用材质相关命令所制作出的效果图，体现着不同物体的质感。

图6-1

图6-2

6.2　常用材质

6.2.1　课堂案例：制作玻璃材质

本课堂案例讲解使用"标准曲面材质"来制作玻璃材质的高脚杯。案例的渲染效果如图6-3所示。

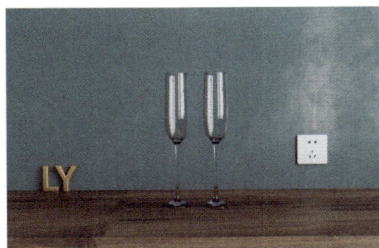

图6-3

效果文件位置	玻璃材质-完成.mb
素材文件位置	玻璃材质.mb

微课视频

制作思路

（1）观察场景。
（2）为模型添加标准曲面材质。
（3）思考使用哪些参数可以得到玻璃效果。

（1）启动中文版Maya 2024软件，打开本书配套素材文件"玻璃材质.mb"，并选择场景中的高脚杯模型，如图6-4所示。

图6-4

（2）单击"渲染"工具架上的"标准曲面材质"图标，如图6-5所示，为所选择的模型指定标准曲面材质。

图6-5

（3）在"镜面反射"卷展栏中，设置"粗糙度"为0，以提高材质的镜面反射效果，如图6-6所示。

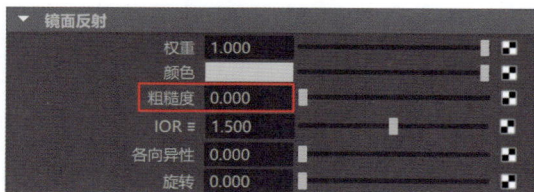
图6-6

（4）在"透射"卷展栏中，设置"权重"为1，如图6-7所示。

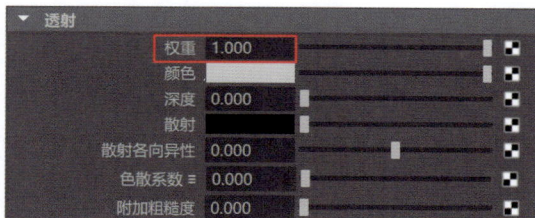
图6-7

（5）设置完成后，玻璃材质在"材质查看器"中的显示效果如图6-8所示。

图6-8

（6）渲染场景，效果如图6-9所示。

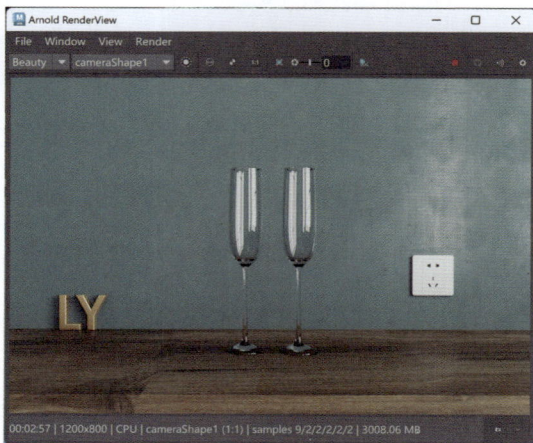
图6-9

6.2.2 课堂案例：制作金属材质

本课堂案例讲解使用"标准曲面材质"来制作金属材质的器皿。案例的渲染效果如图6-10所示。

图6-10

效果文件位置	金属材质-完成.mb
素材文件位置	金属材质.mb

微课视频

制作思路

（1）观察场景。
（2）为模型添加标准曲面材质。

（3）思考使用哪些参数可以得到金属效果。

操作步骤

（1）启动中文版Maya 2024软件，打开本书配套素材文件"金属材质.mb"，并选择场景中的罐子等器皿模型，如图6-11所示。

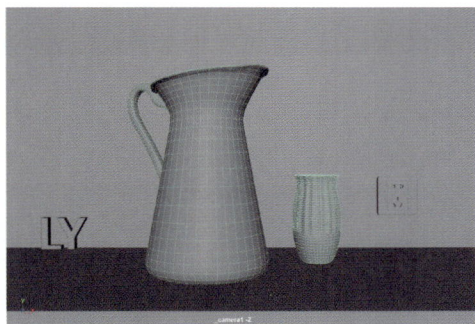

图6-11

（2）单击"渲染"工具架上的"标准曲面材质"图标，如图6-12所示，为所选择的模型指定标准曲面材质。

图6-12

（3）在"基础"卷展栏中，设置"颜色"为金色，"金属度"为1，以增加材质的金属特性，如图6-13所示。其中，颜色的参数设置如图6-14所示。

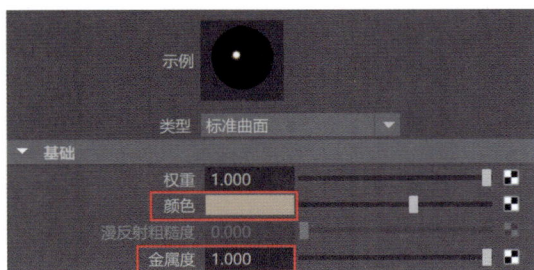

图6-13

图6-14

（4）设置完成后，金属材质在"材质查看器"中的显示效果如图6-15所示。

图6-15

（5）渲染场景，效果如图6-16所示。

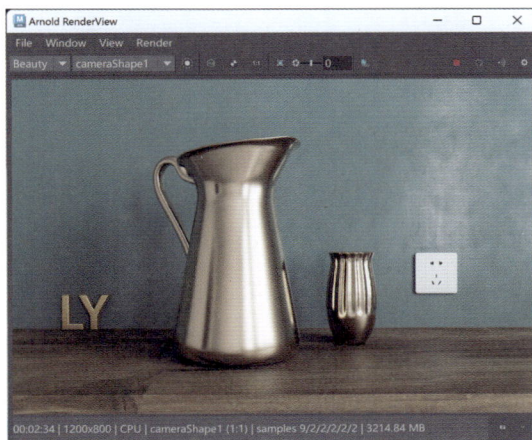

图6-16

6.2.3　课堂案例：制作陶瓷材质

本课堂案例讲解使用"标准曲面材质"来制作陶瓷材质的碗。案例的渲染效果如图6-17所示。

图6-17

制作思路

（1）观察场景。

（2）为模型添加标准曲面材质。

（3）思考使用哪些参数可以得到陶瓷效果。

操作步骤

（1）启动中文版Maya 2024软件，打开本书配套素材文件"陶瓷材质.mb"，并选择场景中的碗模型，如图6-18所示。

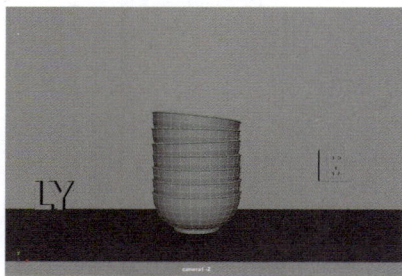

图6-18

（2）单击"渲染"工具架上的"标准曲面材质"图标，如图6-19所示，为所选择的模型指定标准曲面材质。

图6-19

（3）在"基础"卷展栏中，设置"颜色"为红色，如图6-20所示。其中，颜色的参数设置如图6-21所示。

图6-20

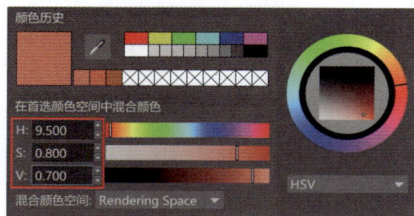

图6-21

（4）在"镜面反射"卷展栏中，设置"粗糙度"为0.1，如图6-22所示。

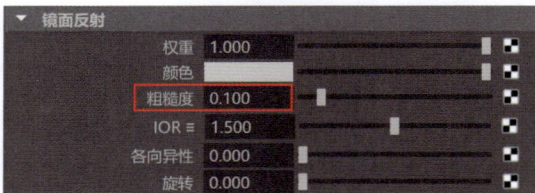

图6-22

（5）设置完成后，陶瓷材质在"材质查看器"中的显示效果如图6-23所示。

图6-23

（6）渲染场景，陶瓷材质的渲染效果如图6-24所示。

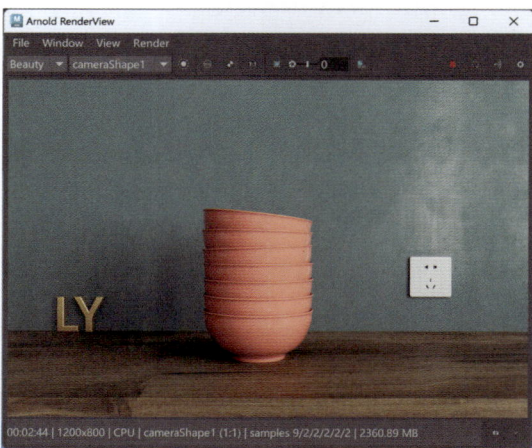

图6-24

（7）选择如图6-25所示的面，为所选择的面指定一个新的标准曲面材质。

（8）在"基础"卷展栏中，设置"颜色"为白色，如图6-26所示。

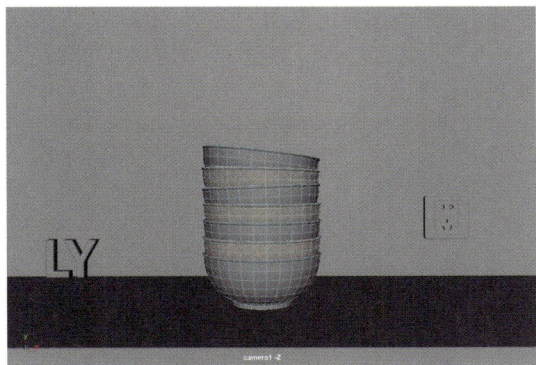
图6-25

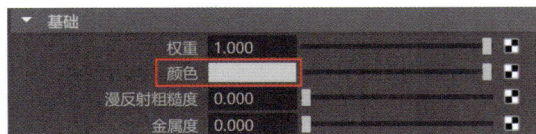
图6-26

（9）在"镜面反射"卷展栏中，设置"粗糙度"为0.1，如图6-27所示。

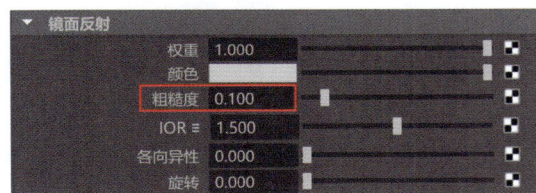
图6-27

（10）渲染场景，本案例的渲染效果如图6-28所示。

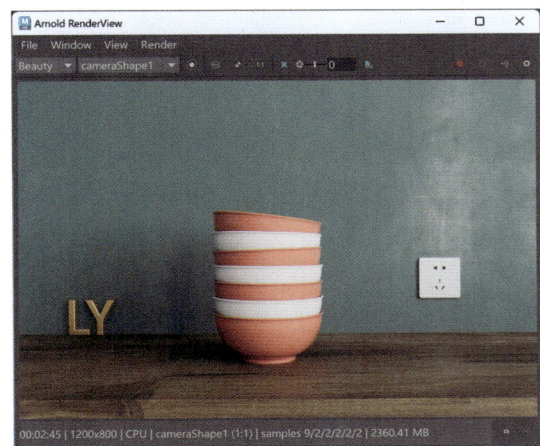
图6-28

6.2.4　Hypershade面板

Maya为用户提供了一个方便管理场景中所有材质球的工作平台，即Hypershade对话

框。如果读者了解3ds Max软件，我们可以把Hypershade对话框理解为3ds Max软件中的材质编辑器。该对话框在默认状态下由"浏览器""材质查看器""创建""存储箱""工作区"及"特性编辑器"6个选区组成，如图6-29所示。打开Hypershade对话框的方式主要有两种：第一种是执行菜单栏中的"窗口/渲染编辑器/Hypershade"命令，如图6-30所示；第二种是单击Maya软件界面中的"显示和编辑着色网络中的连接"按钮，如图6-31所示。

图6-29

图6-30

图6-31

技巧与提示

在Maya软件中制作材质，一般很少打开Hypershade对话框，因为大部分操作只需在模型的"属性编辑器"面板中进行就可以。

6.2.5 标准曲面材质

"标准曲面材质"是一种基于物理计算的着色器，可以用来制作日常我们所能见到的大部分材质。其参数设置与Arnold渲染器提供的aiStandardSurface（ai标准曲面）材质高度相似，同时与Arnold渲染器兼容性良好，而且以中文显示的参数名称更加方便我们进行材质的制作。该材质的卷展栏较多，如图6-32所示。

图6-32

1. "基础"卷展栏

展开"基础"卷展栏，其中的参数设置如图6-33所示。

图6-33

常用参数解析

权重：设置基础颜色的权重。

颜色：设置材质的基础颜色。

漫反射粗糙度：设置材质的漫反射粗糙度。

金属度：当该金属度为1时，材质表现为明显的金属特性。如图6-34所示是该值设置为0和1的材质显示结果对比。

图6-34

2. "镜面反射"卷展栏

展开"镜面反射"卷展栏，其中的参数设置如图6-35所示。

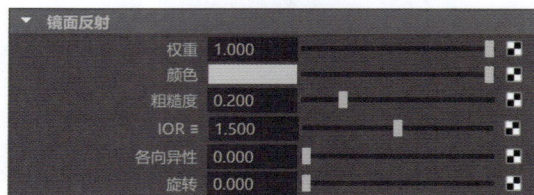

图6-35

常用参数解析

权重：用于控制镜面反射的权重。

颜色：用于调整镜面反射的颜色，调试该值可以为材质的高光部分进行染色。如图6-36所示分别为该值设置为黄色和蓝色的材质显示结果对比。

图6-36

粗糙度：控制镜面反射的光泽度。该值越小，反射越清晰。对于两种极限条件0和1.0，值为0，将带来完美清晰的镜像反射效果，值为1.0，则会产生接近漫反射的反射效果。如图6-37所示是该值设置为0、0.2、0.3和0.5的材质显示结果对比。

图6-37

IOR：用于控制材质的折射率，在制作玻璃、水、钻石等透明材质时非常重要。如图6-38所示是该值设置为1.1和1.5的材质显示结果对比。

图6-38

各向异性：控制高光的各向异性属性，用来得到具有椭圆形状的反射及高光效果。如图6-39所示是该值设置为0和1的材质显示结果对比。

图6-39

旋转：用于控制材质UV空间的各向异性反射方向。如图6-40所示是该值设置为0.15和0.3的材质显示结果对比。

图6-40

3. "透射"卷展栏

展开"透射"卷展栏，其中的参数设置如图6-41所示。

图6-41

常用参数解析

权重：用于设置灯光穿过物体表面所产生的透射权重。

颜色：指透视颜色，会根据折射光线的传播距离过滤折射。建议使用精细的浅颜色值。如图6-42所示是颜色设置为浅红色和深红色的材质显示结果对比。

深度：控制透射颜色在体积中达到的深度。

散射：透射散射适用于各类稠密液体或有足够多的液体能使散射效果可见的情况，例如深水

环境或蜂蜜中。

图6-42

散射各向异性：用来控制散射的方向或各向异性。

色散系数：指定材质的色散系数，用于描述折射率随波长变化的程度。对于玻璃和钻石，此值通常介于10~70之间，值越小，色散越多。默认值为0，表示禁用色散。如图6-43所示是该值设置为0和55的材质显示结果对比。

图6-43

附加粗糙度：对使用各向同性微面BTDF所计算的折射增加一些额外的模糊度。范围从 0（无粗糙度）~1。

4. "次表面"卷展栏

展开"次表面"卷展栏，其中的参数设置如图6-44所示。

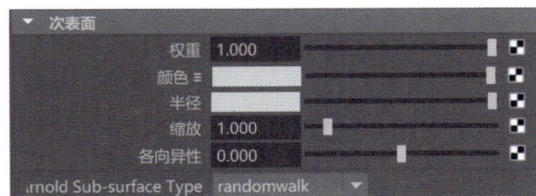

图6-44

常用参数解析

权重：用来控制漫反射和次表面散射之间的混合权重。

颜色：用来确定次表面散射效果的颜色。

半径：用来设置光线在散射出曲面前在曲面下可能传播的平均距离。

缩放：控制灯光在再度反射出曲面前在曲面下可能传播的距离。

5. "涂层"卷展栏

展开"涂层"卷展栏，其中的参数设置如图6-45所示。

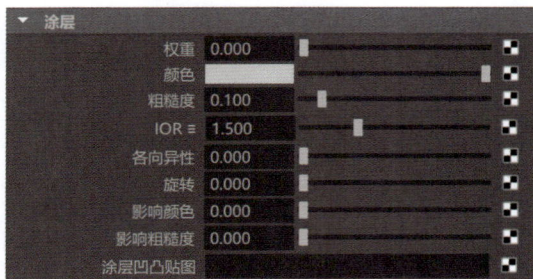

图6-45

常用参数解析

权重：用来控制材质涂层的权重值。

颜色：控制涂层的颜色。

粗糙度：控制镜面反射的光泽度。

IOR：控制材质的菲涅耳折射率。

6."自发光"卷展栏

展开"自发光"卷展栏，其中的参数设置如图6-46所示。

图6-46

常用参数解析

权重：控制发射的灯光量。

颜色：控制发射的灯光颜色。

7."薄膜"卷展栏

展开"薄膜"卷展栏，其中的参数设置如图6-47所示。

图6-47

常用参数解析

厚度：定义薄膜的实际厚度。

IOR：控制材质周围介质的折射率。

8."几何体"卷展栏

展开"几何体"卷展栏，其中的参数设置如图6-48所示。

图6-48

常用参数解析

薄壁：勾选该复选框，可以提供从背后照亮半透明对象的效果。

不透明度：控制不允许灯光穿过的程度。

凹凸贴图：通过添加贴图来设置材质的凹凸属性。

各向异性切线：为镜面反射各向异性着色指定一个自定义切线。

6.2.6 Lambert材质

Lambert材质不控制有关高光的属性，其参数主要位于"公用材质属性"卷展栏中，如图6-49所示。

图6-49

常用参数解析

颜色：控制材质的基本颜色。

透明度：控制材质的透明程度。

环境色：用来模拟环境对该材质所产生的色彩影响。

白炽度：用来控制材质发射灯光的颜色及亮度。

凹凸贴图：通过纹理贴图来控制材质表面的粗糙纹理及凹凸程度。

漫反射：使得材质能够在所有方向反射灯光。

半透明：使得材质可以透射和漫反射灯光。

半透明深度：模拟灯光穿透半透明对象的程度。

半透明聚集：控制半透明灯光的散射程度。

6.3 纹理与UV

纹理通常指材质上的纹理贴图。UV指的是控制纹理贴图贴在模型表面上的贴图坐标。两者相辅相成，缺一不可。

当我们在Maya软件中制作三维模型后，常需要将合适的贴图贴到这些三维模型上。比如选择一张图书的贴图指定给图书模型时，Maya软件并不能自动确定图书的贴图以什么方向平铺到图书模型上，所以需要人为规定。Maya在默认情况下会为许多基本多边形模型自动创建UV，但是在大多数情况下，还是需要我们重新为物体指定UV。根据模型形状的不同，Maya为用户提供了平面映射、圆柱形映射、球形映射和自动映射等UV贴图方式以供选择使用。如果模型的贴图过于复杂，那么我们还可以使用"UV编辑器"面板来对贴图的UV进行精细调整。

6.3.1 课堂案例：制作相框材质

本课堂案例讲解使用"平面映射"来制作相框材质。案例的渲染效果如图6-50所示。

图6-50

| 效果文件位置 | 相框材质-完成.mb |
| 素材文件位置 | 相框材质.mb |

微课视频

制作思路

（1）观察场景。
（2）为模型添加多个标准曲面材质。
（3）使用平面映射调整照片的位置。

操作步骤

（1）启动中文版Maya 2024软件，打开本书配套素材文件"相框材质.mb"，并选择场景中的相框模型，如图6-51所示。

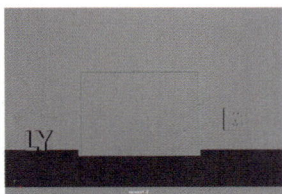

图6-51

（2）单击"渲染"工具架上的"标准曲面材质"图标，如图6-52所示，为所选择的模型指定标准曲面材质。

图6-52

（3）在"基础"卷展栏中，设置"颜色"为黄色，如图6-53所示。其中，"颜色"的参数设置如图6-54所示。

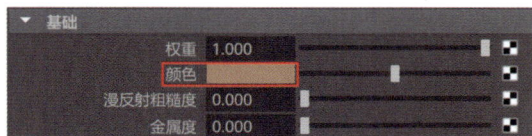

图6-53

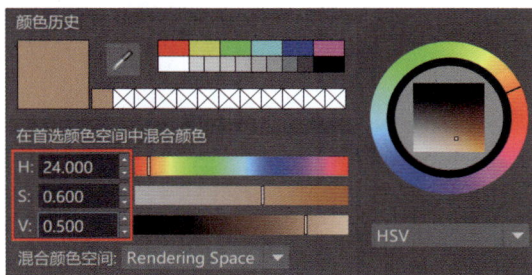

图6-54

（4）选择如图6-55所示的面，单击"渲染"工具架上的"标准曲面材质"图标，为所选择的面指定第2个标准曲面材质。

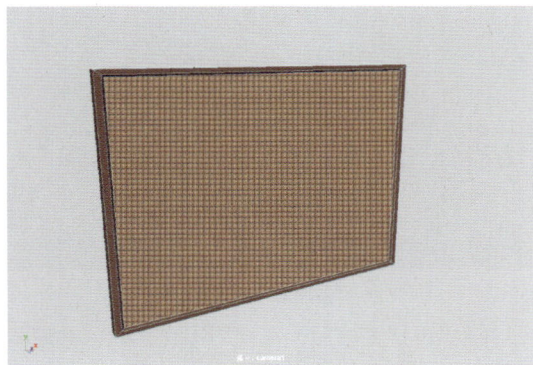

图6-55

（5）在"基础"卷展栏中，单击"颜色"属性后面的方形按钮调整颜色，如图6-56所示。

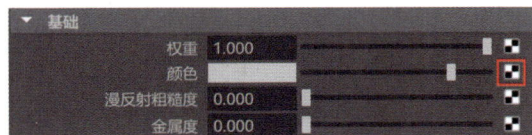

图6-56

（6）在弹出的"创建渲染节点"对话框中单击"文件"按钮，如图6-57所示。

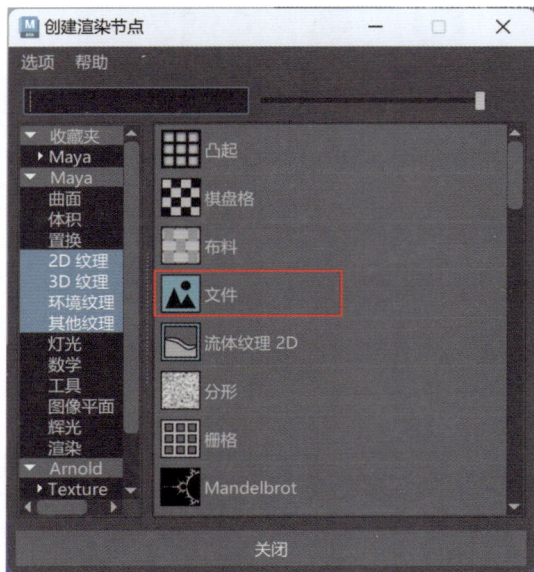
图6-57

辑"工具架中的"平面映射"图标，如图6-61所示，为所选择的平面添加一个平面映射，如图6-62所示。

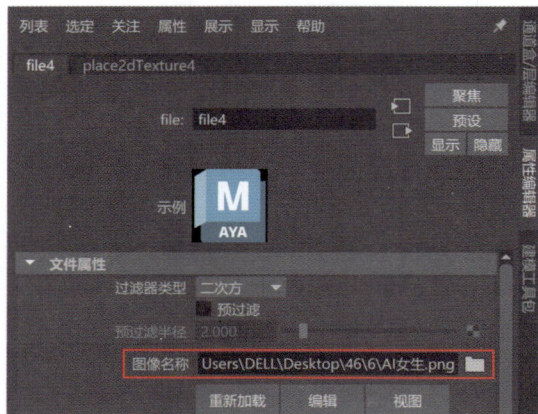
图6-60

图6-61

（7）在"文件属性"卷展栏中，为"图像名称"属性加载一张"AI女生.png"贴图文件，如图6-58所示。

图6-58

图6-62

（10）在"投影属性"卷展栏中，设置"旋转"为（0,0,0），"投影宽度"为50，"投影高度"为27.508，如图6-63所示。

图6-63

（8）设置完成后，在视图中观察默认的贴图效果，如图6-59所示。

（11）在视图中调整平面映射的大小，如图6-64所示。

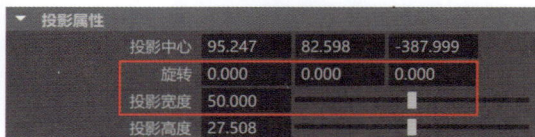
图6-59

（9）选择如图6-60所示的面，单击"UV编

图6-64

本案例中所使用的女生图像为AI绘画软件所生成的作品。

（12）渲染场景，本案例的渲染效果如图6-65所示。

图6-65

6.3.2 课堂案例：制作木雕材质

本课堂案例讲解使用"UV编辑器"来制作木雕材质。案例的渲染效果如图6-66所示。

图6-66

效果文件位置	木雕材质-完成.mb
素材文件位置	木雕材质.mb

微课视频

制作思路

（1）观察场景。

（2）为模型添加标准曲面材质。

操作步骤

（1）启动中文版Maya 2024软件，打开本书配套素材文件"木雕材质.mb"，并选择场景中的鹿形雕塑模型，如图6-67所示。

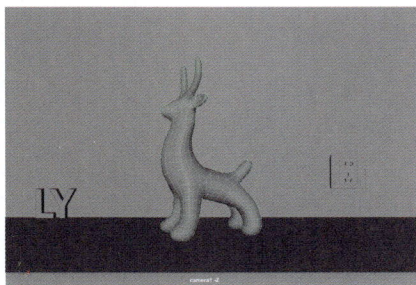

图6-67

（2）单击"渲染"工具架上的"标准曲面材质"图标，如图6-68所示，为所选择的模型指定标准曲面材质。

图6-68

（3）在"基础"卷展栏中，单击"颜色"属性后面的方形按钮，如图6-69所示。

图6-69

（4）在弹出的"创建渲染节点"对话框中单击"文件"按钮，如图6-70所示。

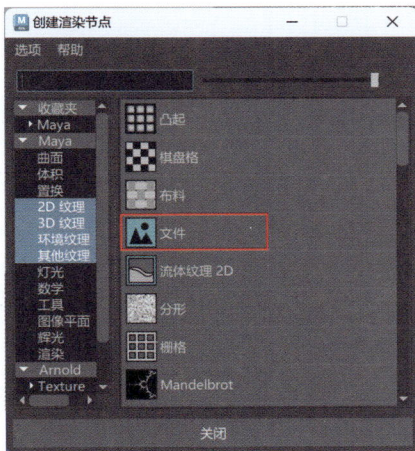

图6-70

（5）在"文件属性"卷展栏中，为"图像

名称"属性加载一张"木纹.jpg"贴图文件，如图6-71所示。

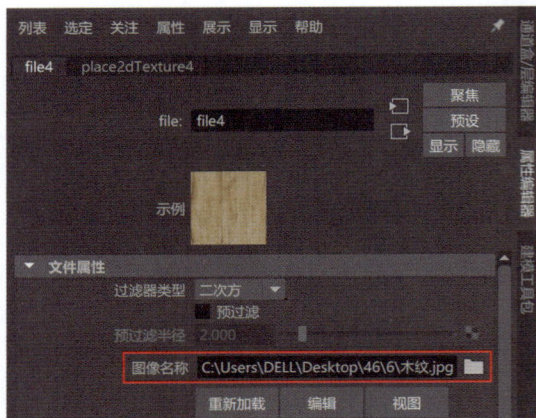

图6-71

（6）设置完成后，在视图中观察默认的贴图效果，如图6-72所示。

图6-72

（7）选择鹿模型，单击"UV编辑"工具架中的"UV编辑器"图标，如图6-73所示。

图6-73

（8）在弹出的"UV编辑器"对话框中可以看到鹿模型的UV显示效果，如图6-74所示。

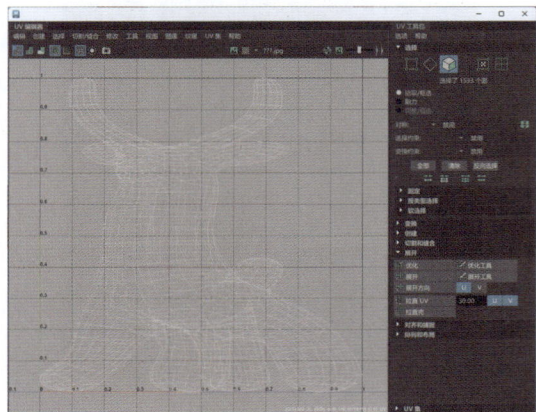

图6-74

（9）选择如图6-75所示的边线，在"切割和缝合"卷展栏中单击"剪切"按钮，如图6-76所示。

图6-75

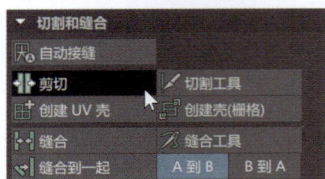

图6-76

技巧与提示

这一部分操作较为繁复，建议读者观看教学视频进行学习。

（10）选择模型上的所有面，在"展开"卷展栏中单击"展开"按钮，如图6-77所示，即可得到如图6-78所示的UV显示效果。

图6-77

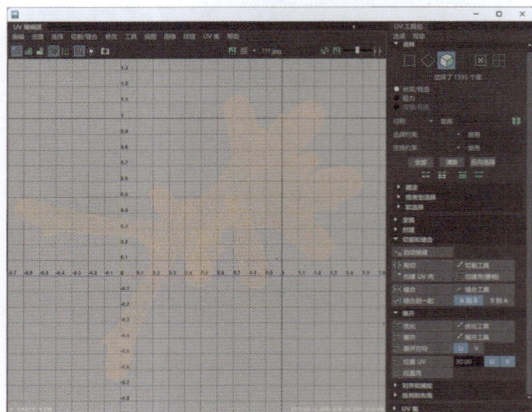

图6-78

（11）在"排列和布局"卷展栏中单击"排布"按钮，如图6-79所示，即可得到如图6-80所示的UV显示效果。

图6-79

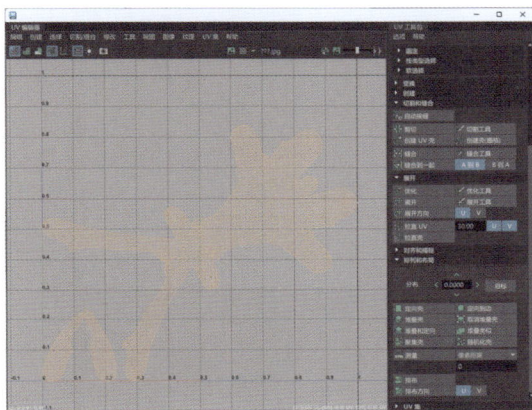

图6-80

（12）在"UV编辑器"对话框中单击"显示图像"按钮，如图6-81所示，即可在该对话框中显示出贴图图像，如图6-82所示。这时，我们还可以对模型的UV进行微调。

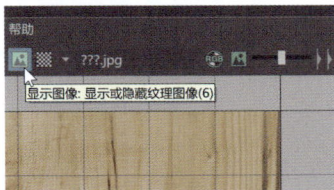

图6-81

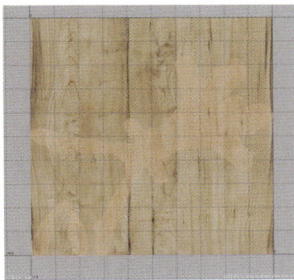

图6-82

（13）最终调整模型的UV效果如图6-83

所示。

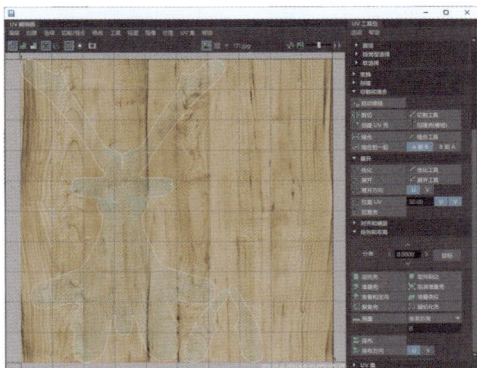

图6-83

（14）渲染场景，本案例的渲染效果如图6-84所示。

图6-84

6.3.3　文件

"文件"纹理属于"2D纹理"，该纹理允许用户使用计算机硬盘中的任意图像文件来作为材质表面的贴图纹理，是使用频率较高的纹理命令。其参数设置位于"文件属性"卷展栏中，如图6-85所示。

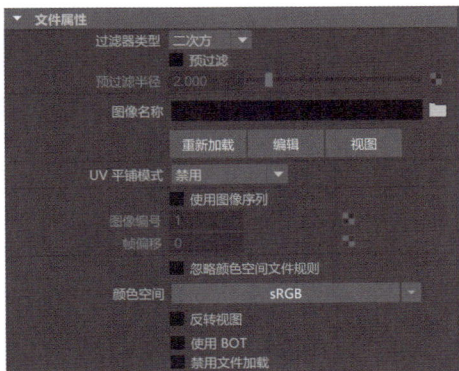

图6-85

过滤器类型：渲染过程中应用于图像文件的采样技术。

预过滤：用于校正已混淆的或在不需要的区域中包含噪波的文件纹理。

预过滤半径：确定过滤半径的大小。

图像名称："文件"纹理使用的图像文件或影片文件的名称。

"重新加载"按钮：可强制刷新纹理。

"编辑"按钮：将启动外部应用程序，以便能够编辑纹理。

"视图"按钮：将启动外部应用程序，以便能够查看纹理。

UV平铺模式：可使用单个"文件"纹理节点进行加载、预览和渲染，包含对应于UV布局中栅格平铺的多个图像的纹理。

使用图像序列：勾选该复选框，可以使用连续的图像序列来作为纹理贴图使用。

图像编号：设置序列图像的编号。

帧偏移：设置偏移帧的数值。

颜色空间：用于指定图像使用的输入颜色空间。

6.3.4　aiWireframe（ai线框）

aiWireframe纹理主要用来制作线框材质，其参数设置如图6-86所示。

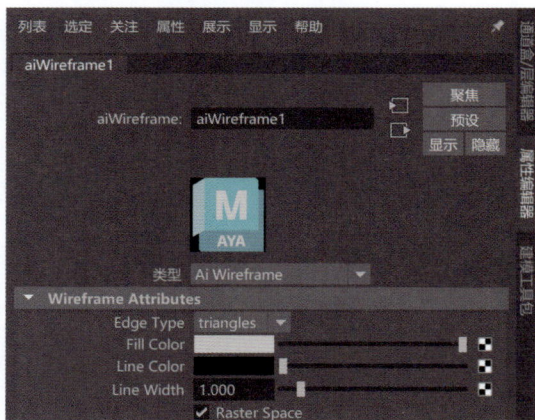

图6-86

常用参数解析

Edge Type（边类型）：用于控制模型上渲染边线的类型，有triangles、polygons和patches 3个选项可选择。

Fill Color（填充颜色）：用于设置模型的填充颜色。

Line Color（线颜色）：用于设置线框的颜色。

Line Width（线宽）：用于设置线框的宽度。

6.3.5　平面映射

"平面映射"通过平面将UV投影到模型上，该命令非常适合用于较为平坦的三维建模，如图6-87所示。单击菜单栏中"UV/平面"命令后的小方块图标，即可打开"平面映射选项"对话框，如图6-88所示。

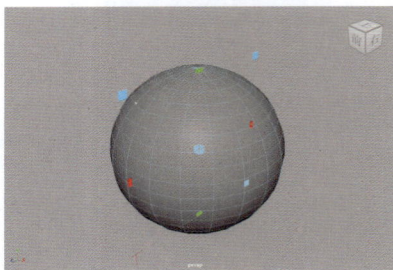

图6-87

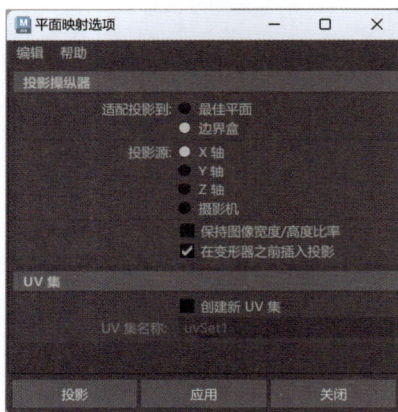

图6-88

常用参数解析

适配投影到：默认情况下，投影操纵器将根据"最佳平面"或"边界盒"这两个设置之一自动定位。

最佳平面：如果要为对象的一部分面映射UV，则可以选择将"最佳平面"和投影操纵器捕捉到一个角度和直接指向选定面的旋转。

边界盒：将UV映射到对象的所有面或大多数面时，该选项将捕捉投影操纵器以适配对象的边界盒。

投影源：选择标准轴，以便投影操纵器指向对象的大多数面。如果大多数模型的面不是直接指向沿X轴、Y轴或Z轴的某个位置，就选中"摄影机"单选按钮，将根据当前的活动视图为投影操纵器定位。

保持图像宽度/高度比率：勾选该复选框时，可以保留图像的宽度与高度之比，使图像不会扭曲。

在变形器之前插入投影：对多边形对象应用变形时，需要勾选该复选框。如果该选项已禁用且已为变形设置动画，则纹理放置将受顶点位置更改的影响。

创建新UV集：勾选该复选框，可以创建新UV集并放置由投影在该集中创建的UV。

6.3.6　圆柱形映射

"圆柱形映射"非常适合应用在体型接近圆柱体形态的三维模型上，如图6-89所示。单击菜单栏中"UV/圆柱形"命令后的小方块图标，即可打开"圆柱形映射选项"对话框，如图6-90所示。

图6-89

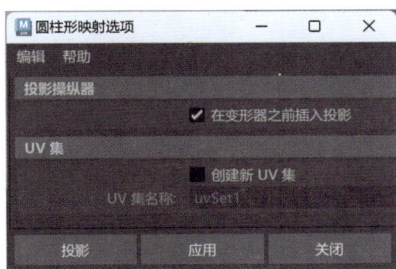

图6-90

常用参数解析

在变形器之前插入投影：勾选该复选框，可以在应用变形器前将纹理放置并应用到多边形模型上。

创建新UV集：与"平面映射"一样，勾选该复选框，可以创建新UV集并放置由投影在该集中创建的UV。

6.3.7　球形映射

"球形映射"非常适合应用在体型接近球形形态的三维模型上，如图6-91所示。单击菜单栏中"UV/球形"命令后的小方块图标，即可打开"球形映射选项"对话框，如图6-92所示。

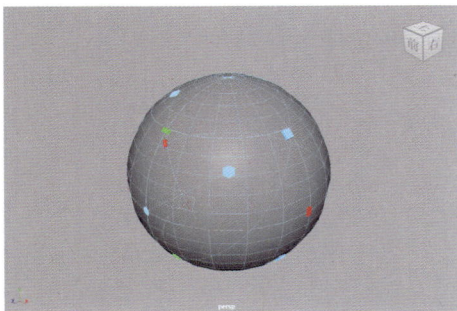

图6-91

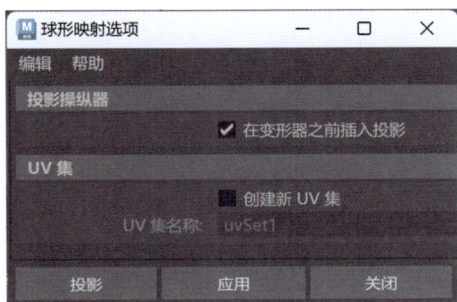

图6-92

常用参数解析

在变形器之前插入投影：与"圆柱形映射"一样勾选该复选框，可以在应用变形器前将纹理放置并应用到多边形模型上。

创建新UV集：与"平面映射""圆柱形映射"一样，勾选该复选框，可以创建新UV集并放置由投影在该集中创建的UV。

6.4　课后习题

6.4.1　课后习题：制作线框材质

本课后习题讲解使用aiWireframe（ai线框）来制作线框材质的步骤。案例的渲染效果如图6-93所示。

图6-93

效果文件位置　线框材质-完成.mb

素材文件位置　线框材质.mb

微课视频

制作思路

（1）观察场景。

（2）为模型添加标准曲面材质。

（3）思考使用哪些参数可以得到线框效果。

操作步骤

（1）启动中文版Maya 2024软件，打开本书配套素材文件"线框材质.mb"，并选择场景中的马形雕塑模型，如图6-94所示。

图6-94

（2）单击"渲染"工具架上的"标准曲面材质"图标，如图6-95所示，为所选择的模型指定标准曲面材质。

图6-95

（3）在"基础"卷展栏中，单击"颜色"属性后面的方形按钮，如图6-96所示。

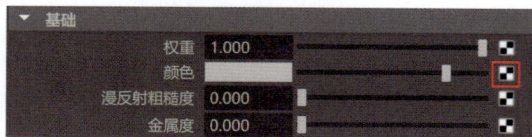

图6-96

（4）在弹出的"创建渲染节点"对话框中单击aiWireframe按钮，如图6-97所示。

图6-97

（5）设置完成后，线框材质的预览效果如图6-98所示。

图6-98

（6）在Wireframe Attributes（线框属性）卷展栏中，设置Edge Type（边类型）为polygons（多边形），Fill Color（填充颜色）为红色，Line Color（线颜色）为蓝色，Line Width（线宽）为2，如图6-99所示。

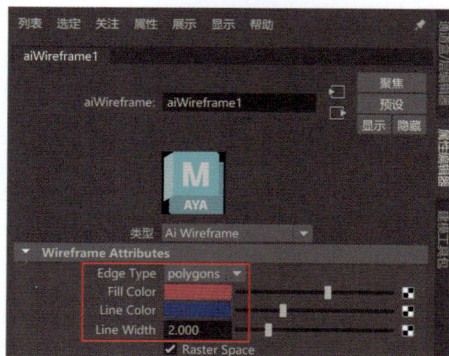

图6-99

（7）设置完成后，线框材质在"材质查看器"中的显示效果如图6-100所示。

图6-100

（8）渲染场景，本案例的渲染效果如图6-101所示。

图6-101

6.4.2　课后习题：制作玉石材质

本课后习题讲解使用"标准曲面材质"来制作玉石材质的步骤。案例的渲染效果如图6-102所示。

图6-102

| 效果文件位置 | 玉石材质-完成.mb |
| 素材文件位置 | 玉石材质.mb |

微课视频

制作思路

（1）观察场景。
（2）为模型添加标准曲面材质。
（3）思考使用哪些参数可以得到玉石效果。

操作步骤

（1）启动中文版Maya 2024软件，打开本书配套素材文件"玉石材质.mb"，并选择场景中的羊形雕塑模型，如图6-103所示。

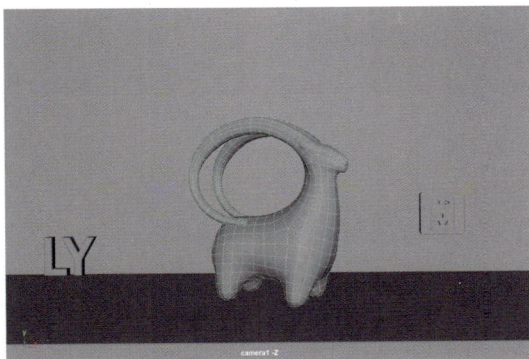

图6-103

（2）单击"渲染"工具架上的"标准曲面材质"图标，如图6-104所示，为所选择的模型指定标准曲面材质。

图6-104

（3）在"镜面反射"卷展栏中，设置"粗糙度"为0.1，如图6-105所示。

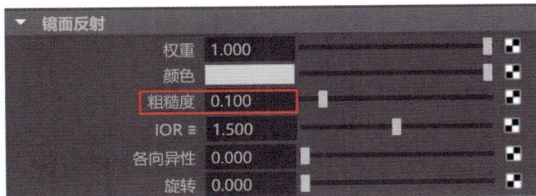

图6-105

（4）在"次表面"卷展栏中，设置"权重"

为1，"颜色"为绿色，"缩放"为6，如图6-106所示。其中，"颜色"的参数设置如图6-107所示。

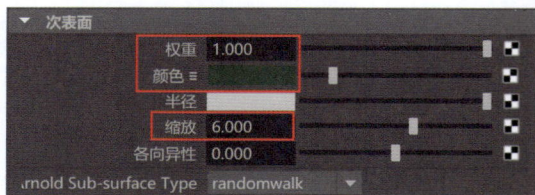

图6-106

图6-107

技巧与提示

"缩放"值越大，玉石材质的通透性越明显。图6-108所示是该值分别设置为3和12的渲染效果对比。

图6-108

（5）设置完成后，玉石材质在"材质查看器"中的显示效果如图6-109所示。

图6-109

（6）渲染场景，本案例的渲染效果如图6-110所示。

图6-110

第 **7** 章 动画技术基础

本章导读

本章主要讲解 Maya 的动画基本设置方法、关键帧动画、约束动画、曲线图编辑器及角色的"快速绑定"工具等内容，希望读者通过对本章内容的学习，能够掌握动画的制作方法及相关技术。

学习要点

- ●掌握关键帧动画的设置方法
- ●掌握约束动画的设置方法
- ●掌握"曲线图编辑器"的使用方法
- ●掌握角色"快速绑定"工具的使用方法

7.1 动画概述

　　动画，是一门集合了漫画、电影、数字媒体等多种艺术形式的综合艺术，也是一门"年轻"的学科。经过100多年的发展，动画已经形成了较为完善的理论体系和多元化产业，其独特的艺术魅力深受广大人民的喜爱。在本书中，将"动画"仅狭义地理解为"使用Maya软件来设置对象的形变并记录运动过程"。

　　迪士尼公司早在20世纪30年代左右就提出了著名的"动画12原理"，这些传统动画的基本原理不但适用于定格动画、黏土动画、二维动画，也同样适用于三维动画。使用Maya软件创作的虚拟元素与现实中的对象合成在一起，可以带给观众超强的视觉感受和真实体验，如图7-1和图7-2所示。读者在学习本章内容之前，建议阅读一下相关书籍并掌握一定的动画基础理论，这样非常有助于制作出更加自然的动画效果。

图7-1

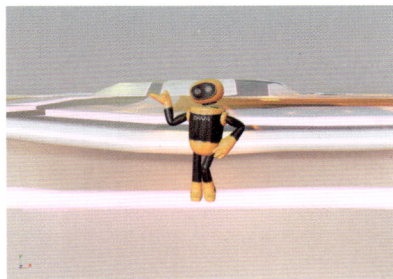

图7-2

7.2 关键帧动画

　　关键帧动画是Maya动画技术中最常用、最基础的动画设置技术。简单来说，就是在物体动画的关键时间点上设置数据记录，而Maya可以根据这些关键点上的数据设置来完成中间时间段内的动画计算，这样一段流畅的三维动画就制作完成了。在"动画"工具架上可以找到关键帧的相关命令，如图7-3所示。

图7-3

7.2.1 课堂案例：制作颜色变换动画

　　本课堂案例将使用"平面映射"来制作一个

文字变换颜色的动画效果。如图7-4所示为本案例的最终完成效果。

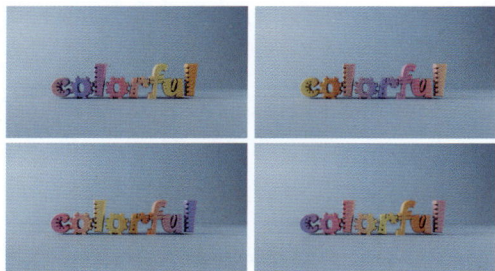
图7-4

效果文件位置	文字-完成.mb
素材文件位置	文字.mb

微课视频

制作思路

（1）为文字模型设置材质。
（2）为材质设置关键帧动画。

操作步骤

（1）启动中文版Maya 2024软件，并打开本书配套素材文件"文字.mb"，可以看到场景中有一个文字模型，如图7-5所示。

图7-5

（2）场景已经设置好了材质及灯光，渲染预览效果如图7-6所示。

图7-6

（3）选择场景中的文字模型，在"基础"卷展栏中，单击"颜色"后面的方形按钮，如图7-7所示。

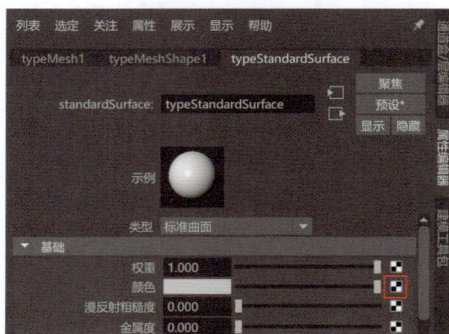
图7-7

（4）在弹出的"创建渲染节点"对话框中单击"渐变"按钮，如图7-8所示。

图7-8

（5）在"渐变属性"卷展栏中设置渐变色，如图7-9所示。

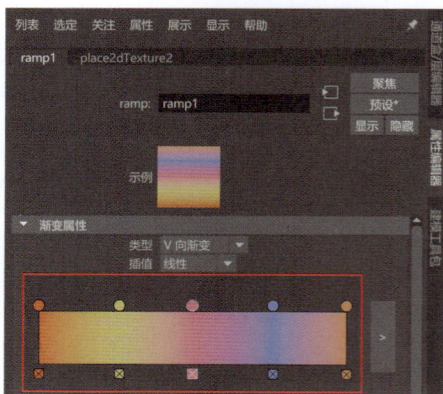
图7-9

（6）设置完成后，文字模型的渲染效果如图7-10所示。

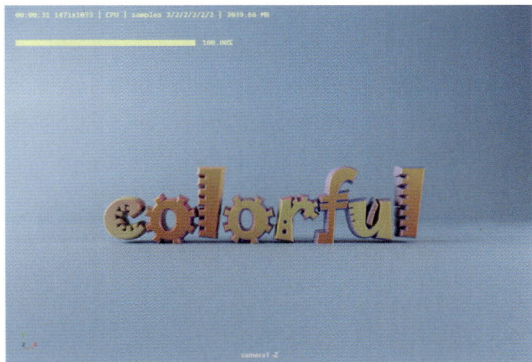

图7-10

（7）选择文字模型，单击"UV编辑"工具架上的"平面映射"图标，如图7-11所示。

图7-11

（8）在"投影属性"卷展栏中，设置"旋转"为（0，0，90），"投影宽度"为1.5，"投影高度"为6，如图7-12所示。

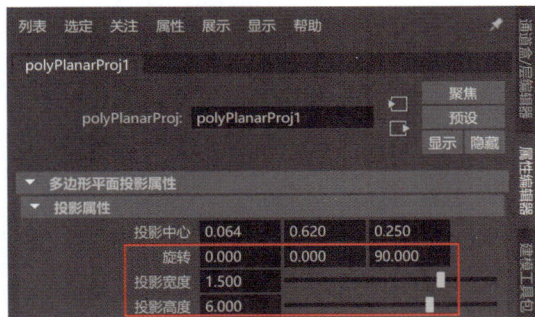

图7-12

（9）设置完成后，文字模型的渲染效果如图7-13所示。

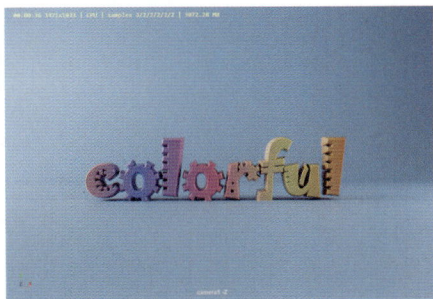

图7-13

（10）在第1帧位置处，设置"投影中心X"为0，并为其设置关键帧，如图7-14所示。

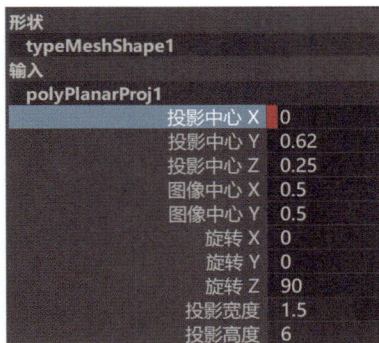

图7-14

（11）在第100帧位置处，设置"投影中心X"为10，并再次为其设置关键帧，如图7-15所示。

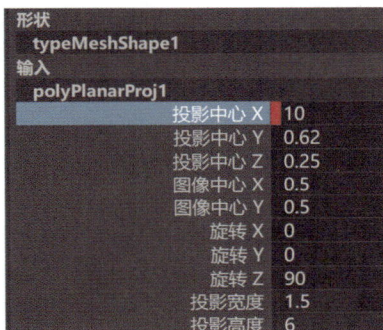

图7-15

（12）播放动画，本案例制作完成后的动画效果如图7-16所示。

图7-16

7.2.2　播放预览

通过单击"播放预览"图标，我们可以在Maya软件中生成动画预览影片，生成完成后，会自动启用当前计算机中的视频播放器播放该动画影片。双击"播放预览"图标，还可以打开

"播放预览选项"对话框，如图7-17所示。

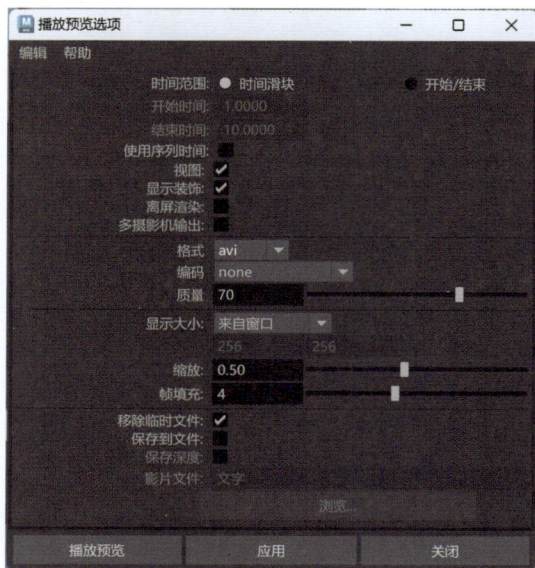

图7-17

常用参数解析

时间范围：用于设置播放预览显示范围。如果选中"开始/结束"单选按钮，就会自动激活下方的"开始时间"和"结束时间"两个参数。

使用序列时间：勾选该复选框，会使用"摄影机序列器"中的"序列时间"参数来播放预览动画。

视图：勾选该复选框，播放预览将使用默认的视频播放器显示图像。

显示装饰：勾选该复选框，将显示摄影机名称以及视图左下方的坐标轴。

离屏渲染：勾选该复选框，将允许用户在不打开Maya场景视图的情况下，使用"脚本编辑器"来播放预览。

多摄影机输出：与立体摄影机一起使用该选项，用来捕捉左侧摄影机和右侧摄影机的输出画面。

格式：选择预览影片的生成格式。

编码：选择影片输出的编码器。

质量：设置影片的压缩质量。

显示大小：设置预览影片的显示大小。

缩放：设置预览影片相对于视图显示大小的比例值。

7.2.3 动画运动轨迹

通过"运动轨迹"功能，可以很方便地在Maya的视图区域内观察物体的运动状态，比如

在制作角色动画时，该功能可以查看角色全身每个关节的动画轨迹形态。如图7-18所示为一具骨骼运动时的动画运动轨迹显示状态。其中，显示为红色的部分是已经播放完成的动作轨迹；显示为蓝色的部分是即将播放的动作轨迹。

在视图中对运动轨迹进行修改，还会影响整个运动对象的动画效果，如图7-19所示。

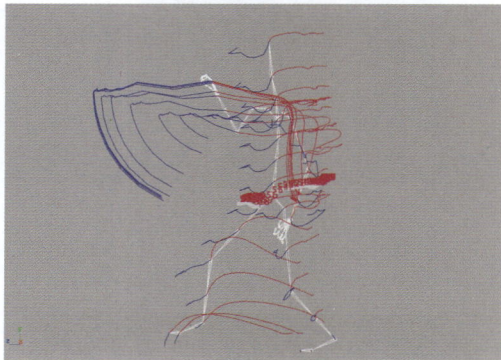

图7-18

图7-19

双击"运动轨迹"图标，可以打开"运动轨迹选项"对话框，其中的参数设置如图7-20所示。

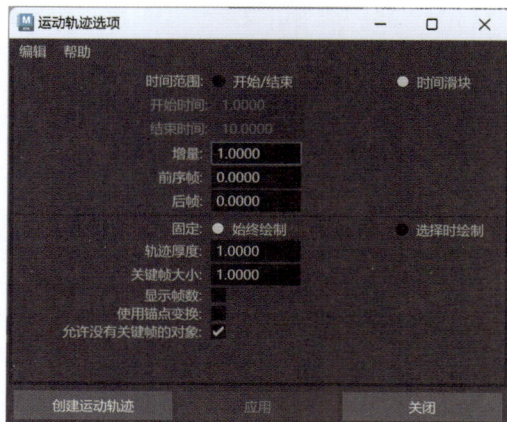

图7-20

时间范围：设置运动轨迹显示的时间范围，有"开始/结束"和"时间滑块"两个选项可用。

增量：设置运动轨迹生成的分辨率。

前序帧：设置运动轨迹当前时间前的帧数。

后帧：设置运动轨迹当前时间后的帧数。

固定：当选择"始终绘制"选项时，运动轨迹在场景中总是可见；当选择"选择时绘制"选项时，仅在选择对象时显示运动轨迹。

轨迹厚度：用于设置运动轨迹曲线的粗细。如图7-21所示是该值分别设置为1和5的运动轨迹显示结果对比。

图7-21

关键帧大小：设置在运动轨迹上显示的关键帧的大小。如图7-22所示是该值分别设置为1和5的关键帧显示结果对比。

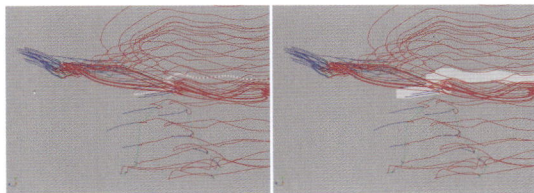

图7-22

显示帧数：用于设置显示或隐藏运动轨迹上的关键点的帧数。

7.2.4 动画重影效果

在传统动画的制作中，动画师可以通过快速翻开连续的动画图纸以观察对象的动画节奏效果，Maya软件也为动画师提供了用来模拟这一功能的命令，就是"重影"效果。使用Maya的重影功能，可显示所选择对象当前帧的多个动画对象，通过这些图像，动画师可以很方便地观察物体的运动效果是否符合自己的动画需要。如图7-23所示为在视图中设置了重影前后的骨骼动画显示效果对比。

图7-23

7.2.5 烘焙动画

通过烘焙动画命令，动画师可以使用模拟所生成的动画曲线来对当前场景中的对象进行编辑。烘焙动画的设置对话框如图7-24所示。

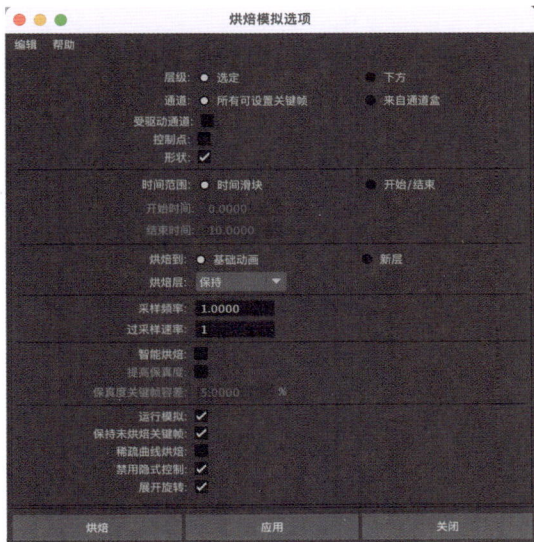

图7-24

层级：指定将如何从分组的或设置为子对象的对象的层次中烘焙关键帧集，包括"选定"和"下方"两个选项。

选定：指定要烘焙的关键帧集将仅包含当前选定对象的动画曲线。

下方：指定要烘焙的关键帧集将包括选定对象以及层次中其下方的所有对象的动画曲线。

通道：指定动画曲线将包括在关键帧集中的通道（可设定关键帧属性），包括"所有可设置关键帧"和"来自通道盒"两个选项。

所有可设置关键帧：指定关键帧集将包括选定对象的所有可设定关键帧属性的动画曲线。

来自通道盒：指定关键帧集将仅包括当前在"通道盒"中选定的那些通道的动画曲线。

受驱动通道：指定关键帧集将包括所有受驱动关键帧。受驱动关键帧使可设定关键帧属性

（通道）的值能够由其他属性的值所驱动。

控制点：指定关键帧集是否包括选定可变形对象的控制点的所有动画曲线。控制点包括NURBS控制顶点（CV）、多边形顶点和晶格点。

形状：指定关键帧集是否包括选定对象的形状节点及其变换节点的动画曲线。

时间范围：指定关键帧集的动画曲线的时间范围，包括"时间滑块"和"开始/结束"两个选项。

时间滑块：指定由时间滑块的"播放开始"和"播放结束"时间定义的时间范围。

开始/结束：指定从"开始时间"到"结束时间"的时间范围。

开始时间：指定时间范围的开始（"开始/结束"处于启用状态的情况下可用）。

结束时间：指定时间范围的结束（启用"开始/结束"时可用）。

烘焙到：指定希望如何烘焙来自层的动画。

采样频率：指定Maya对动画进行求值及生成关键帧的频率。增加该值时，Maya为动画设置关键帧的频率将会减少；减少该值时，效果相反。

智能烘焙：启用时，会通过仅在烘焙动画曲线具有关键帧的时间处放置关键帧，以限制在烘焙过程期间生成的关键帧的数量。

提高保真度：启用时，根据设置的百分比值向结果（烘焙）曲线添加关键帧。

保真度关键帧容差：使用该值可以确定Maya何时将附加的关键帧添加到结果曲线。

保持未烘焙关键帧：该选项可保持处于烘焙时间范围之外的关键帧，且仅适用于直接连接的动画曲线。

稀疏曲线烘焙：仅对直接连接的动画曲线起作用。该选项会生成烘焙结果，且该烘焙结果仅创建足以表示动画曲线的形状的关键帧。

禁用隐式控制：该选项会在执行烘焙模拟之后立即禁用诸如IK控制柄等控件的效果。

7.2.6　设置关键帧

在Maya软件中，我们给一个模型在不同的时间帧上分别对其位置设置关键帧，软件就会自动在这段时间内生成模型的位置变换动画。使用"设置关键帧"工具可以用来快速记录所选对象"变换属性"的变化情况。单击该图标，我们可以看到所选对象的"平移""旋转"和"缩放"3

个属性会同时生成关键帧，并且其参数的背景色会变成醒目的红色，如图7-25所示。

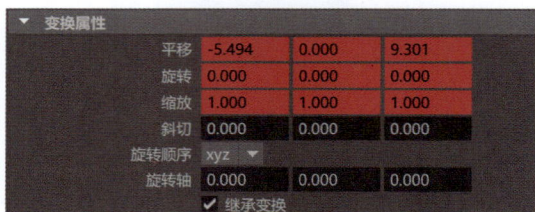

图7-25

在"动画"工具架上双击"设置关键帧"图标，即可打开"设置关键帧选项"对话框，如图7-26所示。

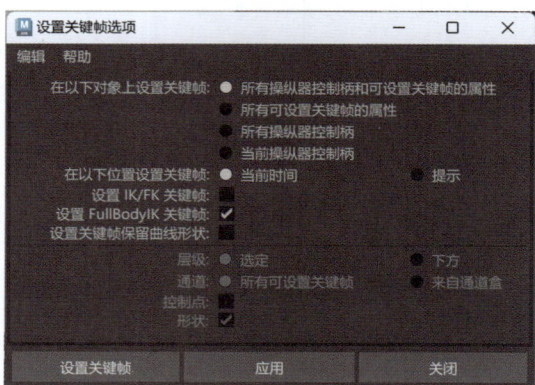

图7-26

常用参数解析

在以下对象上设置关键帧：指定将在哪些属性上设置关键帧，Maya为用户提供了4种选项，默认选项为"所有操纵器控制柄和可设置关键帧的属性"。

在以下位置设置关键帧：指定在设置关键帧时将采用何种方式确定时间。

设置IK/FK关键帧：勾选该复选框，可在为一个带有IK手柄的关节链设置关键帧时，为IK手柄的所有关节链上的关节记录关键帧，它能够创建平滑的IK/FK动画。注意，只有当"所有可设置关键帧的属性"处于被选中状态时，这个选项才会有效。

设置FullBodyIK关键帧：当勾选该复选框时，可以为全身的IK记录关键帧。

层次：指定在有组层级或父子关系层级的物体中，将采用何种方式设置关键帧。

通道：指定将采用何种方式为选择物体的通道设置关键帧。

控制点：勾选该复选框，可在选择物体的控制点上设置关键帧。

形状：勾选该复选框，可在选择物体的形状节点和变换节点上设置关键帧。

7.2.7　设置动画关键帧

"设置动画关键帧"工具不能对没有任何动画关键帧记录的对象设置关键帧，我们需要先设置好所选对象属性的第一个关键帧之后，才可以使用该工具继续设置关键帧。

7.2.8　平移关键帧、旋转关键帧和缩放关键帧

"平移关键帧""旋转关键帧"和"缩放关键帧"这3个工具分别用来对所选对象的"平移""旋转"和"缩放"属性进行关键帧设置。如果用户只是想记录所选择对象的位置变化，那么使用"平移关键帧"工具将会使动画工作流程变得非常快捷。

7.2.9　驱动关键帧

"设置受驱动关键帧"工具是"绑定"工具架中的最后一个图标。使用该工具，我们可以在Maya软件中对两个对象之间的不同属性设置联系，使用其中一个对象的某一个属性来控制另一个对象的某一个属性。双击该工具图标，可以打开"设置受驱动关键帧"对话框，可以在该对话框中分别设置"驱动者"和"受驱动"的相关属性，如图7-27所示。

图7-27

7.3　约束动画

Maya提供了一系列的"约束"命令供用户解决复杂的动画设置制作，我们可以在"动画"工具架或"绑定"工具架上找到这些命令，如图7-28所示。

图7-28

7.3.1　课堂案例：制作飞机飞行动画

本课堂案例将使用"连接到运动路径"来制作飞机飞行的动画效果。如图7-29所示为本案例的最终完成效果。

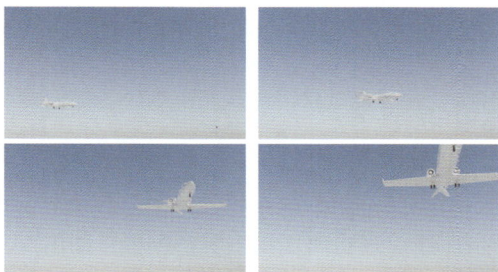

图7-29

效果文件位置　飞机-完成.mb
素材文件位置　飞机.mb

微课视频

制作思路

（1）观察场景。

（2）思考使用哪种约束命令来制作飞机飞行的动画效果。

操作步骤

（1）启动中文版Maya 2024软件，打开本书配套素材文件"飞机.mb"，里面有一架飞机模型，如图7-30所示。

图7-30

（2）单击"绑定"工具架中的"创建定位器"图标，如图7-31所示，即可在场景中创建一个定位器，如图7-32所示。

图7-31

图7-32

（3）单击"曲线"工具架上的"EP曲线工具"图标，如图7-33所示。在"顶视图"绘制一条曲线用来当作飞机飞行的路径，如图7-34所示。

图7-33

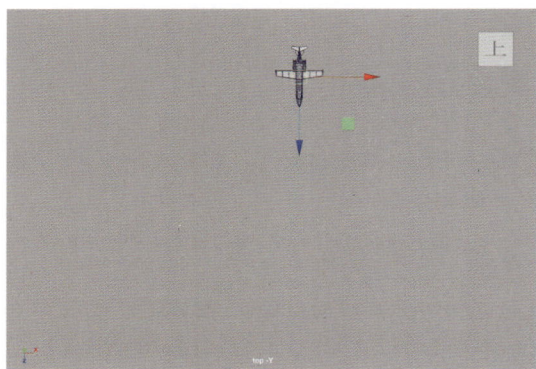

图7-34

（4）在第1帧位置处，先选择飞机模型，再加选定位器，按下P键，将飞机模型设置为定位器的子对象，如图7-35所示。

（5）设置完成后，在"大纲视图"中可以看到定位器与飞机模型的层级关系，如图7-36所示。

图7-35

图7-36

（6）选择定位器，再加选曲线，执行菜单栏中的"约束/运动路径/连接到运动路径"命令，即可将定位器路径约束至曲线上，如图7-37所示。

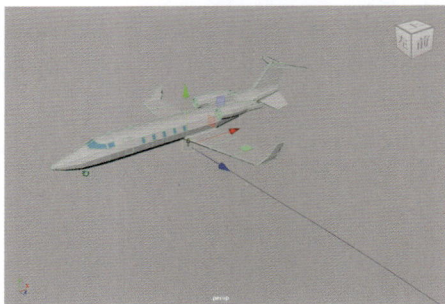

图7-37

（7）在"运动路径属性"卷展栏中，设置"前方向轴"为Z，如图7-38所示。

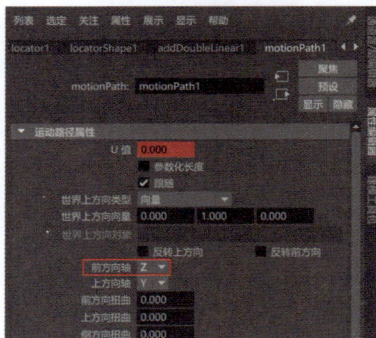

图7-38

（8）播放动画，本案例制作完成后的动画效果如图7-39所示。

图7-39

7.3.2 课堂案例：制作风力发电机动画

本课堂案例将使用"父子关系"来制作风力发电机的动画效果。如图7-40所示为本案例的最终完成效果。

图7-40

| 效果文件位置 | 风力发电机-完成.mb |
| 素材文件位置 | 风力发电机.mb |

微课视频

制作思路

（1）制作叶片旋转循环动画。
（2）设置叶片与支架之间的父子关系。

操作步骤

（1）启动中文版Maya 2024软件，打开本书配套素材文件"风力发电机.mb"，里面有一架风力发电机模型，如图7-41所示。

图7-41

（2）选择叶片模型，如图7-42所示。

图7-42

（3）在第1帧位置处，为"旋转X"属性设置关键帧，如图7-43所示。

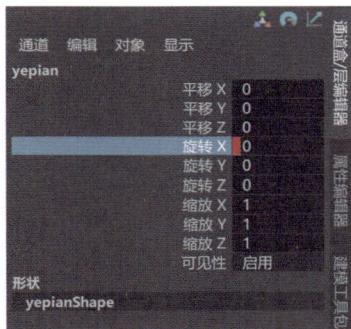

图7-43

（4）在第30帧位置处，设置"旋转X"为30，并为其设置关键帧，如图7-44所示。

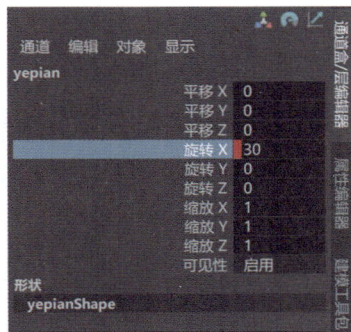

图7-44

（5）执行菜单栏中的"窗口/动画编辑器/曲线图编辑器"命令，如图7-45所示，即可在弹出的"曲线图编辑器"对话框中看到叶片的动画曲线效果，如图7-46所示。

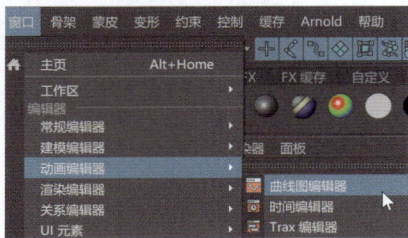

图7-45

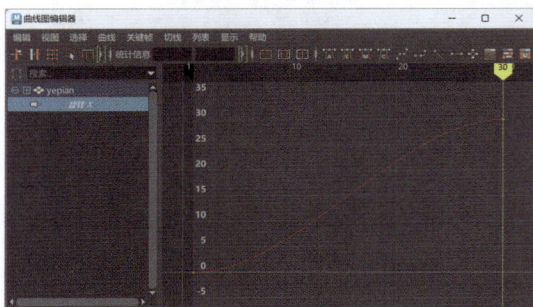

图7-46

（6）单击"线性切线"按钮，即可更改叶片动画曲线的形状，如图7-47所示。

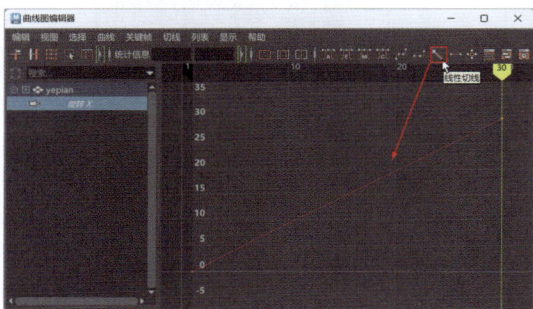

图7-47

（7）在"曲线图编辑器"对话框中，执行"曲线/后方无限/带偏移的循环"命令，如图7-48所示。

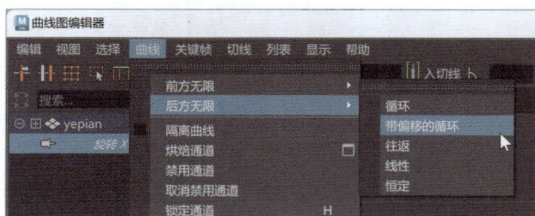

图7-48

（8）选择叶片模型，单击"动画"工具架

中的"为选定对象生成重影"图标，如图7-49所示。

图7-49

（9）设置完成后，播放动画，即可在视图中看到叶片模型会一直不断地旋转，如图7-50所示。

图7-50

（10）选择叶片模型，再选择支架模型，按下P键，为其建立"父子关系"。在"大纲视图"面板中可以查看这两个模型之间的层级关系，如图7-51所示。

图7-51

（11）选择支架模型，在第1帧位置处，为"旋转Y"属性设置关键帧，如图7-52所示。

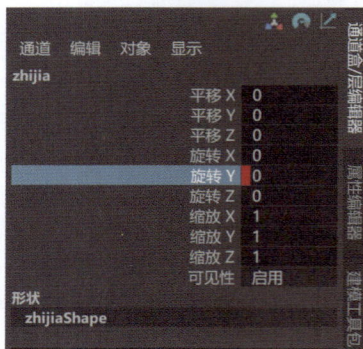

图7-52

（12）在第120帧位置处，设置"旋转Y"为10，并为其设置关键帧，如图7-53所示。

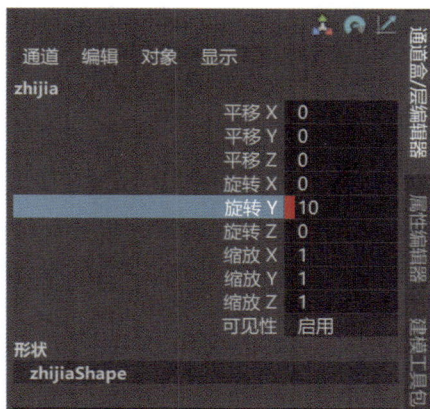

图7-53

（13）播放动画，本案例制作完成后的动画效果如图7-54所示。

图7-54

（14）在"渲染设置"对话框中展开Motion Blur（运动模糊）卷展栏，勾选Enable（启用）复选框，设置Length（长度）为2，如图7-55所示。

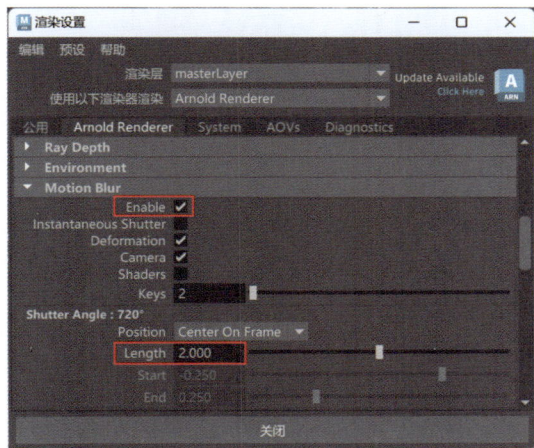

图7-55

技巧与提示

风力发电机一般都旋转比较慢，故无须设置夸张的运动模糊效果。

（15）渲染场景，本案例的渲染效果如图7-56所示。

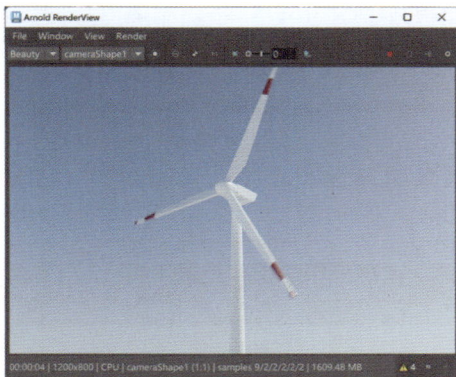

图7-56

7.3.3　父约束

"父约束"可以在一个对象与多个对象之间同时建立联系。双击"动画"工具架上的"父约束"图标，即可打开"父约束选项"对话框，如图7-57所示。

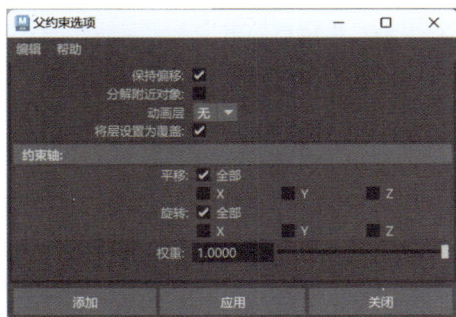

图7-57

常用参数解析

保持偏移：保持受约束对象的原始状态。

分解附近对象：如果受约束对象与目标对象之间存在旋转偏移，勾选该复选框就可以找到接近受约束对象的旋转分解值。

动画层：允许用户选择要向其中添加父约束的动画层。

将层设置为覆盖：为"动画层"下拉列表中的层设定"覆盖"模式。

约束轴：决定父约束是受特定轴（"X""Y"或"Z"）限制还是受"全部"轴限制。

权重：设置父约束的权重。

7.3.4 点约束

使用"点约束"工具，用户可以设置一个对象的位置受到另外一个或多个对象的位置所影响。双击"动画"工具架上的"点约束"图标，即可打开"点约束选项"对话框，如图7-58所示。

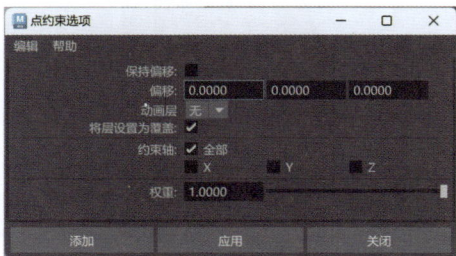

图7-58

常用参数解析

保持偏移：保持受约束对象的原始状态。

偏移：为受约束对象指定相对于目标点的偏移位置。

动画层：允许用户选择要向其中添加点约束的动画层。

将层设置为覆盖：为"动画层"下拉列表中的层设定"覆盖"模式。

约束轴：决定点约束是受特定轴（"X""Y"或"Z"）限制还是受"全部"轴限制。

权重：设置点约束的权重。

7.3.5 方向约束

使用"方向约束"工具，用户可以将一个对象的方向设置为受场景中的其他一个或多个对象所影响。双击"动画"工具架上的"方向约束"图标，即可打开"方向约束选项"对话框，如图7-59所示。

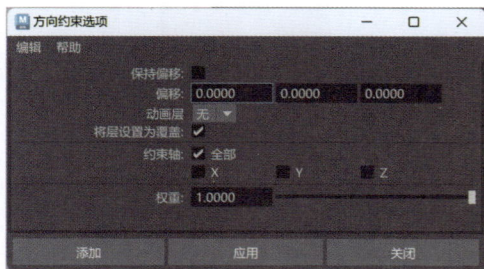

图7-59

常用参数解析

保持偏移：保持受约束对象的原始状态。

偏移：为受约束对象指定相对于目标点的偏移位置。

动画层：允许用户选择要向其中添加方向约束的动画层。

将层设置为覆盖：为"动画层"下拉列表中的层设定"覆盖"模式。

约束轴：决定方向约束是受特定轴（"X""Y"或"Z"）限制还是受"全部"轴限制。

权重：设置方向约束的权重。

7.3.6 缩放约束

使用"缩放约束"工具，用户可以将一个缩放对象与另外一个或多个对象相匹配。双击"动画"工具架上的"缩放约束"图标，即可打开"缩放约束选项"对话框，如图7-60所示。

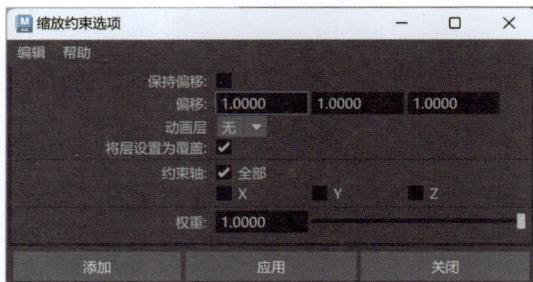

图7-60

💡 技巧与提示

"缩放约束选项"对话框内的参数与"点约束选项"对话框内的参数极为相似，读者可自行参考其参数说明。

7.3.7 目标约束

"目标约束"工具可约束某个对象的方向，以使该对象对准其他对象。在角色设置中，目标约束可以用来设置用于控制眼球转动的定位器。双击"动画"工具架上的"目标约束"图标，即可打开"目标约束选项"对话框，如图7-61所示。

常用参数解析

保持偏移：保持受约束对象的原始状态。

偏移：为受约束对象指定相对于目标点的偏移位置。

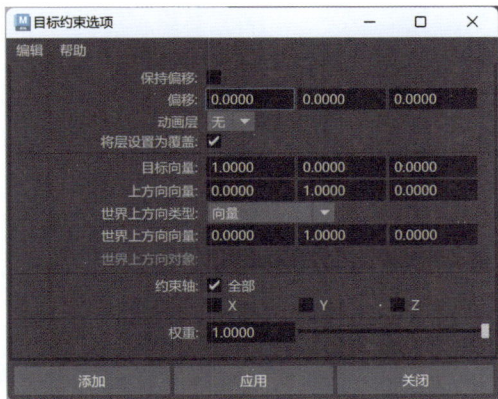

图7-61

动画层：允许用户选择要向其中添加目标约束的动画层。

将层设置为覆盖：为"动画层"下拉列表中的层设定"覆盖"模式。

目标向量：指定目标向量相对于受约束对象局部空间的方向。

上方向向量：指定上方向向量相对于受约束对象局部空间的方向。

世界上方向向量：指定世界上方向向量相对于场景世界空间的方向。

世界上方向对象：指定上方向向量尝试对准指定对象的原点。

约束轴：决定目标约束是受特定轴（"X""Y"或"Z"）限制还是受"全部"轴限制。

权重：设置目标约束的权重。

7.3.8 极向量约束

"极向量约束"工具主要用于角色装备技术中手臂骨骼及腿部骨骼的设置，常用来设置手肘弯曲的方向及膝盖的朝向。双击"动画"工具架上的"极向量约束"图标，即可打开"极向量约束选项"对话框，如图7-62所示。

图7-62

常用参数解析

权重：设置极向量约束的权重。

7.3.9 运动路径

"运动路径"可以将一个对象约束到一条曲

线上。执行菜单栏中的"约束/运动路径/连接到运动路径"命令，可以为所选择的对象设置运动路径约束。有关"运动路径"的命令参数在"连接到运动路径选项"对话框中可以找到，如图7-63所示。

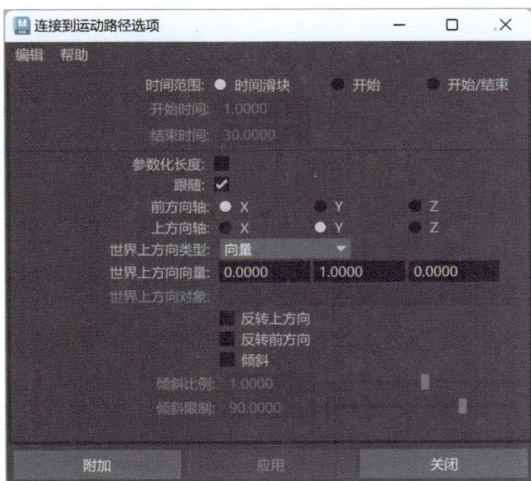

图7-63

常用参数解析

时间范围：设置沿曲线定义运动路径的时间范围，有"时间滑块""开始"和"开始/结束"3个选项可选择。

开始时间/结束时间：当"时间范围"设置为"开始/结束"时可用。

跟随：勾选该复选框后，对象沿曲线移动时还会计算它的方向。

前方向轴：指定对象的哪个局部轴（"X""Y"或"Z"）与前方向向量对齐。

上方向轴：指定对象的哪个局部轴（"X""Y"或"Z"）与上方向向量对齐。

世界上方向类型：指定上方向向量对齐的世界上方向向量类型，有"场景上方向""对象上方向""对象旋转上方向""向量"和"法线"5个选项可选择，如图7-64所示。

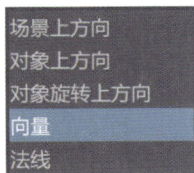

图7-64

世界上方向向量：指定世界上方向向量相对于场景世界空间的方向。

世界上方向对象：在"世界上方向类型"设定为"对象上方向"或"对象旋转上方向"的情

况下指定世界上方向向量尝试对齐的对象。

反转上方向：反转对象的上方向。

反转前方向：反转对象的前方向。

倾斜：设置对象朝曲线曲率的中心倾斜。

倾斜比例：如果增加"倾斜比例"，那么倾斜效果会更加明显。

倾斜限制：允许用户限制倾斜量。

7.4 骨骼与绑定

为场景中的动画角色设置动画之前，需要为角色搭建骨骼并将角色模型蒙皮绑定到骨骼上。搭建骨骼的过程中，动画师还需要为角色身上的各个骨骼之间设置约束，以保证各个关节可以正常活动。为角色设置骨骼是一门非常复杂的技术工种，我们通常也称呼从事角色骨骼设置的动画师为角色绑定师。在"绑定"工具架上可以找到与骨骼绑定有关的常用工具图标，如图7-65所示。

图7-65

7.4.1 课堂案例：制作角色动画

本课堂案例将使用"快速绑定"来制作角色动画效果。如图7-66所示为本案例的最终完成效果。

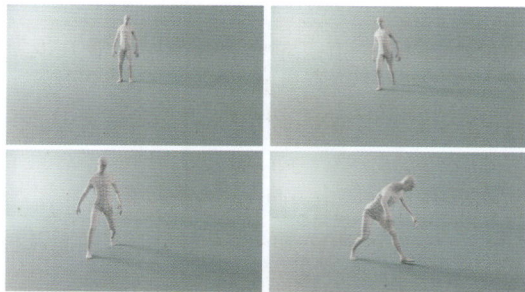

图7-66

| 效果文件位置 | 角色-完成.mb |
| 素材文件位置 | 角色.mb |

微课视频

（1）为角色设置骨骼。

（2）为角色添加动作。

操作步骤

（1）启动中文版Maya 2024软件，打开本书配套素材文件"角色.mb"，里面是一个简易的人体角色模型，如图7-67所示。

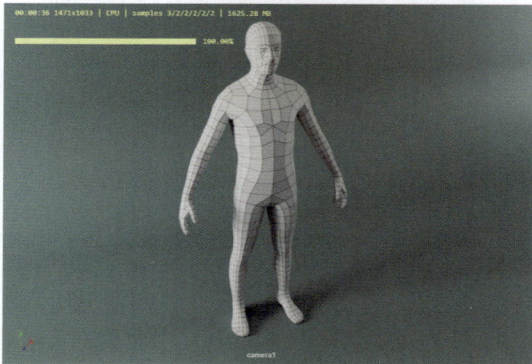

图7-67

（2）单击"绑定"工具架上的"快速绑定"图标，如图7-68所示。

图7-68

（3）在系统自动弹出的"快速绑定"对话框中，将快速绑定的方式选择为"分步"，再单击"创建新角色"按钮，如图7-69所示。

图7-69

（4）选择场景中的角色模型，在"几何体"卷展栏中单击"添加选定的网格"按钮，将场景中选择的角色模型添加至下方的文本框中，如图7-70所示。

图7-70

（5）在"导向"卷展栏中，设置"分辨率"为512，在"中心"卷展栏中，设置"脊椎"为3，"颈部"为2，"肩部/锁骨"为1，再单击"创建/更新"按钮，如图7-71所示。

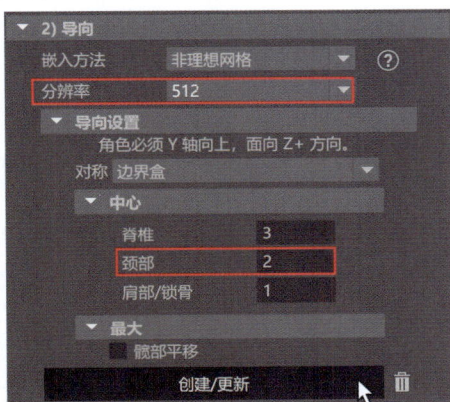

图7-71

（6）设置完成后，即可在透视视图中看到角色模型上添加了多个导向，如图7-72所示。

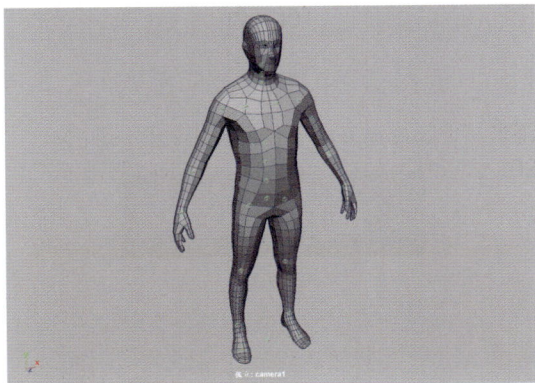

图7-72

（7）仔细观察默认状态下生成的导向，可以发现角色模型手肘处及肩膀处的导向位置略低一些，这就需要我们在场景中对其进行位置调整。先选择头部、颈部及肩膀处的导向，将其位置调整到如图7-73所示的位置处。

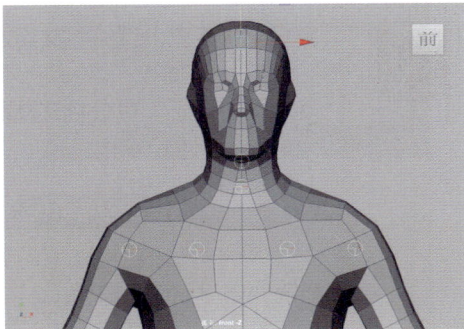

图7-73

（8）再选择角色模型在手肘处的导向，先将其中一个的位置调整到如图7-74所示的位置处。

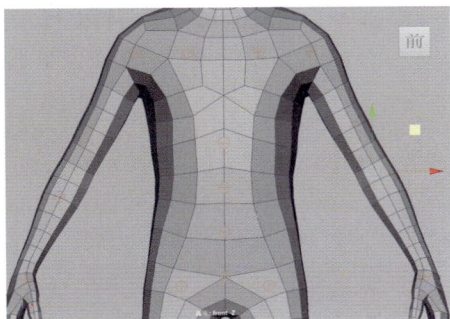

图7-74

（9）在"用户调整导向"卷展栏中，单击"从左到右镜像"按钮，如图7-75所示，可以将其位置对称至右侧的手肘导向，如图7-76所示。

图7-75

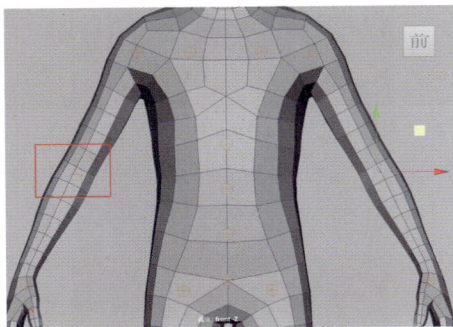

图7-76

（10）在"骨架和装备生成"卷展栏中，单击"创建/更新"按钮，如图7-77所示，即可在透视视图中根据之前所调整的导向位置生成骨架，如图7-78所示。

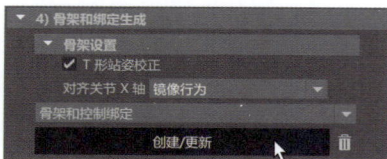

图7-77

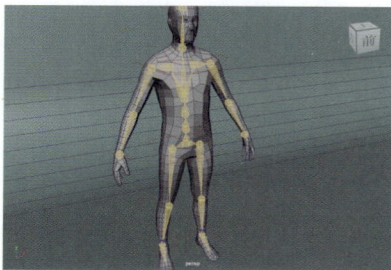

图7-78

（11）应当注意现在场景中的骨架并不会对原始的角色模型产生影响。在"蒙皮"卷展栏中，单击"创建/更新"按钮，即可为当前角色进行蒙皮，如图7-79所示。只有当蒙皮计算完成后，骨架的位置才会影响角色的形变。

图7-79

（12）设置完成后，角色的快速装备操作就结束了，我们可以通过Human IK选项卡中的图例，快速选择角色的骨骼来调整角色的姿势，如图7-80所示。

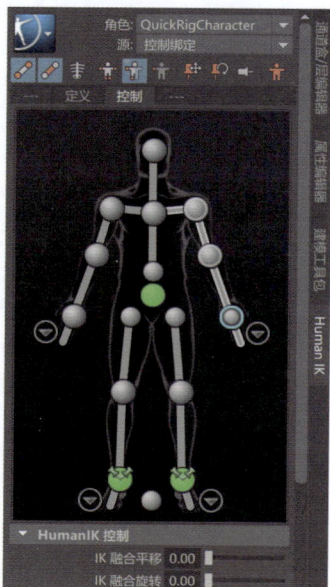

图7-80

（13）在Human IK面板中，设置"源"为"初始"，如图7-81所示。

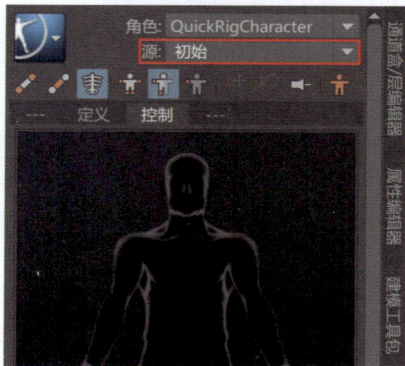

图7-81

（14）这时可以看到角色身体两侧的部分肌肉以及角色的手指均产生了不正常的变形，如图7-82所示。也就是说，"快速绑定"对话框中的蒙皮效果有时也会产生一些不太理想的效果。所以我们需要通过"绘制蒙皮权重"命令来改善角色的蒙皮效果。

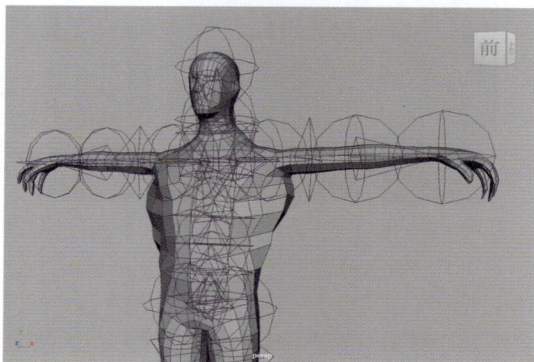

图7-82

（15）选择角色模型后，双击"绑定"工具架上的"绘制蒙皮权重"图标，如图7-83所示。

图7-83

（16）在弹出的"工具设置"对话框中选择角色左上臂位置处的骨架，并设置"剖面"为"硬笔刷"，如图7-84所示。

（17）在"几何体颜色"卷展栏中，勾选"颜色渐变"复选框，如图7-85所示。这时，我们可以通过观察角色的颜色来判断骨架对其的影响程度，如图7-86所示。

图7-84

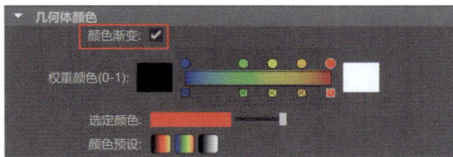

图7-85

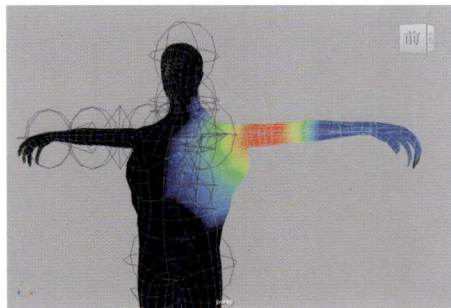

图7-86

（18）在"笔划"卷展栏中，设置"半径（U）"为0.5，如图7-87所示。

图7-87

（19）按住Ctrl键，绘制角色身体左侧的顶点，使其不再受角色左上臂骨架的影响，如图7-88所示。

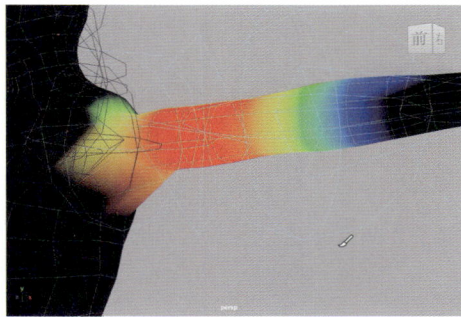

图7-88

（20）使用同样的操作步骤检查角色身体其他位置处的骨架，并对其进行权重绘制操作。角色身体权重调整完成后的效果如图7-89所示。

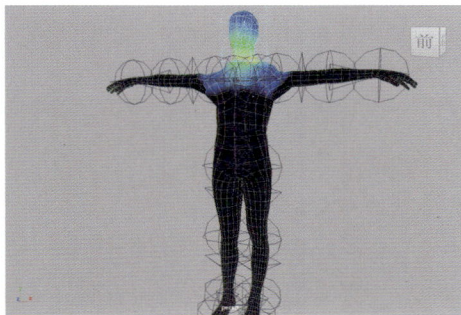

图7-89

（21）单击"多边形建模"工具架上的"内容浏览器"图标，如图7-90所示。

图7-90

（22）弹出"内容浏览器"对话框，从软件自带的动作库中选择任意一个动作文件，右击并执行"导入"命令，如图7-91所示。

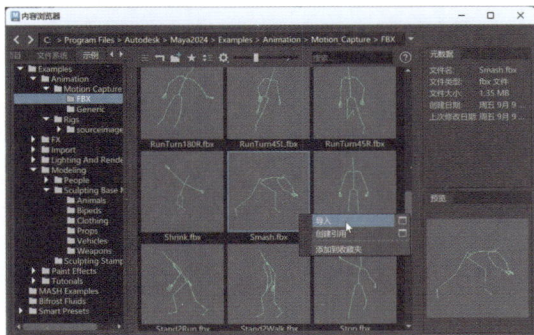

图7-91

（23）导入完成后，我们可以看到一具完

整的带有动作的骨架出现在当前场景中，如图7-92所示。

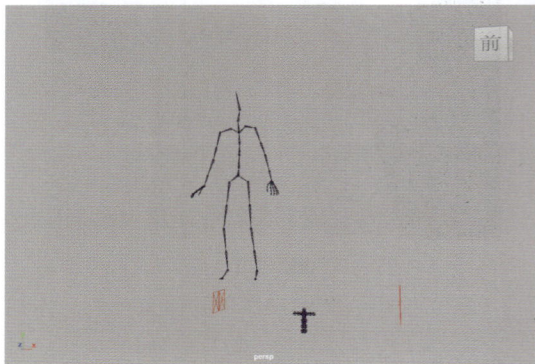
图7-92

（24）在Human IK面板中，设置"源"的选项为Flip 1，如图7-93所示。

图7-93

（25）播放场景动画，可以看到现在角色也有了对应的动画效果，如图7-94所示。

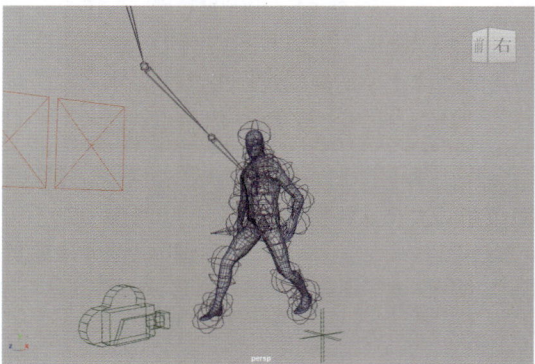
图7-94

（26）在Human IK面板中，执行"烘焙/烘焙到控制绑定"命令，如图7-95所示。执行完成后，删除场景中从动作库里导入进来的骨架，这样场景中就只保留角色本身的骨架了，如图7-96所示。

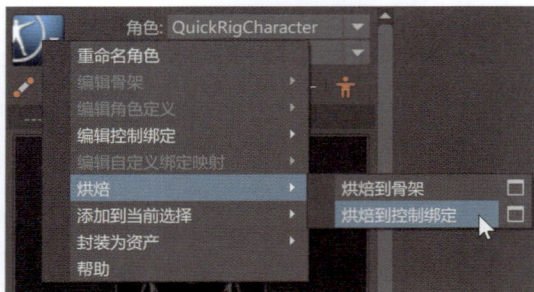
图7-95

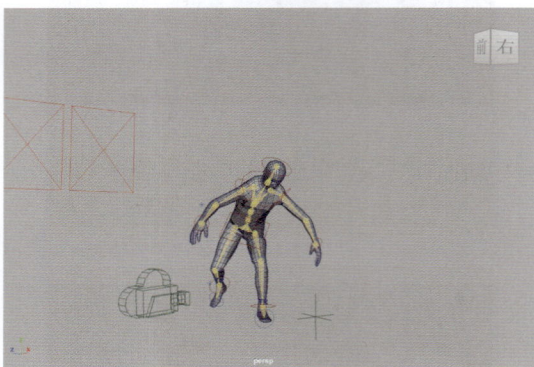
图7-96

7.4.2　创建关节

在"绑定"工具架上双击"创建关节"图标，弹出"工具设置"对话框，其中的参数设置如图7-97所示。

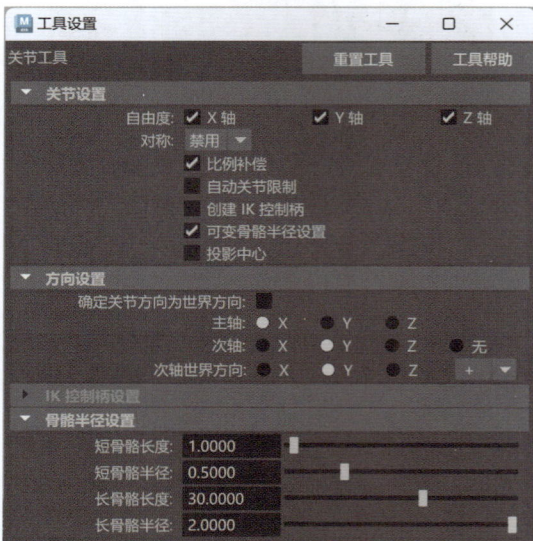
图7-97

常用参数解析

① "关节设置"卷展栏

自由度：指定关节可以在反向运动学造型期

间围绕该关节的哪个局部轴进行旋转。

对称：可以在此设置创建关节时"启用"或"禁用"对称。

比例补偿：勾选该复选框时，用户对关节上方的骨架进行缩放不会影响该关节的比例大小。默认为勾选状态。

② "方向设置"卷展栏

确定关节方向为世界方向：勾选该复选框后，创建的所有关节均将设定为与世界帧对齐，且每个关节局部轴的方向与世界轴相同。

主轴：用于为关节指定主局部轴。

次轴：用于指定哪个局部轴用作关节的次方向。

次轴世界方向：用于设定次轴的世界方向。

③ "骨骼半径设置"卷展栏

短骨骼长度：设定短骨骼的骨骼长度。

短骨骼半径：设定短骨骼的骨骼半径。

长骨骼长度：设定长骨骼的骨骼长度。

长骨骼半径：设定长骨骼的骨骼半径。

7.4.3　快速绑定

在"快速绑定"对话框中，当角色绑定的方式选择为"分步"时，其参数设置如图7-98所示。

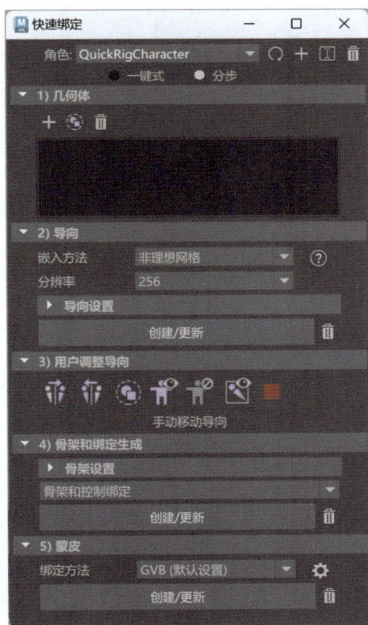

图7-98

1. "几何体"卷展栏

展开"几何体"卷展栏，其中的参数设置如图7-99所示。

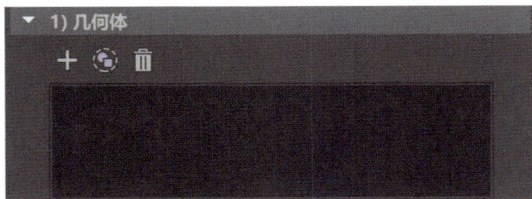

图7-99

常用参数解析

添加选定的网格 ➕：使用选定网格填充"几何体"列表。

选择所有网格 ⊙：选择场景中的所有网格并将其添加到"几何体"列表。

清除所有网格 🗑：清空"几何体"列表。

2. "导向"卷展栏

展开"导向"卷展栏，其中的参数设置如图7-100所示。

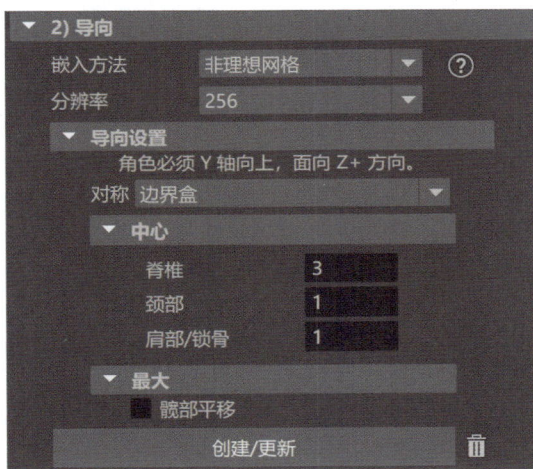

图7-100

常用参数解析

嵌入方法：可用于指定使用哪种网格，以及如何以最佳方式进行装备，有"理想网格""防水网格""非理想网格""多边形汤"和"无嵌入"5种方式可选择，如图7-101所示。

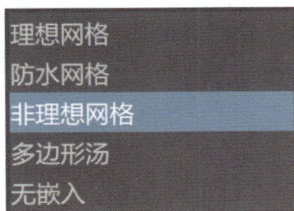

图7-101

分辨率：选择要用于装备的分辨率。分辨率越高，处理时间就越长。

导向设置：可用于配置导向的生成，帮助

Maya 使骨架关节与网格上的适当位置对齐。

对称：用于根据角色的边界框或髋部放置选择对称。

中心：用于设置创建的导向数量，进而设置生成的骨架和装备将拥有的关节数。

髋部平移：用于生成骨架的髋部平移关节。

"创建/更新"按钮：将导向添加到角色网格。

"删除导向"按钮 🗑：清除角色网格中的导向。

3. "用户调整导向"卷展栏

展开"用户调整导向"卷展栏，其中的参数设置如图7-102所示。

图7-102

常用参数解析

⚒ 从左到右镜像：使用选定导向作为源，以便将左侧导向镜像到右侧导向。

⚒ 从右到左镜像：使用选定导向作为源，以便将右侧导向镜像到左侧导向。

🔘 选择导向：选择所有导向。

🏃 显示所有导向：启用导向的显示。

🚫 隐藏所有导向：隐藏导向的显示。

📷 启用X射线关节：在所有视口中启用X射线关节。

■ 导向颜色：选择导向颜色。

4. "骨架和绑定生成"卷展栏

展开"骨架和绑定生成"卷展栏，其中的参数设置如图7-103所示。

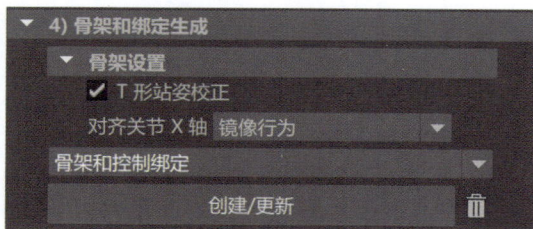
图7-103

常用参数解析

T形站姿校正：勾选该复选框后，可以在调整处于T形站姿的新HumanIK骨架的骨骼大小以匹配嵌入骨架之后对其进行角色化，然后控制装备会将骨架还原回嵌入姿势。

对齐关节X轴：可以选择如何在骨架上设置关节方向，有"镜像行为""朝向下一个关节的

X轴"和"世界–不对齐"3个选项可选择，如图7-104所示。

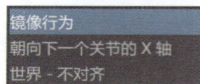
图7-104

骨架和控制绑定：从该下拉列表中选择是要创建具有控制装备的骨架，还是仅创建骨架。

"创建/更新"按钮：为角色网格创建带有或不带控制装备的骨架。

5. "蒙皮"卷展栏

展开"蒙皮"卷展栏，其中的参数设置如图7-105所示。

图7-105

常用参数解析

绑定方法：从该下拉列表中选择蒙皮的绑定方法，有GVB（默认设置）和"当前设置"两种方式可选择，如图7-106所示。

图7-106

"创建/更新"按钮：对角色进行蒙皮，将完成角色网格的装备流程。

7.5 课后习题

7.5.1 课后习题：制作车轮滚动动画

本课后习题将使用"表达式"来制作一个车轮滚动的动画效果，如图7-107所示为本习题的最终完成效果。

图7-107

制作思路

（1）观察场景。

（2）为车轮的相关属性设置表达式。

操作步骤

（1）启动中文版Maya 2024软件，打开本书配套素材文件"轮胎场景.mb"，场景中有一个汽车轮胎模型，如图7-108所示。

图7-108

（2）将视图切换至前视图，单击"曲线"工具架中的"NURBS圆形"图标，如图7-109所示。在场景中绘制一个与轮胎模型大小相近的圆形曲线，如图7-110所示。

图7-109

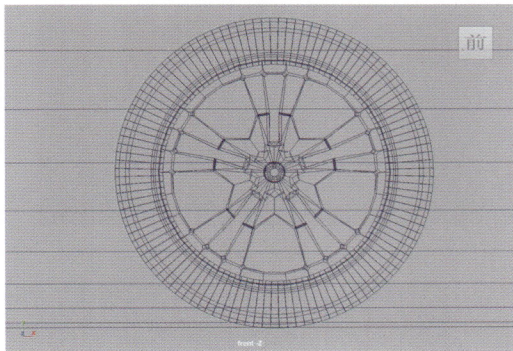

图7-110

（3）在透视视图中，将平面图形与轮胎模型选中，使用"对齐工具"进行对齐，如图7-111所示。

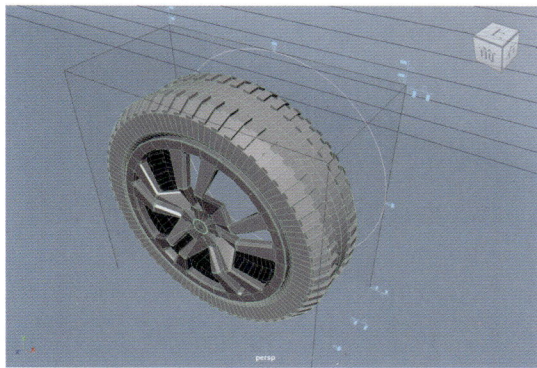

图7-111

（4）先选择轮胎模型，再加选圆形曲线，按下P键，将轮胎模型设置为圆形曲线的子对象。设置完成后，在"大纲视图"面板中观察两者之间的层级关系，如图7-112所示。这样，我们给平面图形设置动画后，作为其子对象的轮胎模型也会随之产生运动效果。

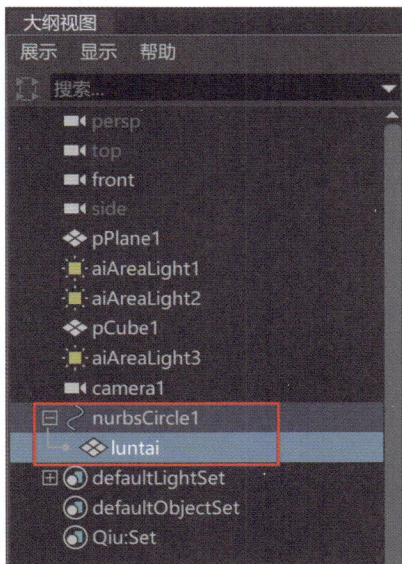

图7-112

（5）一般来说，圆形的物体在滚动的同时，随着位置的变换自身还会产生旋转动画，为了保证场景中的轮胎模型在移动时所产生的旋转动作不会产生打滑现象，需要使用表达式来进行动画的设置。

（6）选择圆形曲线，将鼠标放置于"平移"属性的X值上，单击鼠标右键并执行"创建新表达式"命令，如图7-113所示。

图7-113

（7）在弹出的"表达式编辑器"对话框中，将代表圆形曲线X方向位移属性的表达式复制记录下来，如图7-114所示。

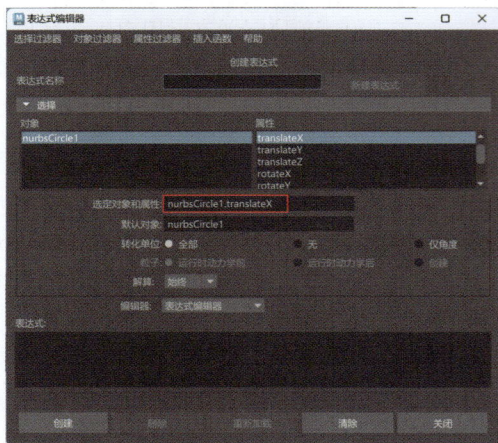

图7-114

（8）同理，找到代表圆形曲线半径的表达式，如图7-115所示。

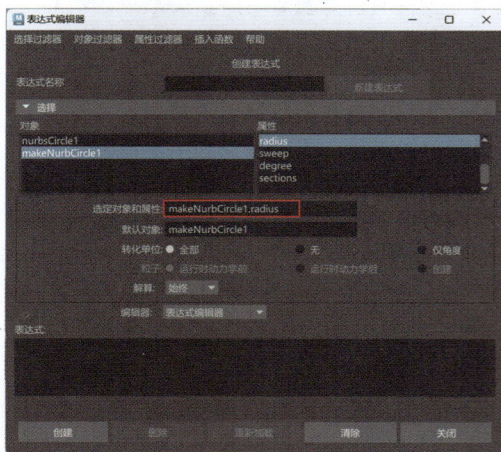

图7-115

（9）在"旋转"属性的Z值上单击鼠标右键，执行"创建新表达式"命令，如图7-116所示。

图7-116

（10）在弹出的"表达式编辑器"对话框中，在"表达式"文本框内输入：

"nurbsCircle1.rotateZ=-nurbsCircle1.translateX/makeNurbCircle1.radius*180/3.14;"，如图7-117示。

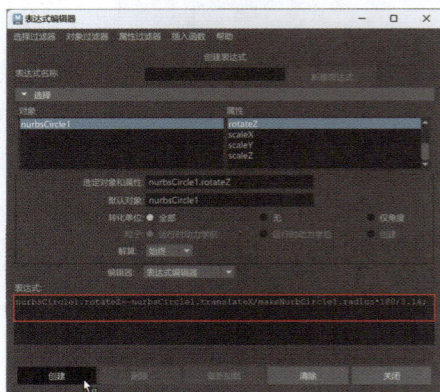

图7-117

（11）输入完成后，单击"表达式编辑器"对话框下方左侧的"创建"按钮，执行该表达式。可以看到现在圆形曲线"旋转"属性的Z值背景色呈紫色显示状态，如图7-118所示，这说明该参数现在受到其他参数的影响。

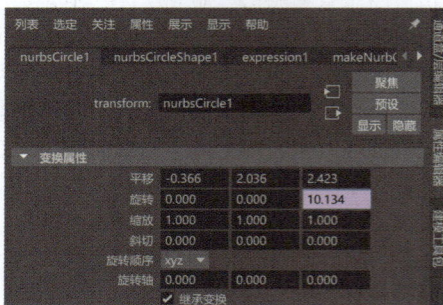

图7-118

（12）设置完成后，在"属性编辑器"选项卡中，可以看到现在圆形曲线还多了一个名称为expression1的选项卡，如图7-119所示。现在在场景中慢慢沿Z轴移动圆形曲线，可以看到轮胎模型会产生正确的自旋效果。

图7-119

（13）在第1帧位置处，为圆形曲线的"平移X"属性设置关键帧，如图7-120所示。

图7-120

（14）在第120帧位置处，沿Z轴移动圆形至如图7-121所示的位置处，并再次为圆形曲线的"平移X"属性设置关键帧，如图7-122所示。

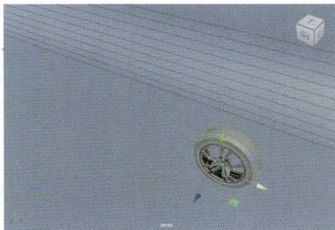

图7-121

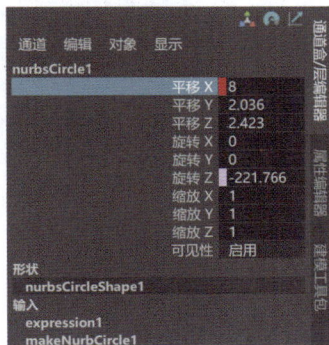

图7-122

（15）设置完成后，播放场景动画，即可看到正确的轮胎模型滚动动画效果，如图7-123所示。

图7-123

7.5.2　课后习题：制作鲨鱼游动动画

本课后习题将使用"流动路径对象"来制作一个鲨鱼游动的动画效果，如图7-124所示为本习题的最终完成效果。

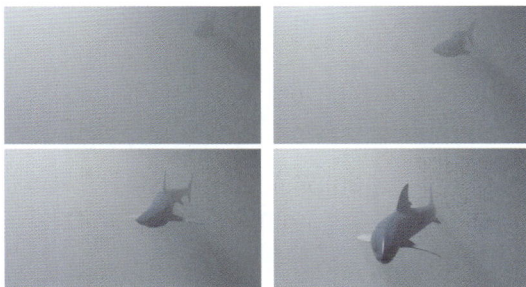

图7-124

| 效果文件位置 | 鲨鱼-完成.mb |
| 素材文件位置 | 鲨鱼.mb |

微课视频

制作思路

（1）为鲨鱼设置路径约束动画。
（2）为鲨鱼设置变形动画。

操作步骤

（1）启动中文版Maya 2024软件，打开本书配套素材文件"鲨鱼.mb"，场景中有一条鲨鱼模型，如图7-125所示。

图7-125

（2）单击"曲线"工具架上的"EP曲线工具"图标，如图7-126所示。在顶视图中绘制一条曲线用来当作鲨鱼的游动路径，如图7-127所示。

图7-126

图7-127

（3）选择如图7-128所示的顶点，使用"移动工具"调整其位置，如图7-129所示。

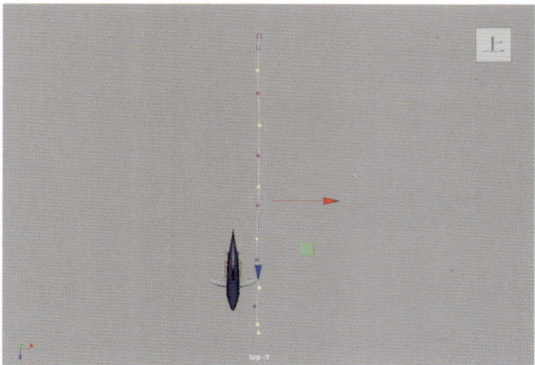

图7-128

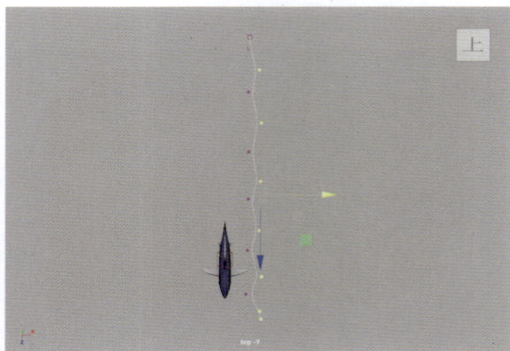

图7-129

（4）选择鲨鱼模型，再加选曲线，执行菜单栏中的"约束/运动路径/连接到运动路径"命令，即可将鲨鱼路径约束至曲线上，如图7-130所示。

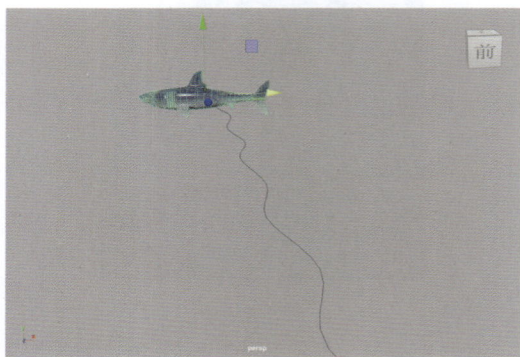

图7-130

（5）在"运动路径属性"卷展栏中，设置"前方向轴"为Z，如图7-131所示。

图7-131

（6）设置完成后，播放动画，鲨鱼的动画效果如图7-132所示。

（7）选择鲨鱼模型，执行菜单栏中的"约束/运动路径/连接到运动路径"命令，如图7-133所示。

图7-132

（9）设置完成后，播放动画，即可看到鲨鱼在游动时所产生的形变效果，如图7-135所示。

图7-135

（10）渲染场景，本习题的渲染效果如图7-136所示。

图7-133

（8）在"晶格历史"卷展栏中，设置"U分段数"为12，如图7-134所示。

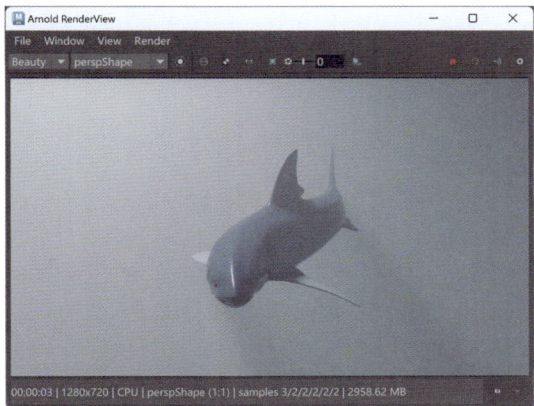

图7-134

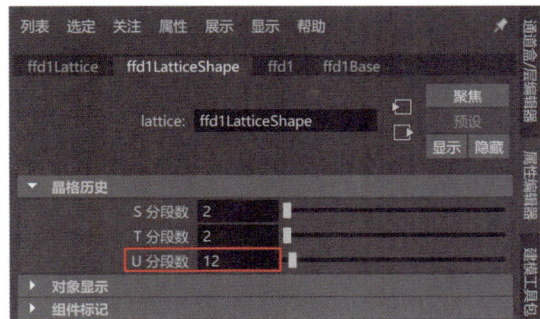

图7-136

第 8 章

流体动力学

本章导读

本章将介绍 Maya 2024 中的流体动力学动画技术知识，主要包含流体动画、Bifrost 流体动画以及 Boss 海洋动画等。流体动力学动画为特效动画师提供了如何制作效果逼真的火焰燃烧、烟雾流动、液体飞溅及海洋特效动画的解决方案。在本章中，将以多个较为典型的实例来为读者详细讲解流体特效动画的制作方法。

学习要点

- 掌握火焰燃烧特效动画的制作方法
- 掌握烟雾流动特效动画的制作方法
- 掌握液体飞溅特效动画的制作方法
- 掌握海洋特效动画的制作方法

8.1　流体动力学概述

　　Maya 的多边形建模技术已经非常成熟，几乎可以制作出我们身边的任何模型，但是如果想通过多边形建模技术来创建烟雾、火焰、液体等模型，就会显得有些困难，更别提使用这样的模型去制作一段非常流畅的特效动画了。幸好，Maya 的软件工程师们早就考虑到了这一点，并为我们提前设计了多种实现真实模拟和渲染流体运动的流体动力学动画技术。但是用户想要制作出较为真实的流体动画效果，仍然需要在日常生活中留意身边的流体运动现象与规律，如图8-1和图8-2所示为编者所拍摄的一些用于制造流体特效时参考用的素材照片。

图8-2

图 8-1

8.2　流体系统

　　"流体"系统是Maya软件一直延续至今的一套优秀的流体动画解决方案。我们可以在FX工具架中找到"流体"系统中的一些常用工具图标，如图8-3所示。

图8-3

8.2.1 课堂案例：制作火焰燃烧动画

火焰燃烧特效常应用于一些影视镜头中，本课堂案例讲解使用"3D流体容器"来制作火焰燃烧的动画效果，案例的渲染效果如图8-4所示。

图8-4

效果文件位置	树枝-完成.mb
素材文件位置	树枝.mb

微课视频

制作思路

（1）创建流体发射器和流体容器。

（2）使用流体容器模拟燃烧效果。

（3）调整火焰颜色。

操作步骤

（1）启动中文版Maya 2024软件，打开本书配套素材文件"树枝.mb"，如图8-5所示，场景中有一根树枝模型。

图8-5

（2）单击FX工具架上的"具有发射器的3D流体容器"图标，如图8-6所示，在场景中创建一个流体容器，如图8-7所示。

图8-6

图8-7

（3）在"容器特性"卷展栏中，设置"基本分辨率"为100，"边界X""边界Y""边界Z"均为"无"，如图8-8所示。

图8-8

如果读者希望得到较为快速的燃烧模拟效果，可以尝试降低"基本分辨率"数值来加速进行流体动画模拟。

（4）在"大纲视图"面板中选择流体发射器，如图8-9所示。

图8-9

（5）在场景中选择流体容器和小树枝模型，如图8-10所示。

图8-10

（6）单击FX工具架上的"从对象发射流体"图标，如图8-11所示。

图8-11

（7）在"显示"卷展栏中，设置"边界绘制"为"边界盒"，如图8-12所示。

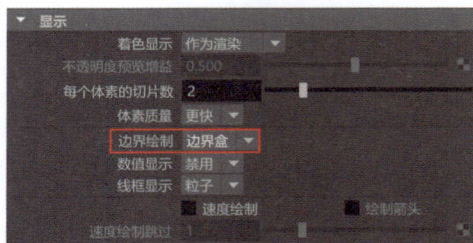

图8-12

（8）在"自动调整大小"卷展栏中，勾选"自动调整大小"复选框，如图8-13所示。

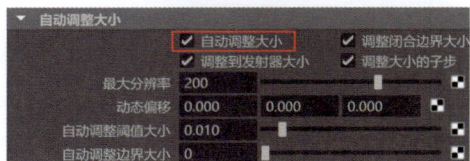

图8-13

（9）播放场景动画，流体动画的默认效果如图8-14所示。

图8-14

（10）展开"内容详细信息"内的"速度"卷展栏，设置"漩涡"为10，"噪波"为0.1，如图8-15所示。

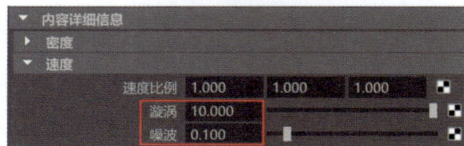

图8-15

（11）在"着色"卷展栏中，设置"透明度"为深灰色，如图8-16所示。

图8-16

（12）设置完成后，流体动画的视图显示效果如图8-17所示。

图8-17

（13）接下来，设置流体的颜色。在"颜色"卷展栏中，设置"选定颜色"为黑色，如图8-18所示。

图8-18

（14）在"白炽度"卷展栏中，设置"白炽度 输入"为"密度"，调整"输入偏移"的值为0.6，设置白炽度默认颜色的"选定位置"如图8-19～图8-21所示。

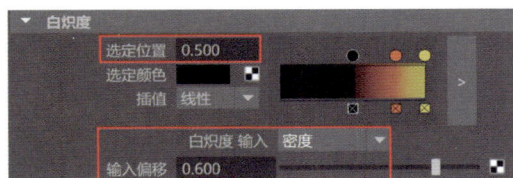

图8-19

图8-20

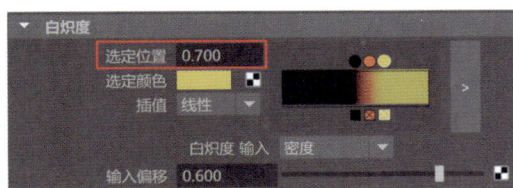

图8-21

（15）设置完成后，观察场景中的流体效果，如图8-22所示。

图8-22

（16）播放动画，火焰燃烧的动画效果如图8-23所示。

图8-23

8.2.2　3D流体容器

在Maya 软件中，流体模拟计算通常被限定在一个区域中，这个区域被称为容器。如果是3D流体容器，那么该容器就是一个具有3个方向的立体空间；如果是2D流体容器，那么该容器就是一个具有两个方向的平面空间。如果我们要模拟细节丰富的流体动画特写镜头，那么大多数情况下需要单击FX工具架中的"具有发射器的3D流体容器"图标，在场景中创建一个3D流体容器来进行流体动画的制作，如图8-24所示。

图8-24

双击"具有发射器的3D流体容器"图标后，可以弹出"创建具有发射器的3D容器选项"对话框，如图8-25所示。

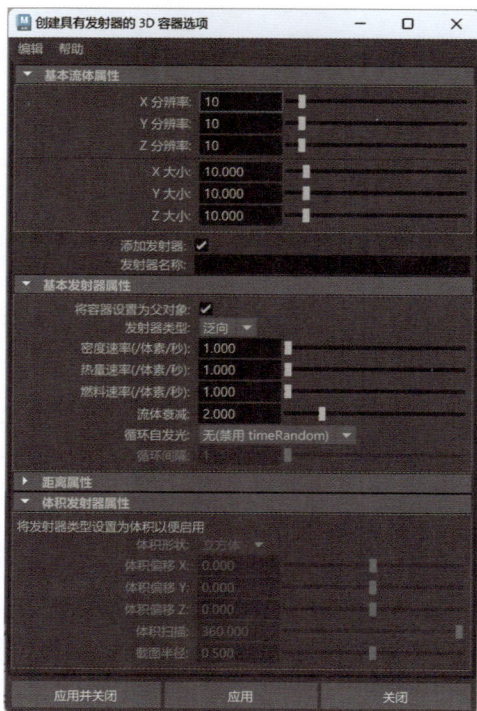

图8-25

常用参数解析

①"基本流体属性"卷展栏

X分辨率/Y分辨率/Z分辨率：用来控制3D流体容器X/Y/Z方向上的分辨率。

X大小/Y大小/Z大小：用来控制3D流体容器X/Y/Z方向上的大小。

添加发射器：创建3D流体容器的同时，再创建一个流体发射器。

发射器名称：允许用户事先设置好发射器的名称。

②"基本发射器属性"卷展栏

将容器设置为父对象：勾选该复选框后，创建出来的发射器以3D流体容器为父对象。

发射器类型：用来设置发射器的类型，有"泛向"和"体积"两个选项可选择。

密度速率（/体素/秒）：设定每秒内将"密度"值发射到栅格体素的平均速率。

热量速率（/体素/秒）：设定每秒内将"温度"值发射到栅格体素的平均速率。

燃料速率（/体素/秒）：设定每秒内将"燃料"值发射到栅格体素的平均速率。

流体衰减：设定流体发射的衰减值。

循环自发光：循环发射会以一定的间隔（以帧为单位）重新启动随机数流。

循环间隔：指定随机数流在两次重新启动期间的帧数。

③"距离属性"卷展栏

最大距离：从发射器创建新的特性值的最大距离。

最小距离：从发射器创建新的特性值的最小距离。

④"体积发射器属性"卷展栏

体积形状：当"发射器类型"设置为"体积"时，该发射器将使用"体积形状"，共有"立方体""球体""圆柱体""圆锥体"和"圆环"5个选项可选择，如图8-26所示。如图8-27所示分别为"体积形状"选择了不同选项后的流体发射器显示结果。

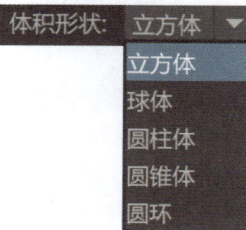

图8-26

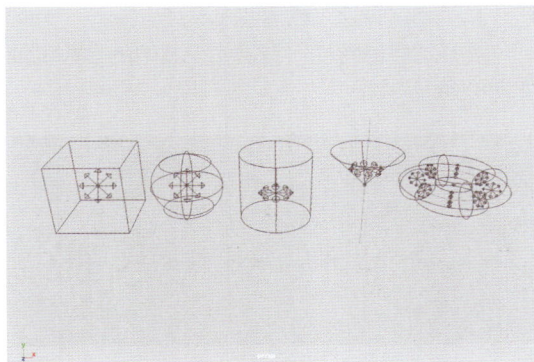

图8-27

体积偏移X/体积偏移Y/体积偏移Z：发射体积中心距发射器原点X/Y/Z的偏移值。

体积扫描：控制体积发射的圆弧。

截面半径：仅应用于圆环体体积。

8.2.3　2D流体容器

双击FX工具架上的"具有发射器的2D流体容器"图标，可以打开"创建具有发射器的2D容器选项"对话框，其中的参数设置如图8-28所示。

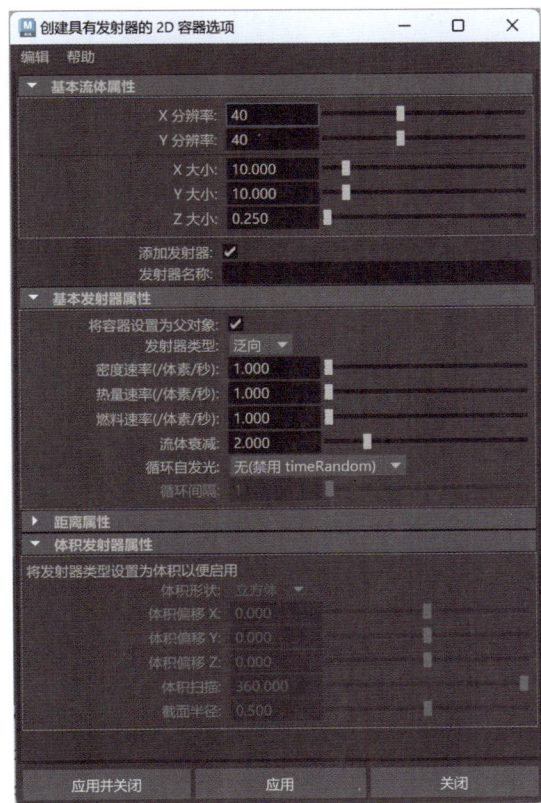

图8-28

技巧与提示

通过对"创建具有发射器的2D容器选项"对话框与"创建具有发射器的3D容器选项"对话框进行比对，读者不难发现这两个对话框中的参数设置基本相同，所以在此不再进行重复讲解。

8.2.4　从对象发射流体

双击FX工具架上的"从对象发射流体"图标，可以打开"从对象发射选项"对话框，其中的参数设置如图8-29所示。通过观察，我们可以发现里面的参数与前面所讲解的参数基本相同，这里不再重复讲解。

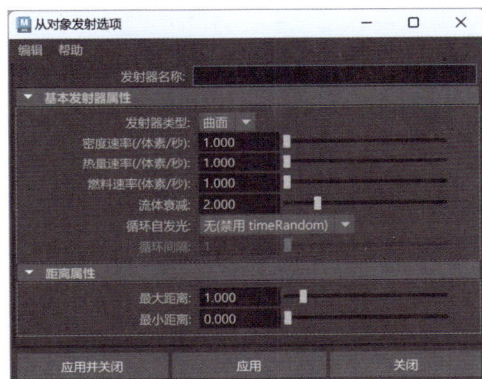

图8-29

8.2.5　使碰撞

Maya允许用户设置流体与场景中的多边形对象发生碰撞效果，在场景中选择好要设置碰撞的流体和多边形对象，单击FX工具架上的"使碰撞"图标，就可以轻松完成这一设置。如图8-30和图8-31所示分别为设置碰撞效果前后的流体动画结果对比。

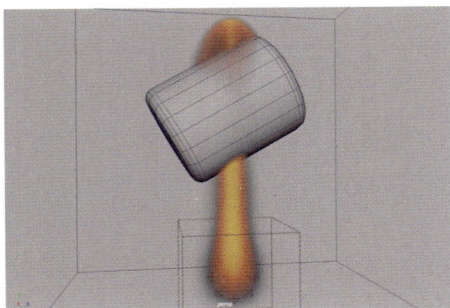

图8-30

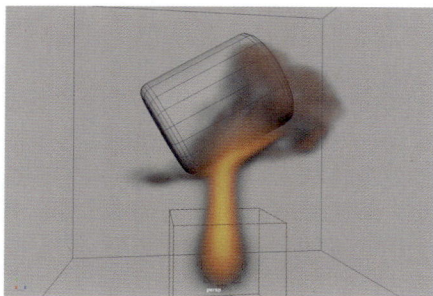

图8-31

双击FX工具架上的"使碰撞"图标,还可以打开"使碰撞选项"对话框,如图8-32所示。

图8-32

常用参数解析

细分因子:可以控制碰撞动画的计算精度。该值越高,计算越精确。

8.2.6 流体属性

控制流体属性的大部分命令都在"属性编辑器"面板的fluidShape1选项卡中,如图8-33所示。下面将为大家详细介绍其中几个常用卷展栏内的参数。

图8-33

1."容器特性"卷展栏

展开"容器特性"卷展栏,其中的参数设置如图8-34所示。

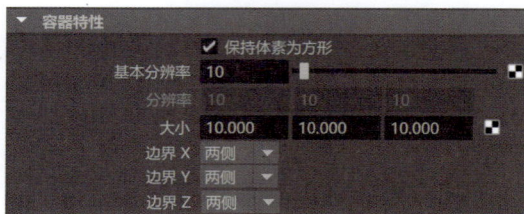

图8-34

常用参数解析

保持体素为方形:勾选该复选框后,可以使用"基本分辨率"属性来同时调整流体 X、Y 和 Z 的分辨率。

基本分辨率:该值越大,容器的栅格越密集,计算精度也越高,如图8-35和图8-36所示分别为该值是10和30的栅格密度显示对比。

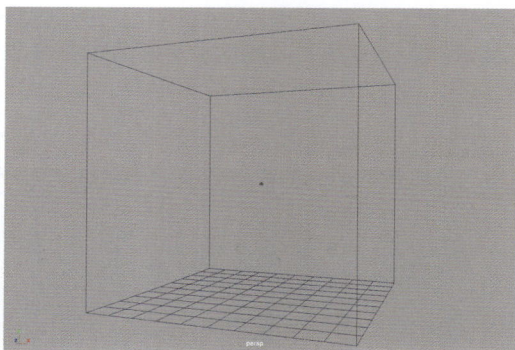

图8-35

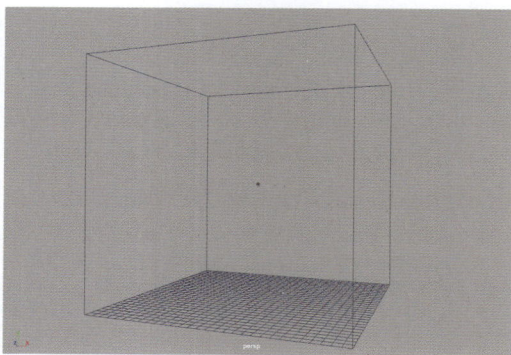

图8-36

分辨率:以体素为单位定义流体容器的分辨率。

大小:设置流体容器的大小。

边界X/边界Y/边界Z:用来控制流体与容器

边界处的碰撞方式。

2. "内容方法"卷展栏

展开"内容方法"卷展栏，其中的参数设置如图8-37所示。

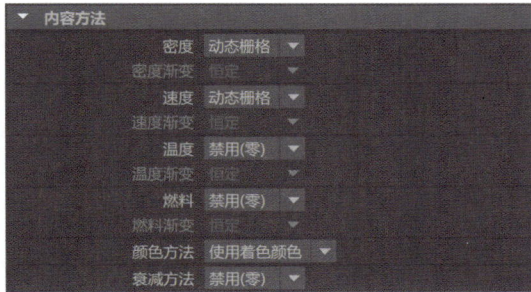

图8-37

常用参数解析

密度/速度/温度/燃料：设置密度/速度/温度/燃料的计算方式，有"禁用（零）""静态栅格""动态栅格"和"渐变"4种方式可选择，如图8-38所示。

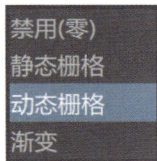

图8-38

颜色方法：设置颜色方法的计算方式，有"使用着色颜色""静态栅格"和"动态栅格"3种方式可选择，如图8-39所示。

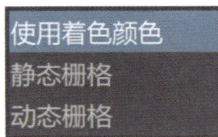

图8-39

衰减方法：设置衰减方法的计算方式，有"禁用（零）"和"静态栅格"两种方式可选择，如图8-40所示。

图8-40

3. "动力学模拟"卷展栏

展开"动力学模拟"卷展栏，其中的参数设置如图8-41所示。

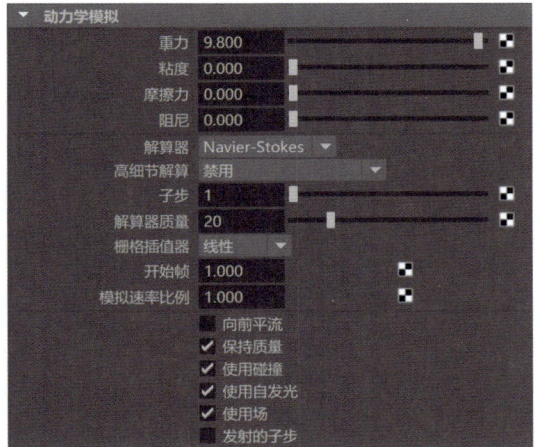

图8-41

常用参数解析

重力：用来模拟流体所受到的地球引力。

粘度：用来模拟流体的粘度。

摩擦力：用来模拟流体的摩擦力。

阻尼：用来模拟流体受到的阻尼效果。

解算器：设置流体解算器的计算方法，有"无""Navier-Stokes"和"弹簧网格"3种方法可选择。

高细节解算：用于设置流体的高细节解算方法。

子步：指定解算器在每帧执行计算的次数。

解算器质量：设置解算器质量的计算步骤数。

栅格插值器：设置流体的栅格插值算法。

开始帧：设置在哪个帧之后开始流模拟。

模拟速率比例：缩放在发射和解算中使用的时间步数。

4. "自动调整大小"卷展栏

展开"自动调整大小"卷展栏，其中的参数设置如图8-42所示。

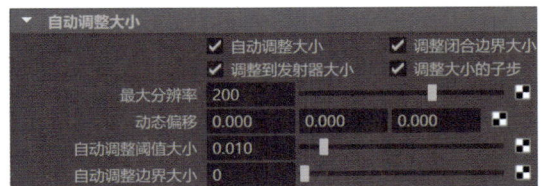

图8-42

常用参数解析

自动调整大小：勾选该复选框后，容器的边框会随着流体的大小而变化。如图8-43所示为勾选该复选框前后的流体动画计算效果对比。

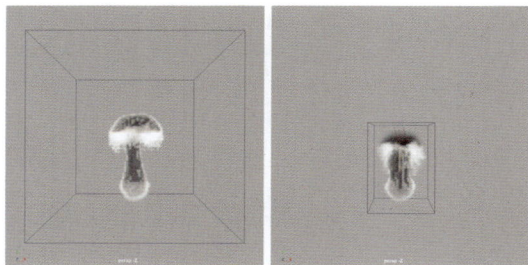

图8-43

调整闭合边界大小：勾选该复选框后，流体容器将沿其各自"边界"属性设定为"无""两侧"的轴调整大小。

调整到发射器大小：勾选该复选框后，流体容器将使用流体发射器的位置在场景中设定其偏移和分辨率。

调整大小的子步：勾选该复选框后，已自动调整大小的流体容器会调整每个子步的大小。

5."密度"卷展栏

展开"密度"卷展栏，其中的参数设置如图8-44所示。

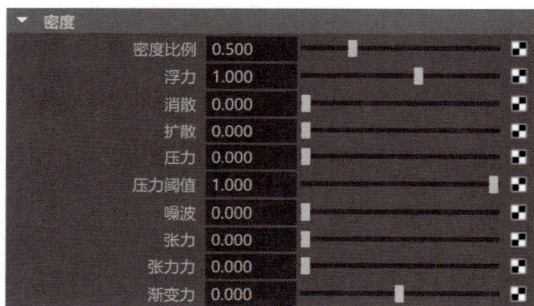

图8-44

常用参数解析

密度比例：设置流体的密度大小。

浮力：设置流体所受到的浮力大小。

消散：设置流体消散的速率。

扩散：设置流体的扩散程度。

压力：设置流体所受到的压力大小。

6."速度"卷展栏

展开"速度"卷展栏，其中的参数设置如图8-45所示。

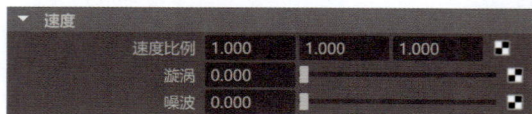

图8-45

常用参数解析

速度比例：根据流体的X/Y/Z方向来缩放速度。

漩涡：设置流体的漩涡模拟效果，如图8-46和图8-47所示是该值分别设置为0和10时的流体动画效果对比。

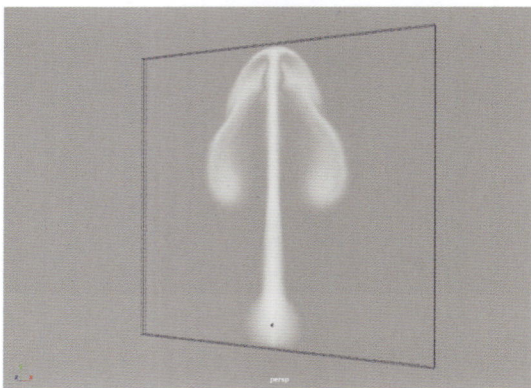

图8-46

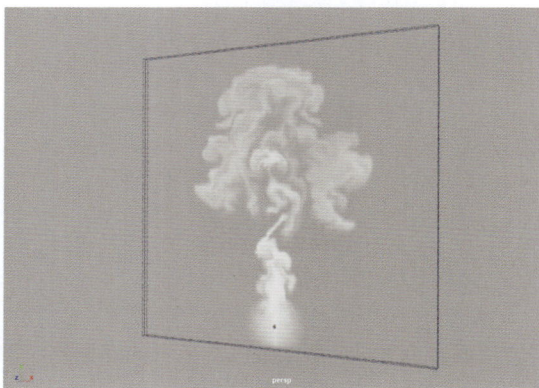

图8-47

噪波：设置流体的噪波模拟效果，如图8-48和图8-49所示是该值分别设置为0和1时的流体动画效果对比。

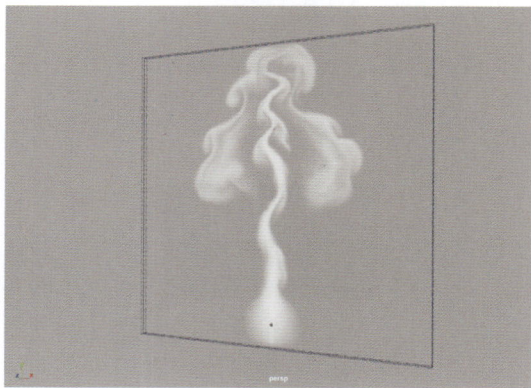

图8-48

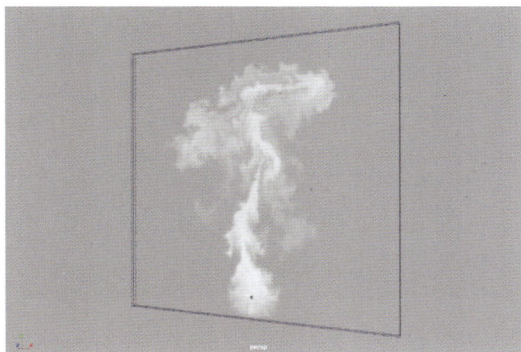

图8-49

7. "湍流"卷展栏

展开"湍流"卷展栏,其中的参数设置如图8-50所示。

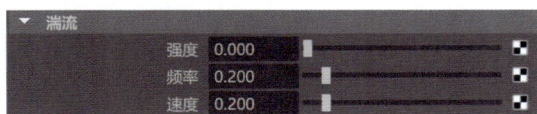

图8-50

常用参数解析

强度:增加该值可增加湍流应用的力的强度。

频率:降低频率会使湍流的漩涡更大。这是湍流函数中的空间比例因子,若湍流强度为零,则不产生任何效果。

速度:定义湍流模式随时间更改的速率。

8. "着色"卷展栏

展开"着色"卷展栏,其中的参数设置如图8-51所示。

图8-51

常用参数解析

透明度:控制流体的透明程度。

辉光强度:控制辉光的亮度。

衰减形状:设置流体容器边缘的衰减形状。

边衰减:设置流体容器边缘的衰减效果。

8.3 Bifrost流体

Bifrost流体是独立于流体系统的另一套动力学系统,主要用于在Maya软件中模拟真实细腻的水花飞溅、火焰燃烧、烟雾缭绕等流体动力

学效果。在Bifrost工具架上,我们可以找到对应的工具图标,如图8-52所示。

图8-52

8.3.1 课堂案例:制作液体飞溅动画

液体飞溅特效常用于一些电商广告的镜头中,本课堂案例讲解使用"Bifrost流体"来制作液体飞溅的动画效果,案例的渲染效果如图8-53所示。

图8-53

制作思路

（1）设置液体发射器。
（2）制作液体碰撞动画。

操作步骤

（1）启动中文版Maya 2024软件，打开本书配套素材文件"苹果.mb"，如图8-54所示，场景中有一组苹果模型。

图8-54

（2）单击"多边形建模"工具架上的"多边形球体"图标，如图8-55所示。

图8-55

（3）在顶视图的苹果模型旁边创建一个球体模型，如图8-56所示。

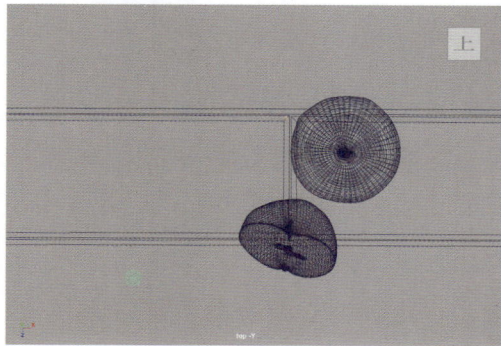

图8-56

（4）在"多边形球体历史"卷展栏中，设置"半径"为0.6，如图8-57所示。

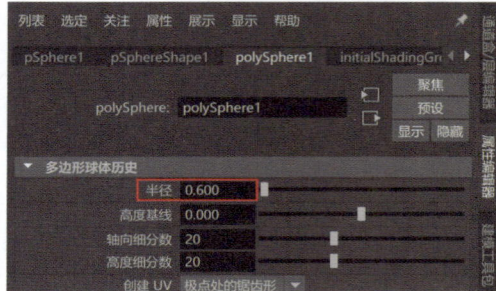

图8-57

（5）在"通道盒/层编辑器"选项卡中，调整球体模型的"平移X"为74，"平移Y"为140，"平移Z"为30，如图8-58所示。

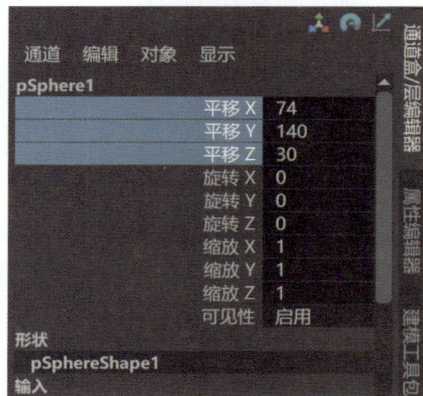

图8-58

（6）设置完成后，球体的视图显示效果如图8-59所示。

图8-59

（7）选择球体模型，单击Bifrost工具架中的"液体"图标，如图8-60所示，将球体模型设置为液体发射器。

图8-60

（8）在"特性"卷展栏中，勾选"连续发射"复选框，如图8-61所示。

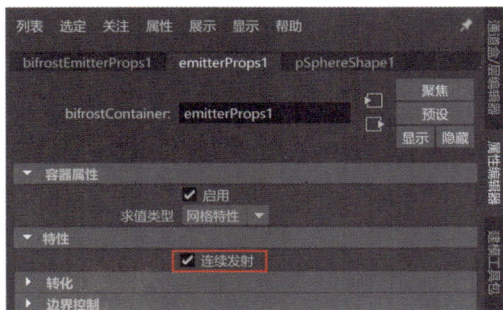

图8-61

（9）在"显示"卷展栏中，勾选"体素"复选框，如图8-62所示，以方便我们在场景中观察液体的形态。

图8-62

（10）在"大纲视图"面板中选择液体，如图8-63所示。单击Bifrost工具架上的"场"图标，如图8-64所示。

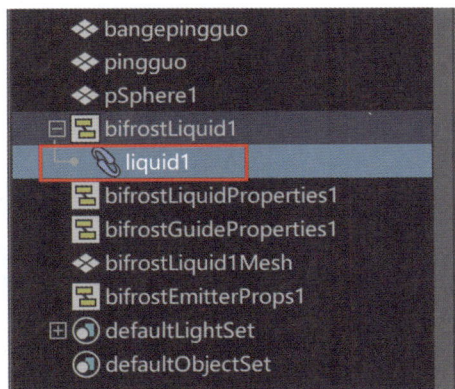

图8-63

图8-64

（11）在"通道盒/层编辑器"选项卡中，设置"平移X"为74，"平移Y"为141，"平移Z"为30，"旋转X"为0，"旋转Y"为40，"旋转Z"为−30，"缩放X""缩放Y"和"缩放Z"均为6，如图8-65所示。

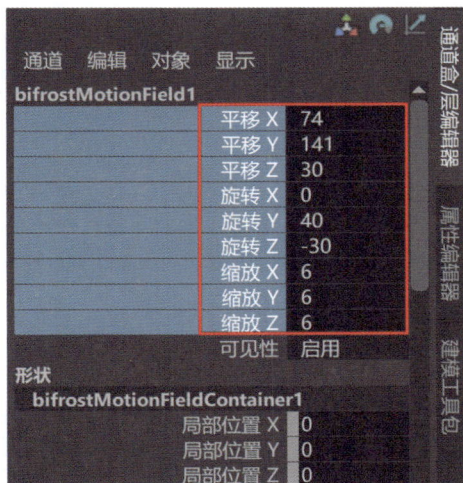

图8-65

技巧与提示

调整场的缩放值会对场的作用产生影响。

（12）设置完成后，播放动画，即可看到液体的发射效果，如图8-66所示。

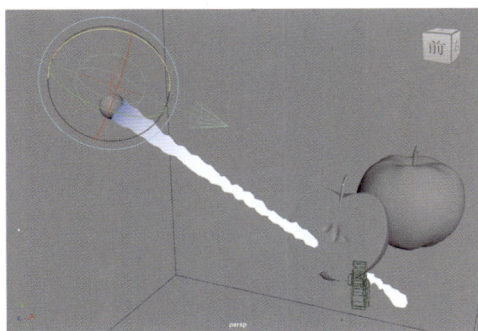

图8-66

（13）选择液体与场景中的苹果模型，单击Bifrost工具架上的"碰撞对象"图标，如图8-67所示，设置液体可以与苹果发生碰撞。

图8-67

（14）设置完成后，播放动画，即可看到液体与苹果模型的碰撞效果，如图8-68所示。

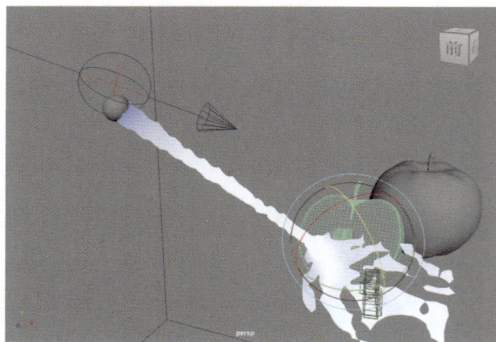

图8-68

（15）在"分辨率"卷展栏中，设置"主体素大小"为0.1，如图8-69所示。

图8-69

（16）选择液体，执行菜单栏中的"Bifrost流体/计算并缓存到磁盘"命令，如图8-70所示。

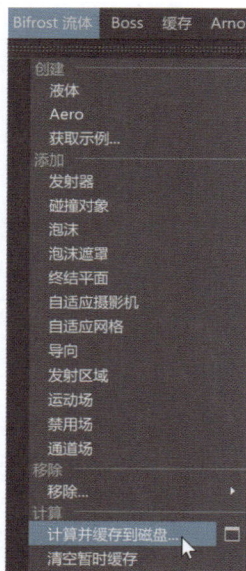

图8-70

（17）设置完成后，计算动画，液体的模拟效果如图8-71所示。

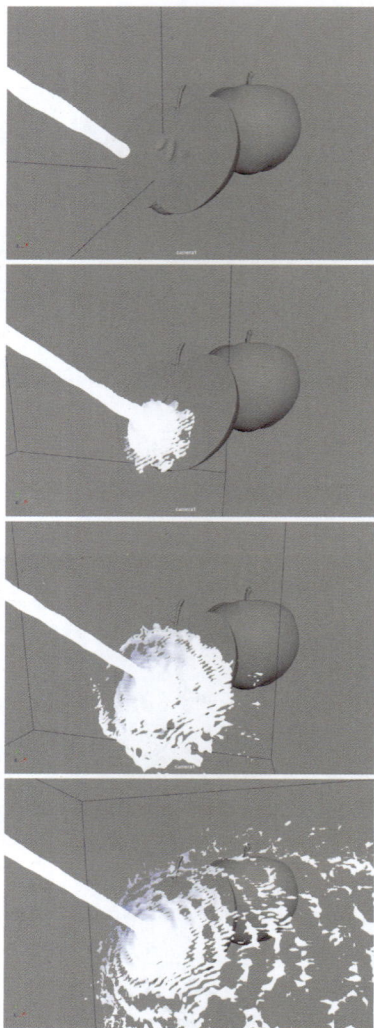

图8-71

（18）渲染场景，液体渲染效果如图8-72所示。

图8-72

（19）在"渲染设置"面板对话框中展开Motion Blur（运动模糊）卷展栏，勾选Enable（启用）复选框，如图8-73所示。

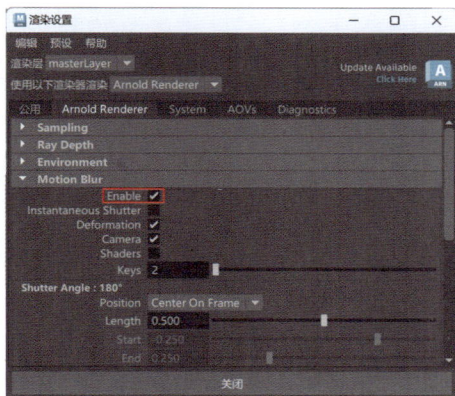

图8-73

（20）渲染场景，本案例的最终渲染效果如图8-74所示。

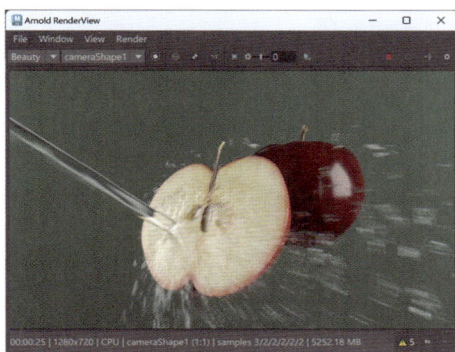

图8-74

8.3.2　创建液体

使用"液体"工具可以将所选择的多边形网格模型设置为液体发射器，在"属性编辑器"选项卡中勾选"连续发射"复选框后，即可从该模型上源源不断地发射液体，如图8-75所示。

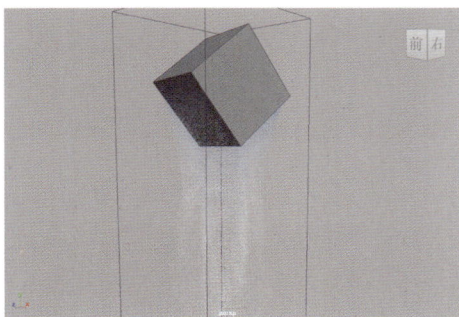

图8-75

"液体"工具的大部分参数都在bifrostLiquidPropertiesContainer1选项卡的"特性"卷展栏中，如图8-76所示。接下来，我们将对Bifrost液体的部分常用参数进行详细讲解。

图8-76

1. "解算器特性"卷展栏

展开"解算器特性"卷展栏，其中的参数设置如图8-77所示。

图8-77

常用参数解析

重力幅值：用来设置重力的强度，默认情况下以m/s²为单位，一般不需要更改。

重力方向：用于设置重力在世界空间中的方向，一般不需要更改。

2. "分辨率"卷展栏

展开"分辨率"卷展栏，其中的参数设置如图8-78所示。

图8-78

常用参数解析

主体素大小：用于控制bifrost流体模拟计算的基本分辨率。该值越小，计算精度越高，耗时越长。

3. "自适应性"卷展栏

展开"自适应性"卷展栏，可以看到该卷展栏还内置有"空间""传输"和"时间步"3个卷展栏，其中的参数设置如图8-79所示。

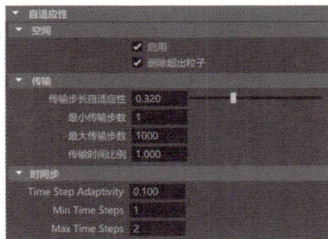

图8-79

常用参数解析

启用： 勾选该复选框后，可以减少内存消耗及液体的模拟计算时间，默认为勾选状态。

删除超出粒子： 勾选该复选框后，会自动删除超出计算阈值的粒子。

传输步长自适应性： 用于控制粒子每帧执行计算的精度，该值越接近1，液体模拟所消耗的计算时间就越长。

传输时间比例： 用于更改粒子流的速度。

4. "粘度"卷展栏

展开"粘度"卷展栏，其中的参数设置如图8-80所示。

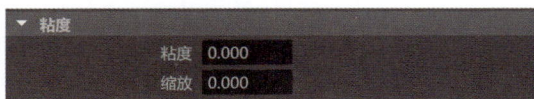

图8-80

常用参数解析

粘度： 用来设置所要模拟液体的粘稠度。

缩放： 调整液体的速度以达到微调模拟液体的粘度效果。

8.3.3　Boss海洋模拟系统

Boss海洋模拟系统允许用户可以使用波浪、涟漪和尾迹创建逼真的海洋表面。其BossSpectralWave1选项卡是用来调整Boss海洋模拟系统参数的核心部分，由"全局属性""模拟属性""风属性""反射波属性""泡沫属性""缓存属性""诊断"和"附加属性"8个卷展栏所组成，如图8-81所示。

图8-81

1. "全局属性"卷展栏

展开"全局属性"卷展栏，其中的参数设置如图8-82所示。

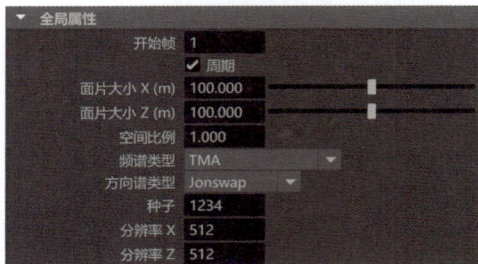

图8-82

常用参数解析

开始帧： 用于设置Boss海洋模拟系统开始计算的第1帧。

周期： 用来设置在海洋网格上是否重复显示计算出来的波浪图案，默认为勾选状态。如图8-83所示为勾选"周期"复选框前后的海洋网格显示结果对比。

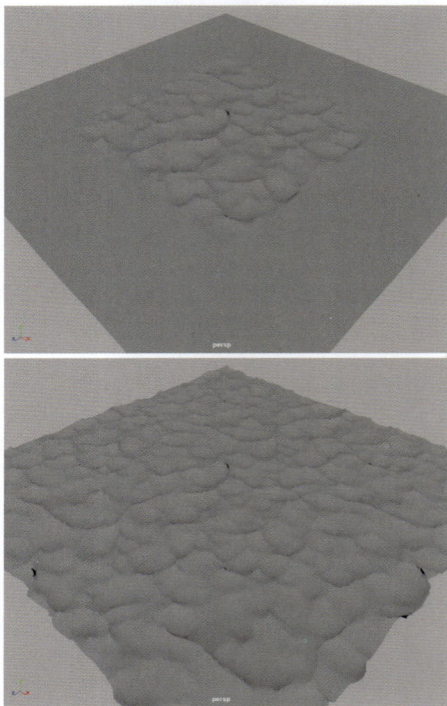

图8-83

面片大小X（m）/面片大小Z（m）： 用来设置计算海洋网格表面的纵横尺寸。

空间比例： 设置海洋网格X和Z方向上面片的线性比例大小。

频谱类型/方向谱类型： Maya设置了多种不同的频谱类型/方向谱类型供用户进行选择，可以用来模拟不同类型的海洋表面效果。

种子： 此值用于初始化伪随机数生成器。更改此值可生成具有相同总体特征的不同结果。

分辨率X/Z：用于计算波高度的栅格X/Z方向的分辨率。

2."模拟属性"卷展栏

展开"模拟属性"卷展栏，其中的参数设置如图8-84所示。

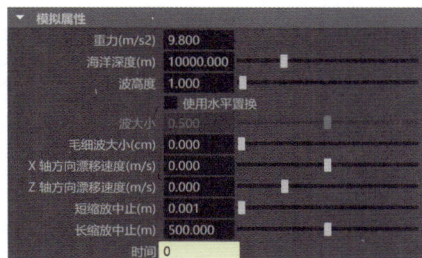

图8-84

常用参数解析

重力（m/s²）：通常使用默认的9.8m/s²即可。该值越小，产生的波浪越高且移动速度越慢；该值越大，产生的波浪越低且移动速度越快。可以调整此值以更改比例。

海洋深度（m）：用于计算波浪运动的水深。在浅水中，波浪往往较长、较高及较慢。

波高度：用来控制波浪的高度倍增。如果值介于0.0和1.0之间，则降低波高度；如果值大于1，则增加波高度。如图8-85所示是该值分别设置为1和5的波浪显示结果对比。

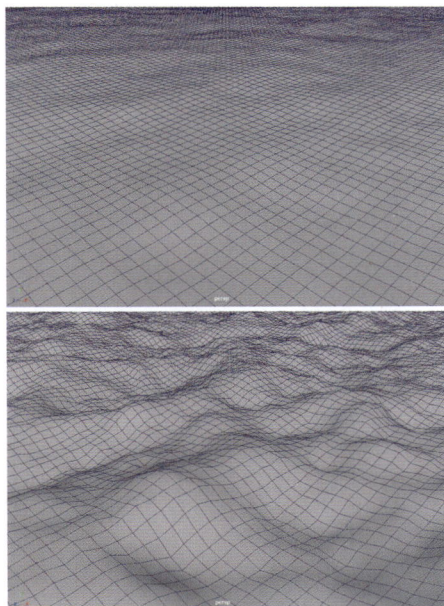

图8-85

使用水平置换：在水平方向和垂直方向置换网格的顶点，这会导致波的形状更尖锐、更不圆滑。它还会生成适合向量置换贴图的缓存，因为

3个轴上都存在偏移。如图8-86所示为勾选"使用水平置换"复选框前后的显示结果对比。

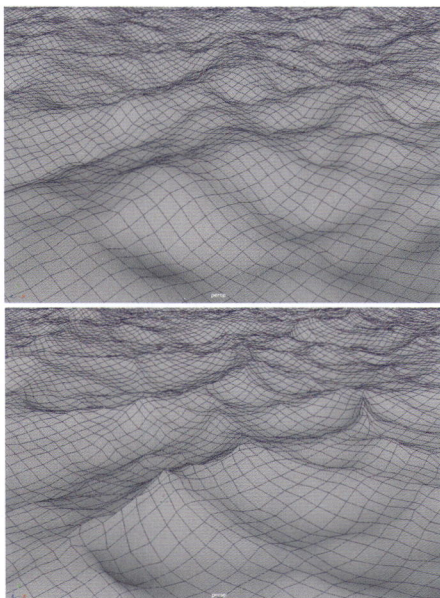

图8-86

波大小：控制水平置换量，可调整此值以避免输出网格中出现自相交。如图8-87所示是该值分别设置为5和12的海洋波浪显示结果对比。

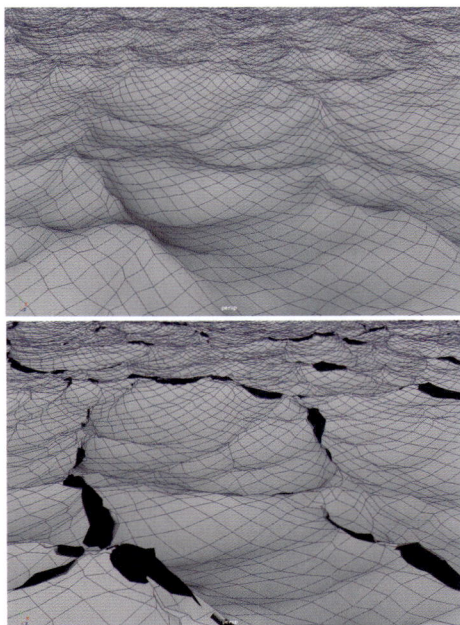

图8-87

毛细波大小（cm）：毛细波（曲面张力传播的较小、较快的涟漪，有时可在重力传播的较大波浪顶部看到）的最大波长。毛细波通常仅在比例较小且分辨率较高的情况下可见，因此在许多

情况下，可以让该值保留为 0.0，以避免执行不必要的计算。

X轴方向漂移速度/Z轴方向漂移速度（m/s）：用于设置X/Z轴方向波浪运动，以使其行为就像是水按指定的速度移动。

短缩放中止/长缩放中止（m）：用于设置计算中的最短/最长波长。

时间：对波浪求值的时间。在默认状态下，该值背景色为黄色，代表该值直接连接到场景时间，但用户也可以断开连接，然后使用表达式或其他控件来减慢或加快波浪运动。

3."风属性"卷展栏

展开"风属性"卷展栏，其中的参数设置如图8-88所示。

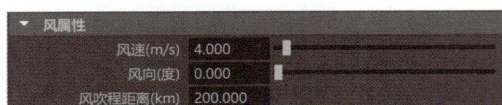

图8-88

常用参数解析

风速（m/s）：生成波浪的风的速度。该值越大，波浪高度越高，波纹越长。如图8-89所示是"风速"值分别设置为4和15的显示结果对比。

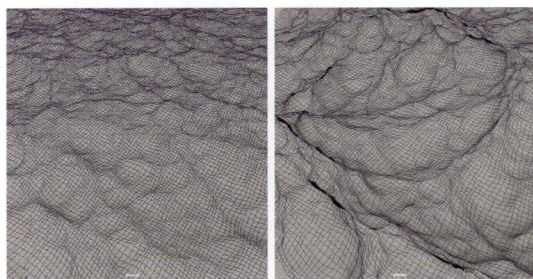

图8-89

风向（度）：生成波浪的风的方向。其中，0代表-X方向；90代表-Z方向；180代表+X方向；270代表 +Z 方向。如图8-90所示是"风向"值分别设置为0和180的显示结果对比。

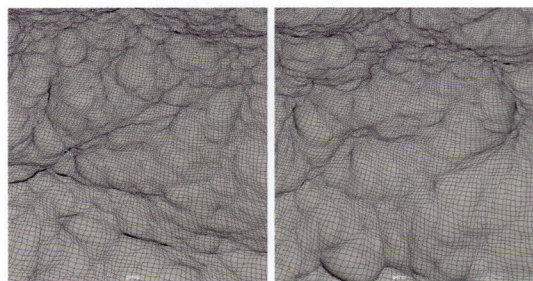

图8-90

风吹程距离（km）：风应用于水面时的距离。距离较小时，波浪往往会较短、较低及较慢。如图8-91所示是"风吹程距离"值分别设置为5和60的显示结果对比。

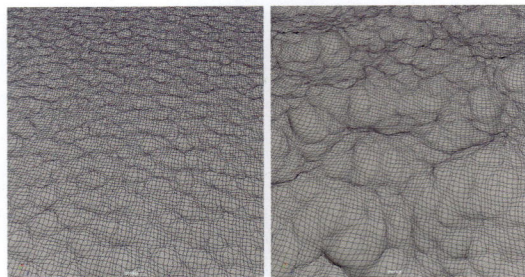

图8-91

4."反射波属性"卷展栏

展开"反射波属性"卷展栏，其中的参数设置如图8-92所示。

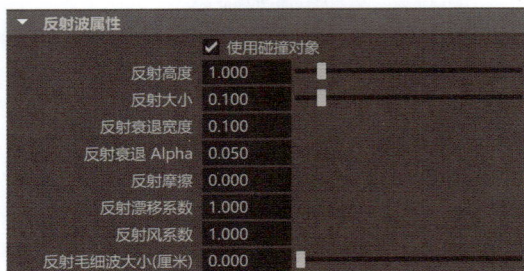

图8-92

常用参数解析

使用碰撞对象：勾选该复选框，将开启海洋与物体碰撞而产生的波纹计算。

反射高度：用于设置反射波纹的高度。

反射大小：反射波的水平置换量的倍增。可调整此值以避免输出网格中出现自相交。

反射衰退宽度：控制抑制反射波的域边界处区域的宽度。

反射衰退Alpha：控制沿面片边界的波抑制的平滑度。

反射摩擦：反射波的速度的阻尼因子。值为 0.0 时波自由传播，值为 1.0 时几乎立即使波衰减。

反射漂移系数：应用于反射波的"X轴方向漂移速度(m/s)"和"Z轴方向漂移速度(m/s)"量的倍增。

反射风系数：应用于反射波的"风速(m/s)"量的倍增。

反射毛细波大小（厘米）：能够产生反射时涟漪的最大波长。

8.4 课后习题

8.4.1 课后习题：制作海洋流动动画

本课后习题讲解使用Boss海洋模拟系统来制作海洋流动的动画效果，习题的渲染效果如图8-93所示。

图8-93

效果文件位置	海洋-完成.mb
素材文件位置	无

微课视频

制作思路

（1）制作海洋流动动画。

（2）为海洋添加材质。

操作步骤

（1）启动中文版Maya 2024软件，单击"多边形建模"工具架上的"多边形平面"图标，如图8-94所示，在场景中创建一个平面模型。

图8-94

（2）在"通道盒/层编辑器"选项卡中，设置"平移X""平移Y""平移Z""旋转X""旋转Y""旋转Z"均为0，"缩放X""缩放Y""缩放Z"均为1，"宽度"和"高度"均为100，"细分宽度"和"高度细分数"均为200，如图8-95所示。

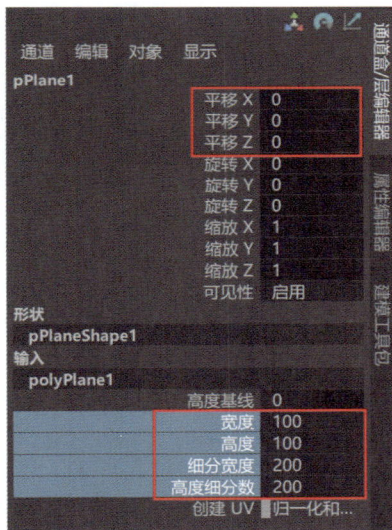

图8-95

（3）设置完成后，平面模型的视图显示效果如图8-96所示。

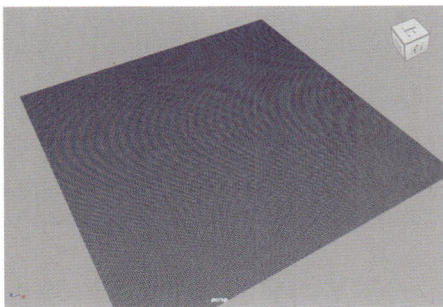

图8-96

（4）执行菜单栏中的"Boss/Boss编辑器"命令，打开Boss Ripple/Wave Generator对话框，如图8-97所示。

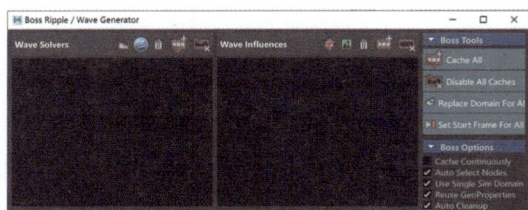

图8-97

（5）选择场景中的平面模型，单击Boss Ripple/Wave Generator对话框中的Create Spectral Waves（创建光谱波浪）按钮，如图8-98所示。

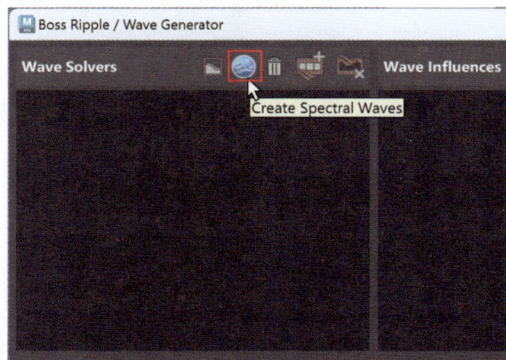

图8-98

（6）在"大纲视图"面板中可以看到，Maya软件即可根据之前所选择的平面模型的大小及细分情况，创建出一个用于模拟区域海洋的新模型并命名为BossOutput，同时隐藏场景中原有的多边形平面模型，如图8-99所示。

图8-99

（7）在默认情况下，新生成的BossOutput模型与原有的多边形平面模型一样。拖动一下Maya

的时间帧，即可看到从第1帧起，BossOutput模型就可以模拟出非常真实的海洋波浪运动效果，如图8-100所示。

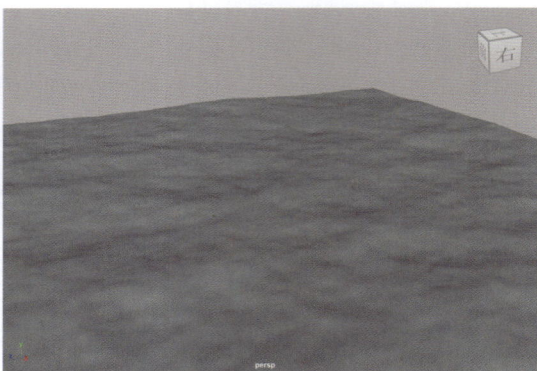

图8-100

（8）在"模拟属性"卷展栏中，设置"波高度"为2，勾选"使用水平置换"复选框，并调整"波大小"为6，如图8-101所示。

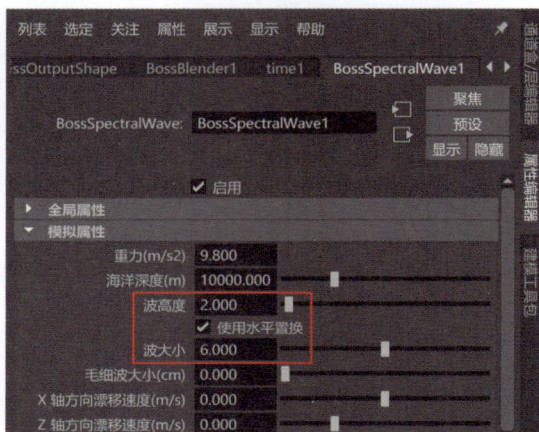

图8-101

（9）调整完成后，播放场景动画，可以看到模拟出来的海洋波浪效果如图8-102所示。

图8-102

（10）在"大纲视图"面板中选择平面模型，

在"多边形平面历史"卷展栏中，将"细分宽度"和"高度细分数"的值均设置为2000，如图8-103所示。这时，软件还会自动弹出"多边形基本体参数检查"对话框，询问用户是否需要继续使用这么高的细分值，如图8-104所示，单击该对话框中的"是，不再询问"按钮即可。

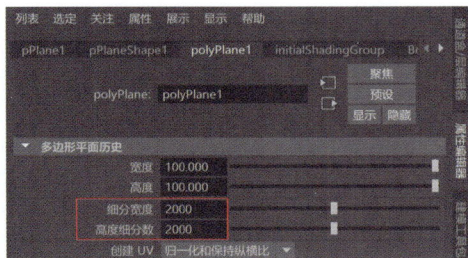

图8-103

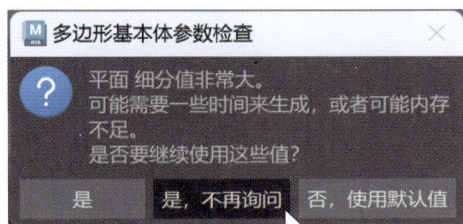

图8-104

（11）设置完成后，在视图中观察海洋模型，可以看到模型的细节已大幅提升，如图8-105所示。

图8-105

（12）选择海洋模型，单击"渲染"工具架中的"标准曲面材质"图标，如图8-106所示。

图8-106

（13）在"基础"卷展栏中，设置"颜色"为深蓝色，如图8-107所示。"颜色"的参数设置如图8-108所示。

图8-107

图8-108

（14）在"镜面反射"卷展栏中，设置"权重"为1，"粗糙度"为0.1，IOR为1.5，如图8-109所示。

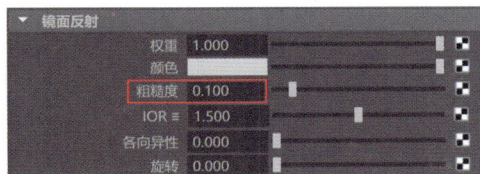

图8-109

（15）在"透射"卷展栏中，设置"权重"为0.7，"颜色"为深蓝色，如图8-110所示。"颜色"的参数设置如图8-111所示。

图8-110

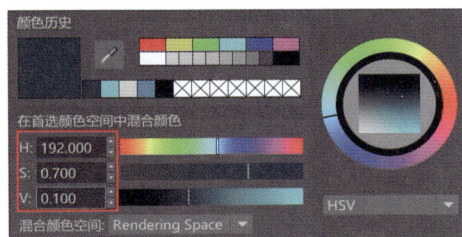

图8-111

（16）材质设置完成后，接下来为场景创建灯光。单击Arnold工具架上的Create Physical Sky（创建物理天空）图标，在场景中创建物理天空灯光，如图8-112所示。

图8-112

（17）在Physical Sky Attributes（物理天空属性）卷展栏中，设置Elevation（海拔）为40，Azimuth（方位）为90，Intensity（强度）为6，Sun Size（太阳尺寸）为2，如图8-113所示。

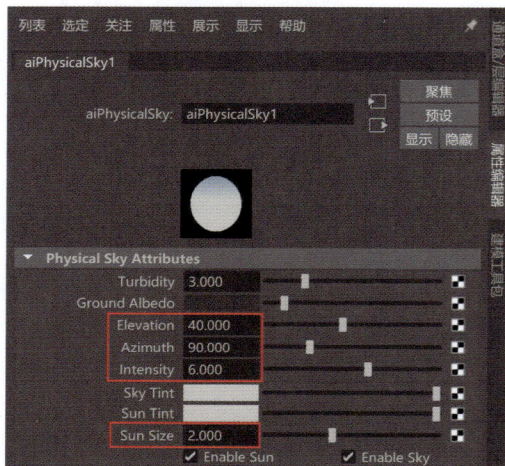

图8-113

（18）设置完成后，渲染场景，本习题的最终渲染结果如图8-114所示。

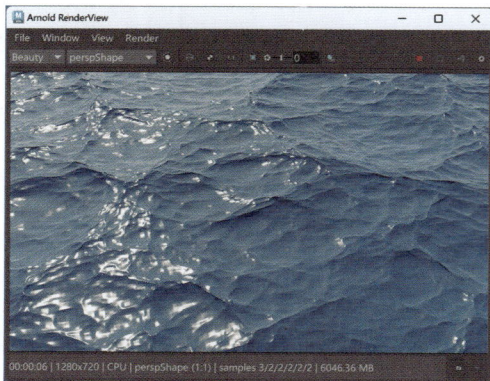

图8-114

8.4.2　课后习题：制作热气升腾动画

本课后习题讲解使用"3D流体容器"来

制作热气升腾的动画效果，习题的渲染效果如图8-115所示。

图8-115

效果文件位置　咖啡杯-完成.mb
素材文件位置　咖啡杯.mb

微课视频

制作思路

（1）创建流体发射器。
（2）制作热气升腾动画。

操作步骤

（1）启动中文版Maya 2024软件，打开本书配套素材文件"咖啡杯.mb"，如图8-116所示，场景中有一只装了咖啡的杯子模型。

图8-116

（2）单击FX工具架上的"具有发射器的3D流体容器"图标，如图8-117所示。在场景中创建一个具有发射器的3D流体容器，如图8-118所示。

图8-117

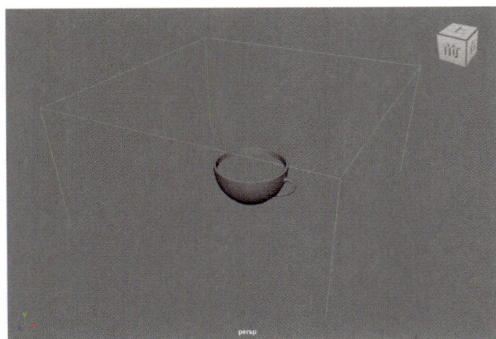

图8-118

（3）在"容器特性"卷展栏中，设置"基本分辨率"为100，"大小"为（5，5，5），"边界X""边界Y""边界Z"均为"无"，如图8-119所示。

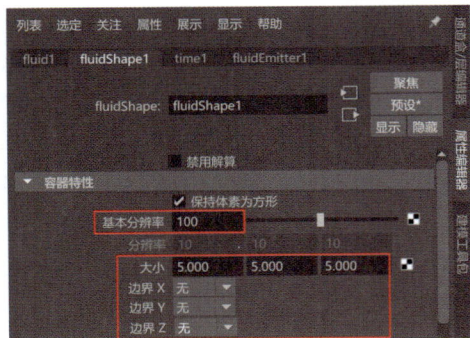

图8-119

（4）设置完成后，删除场景中的流体发射器，并调整流体容器的位置，如图8-120所示。

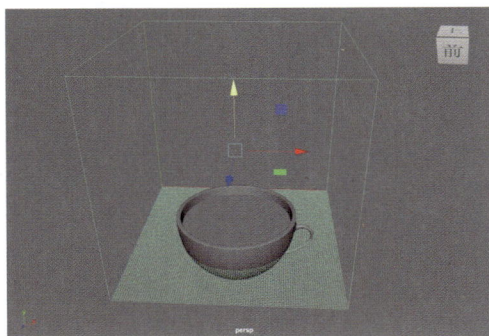

图8-120

（5）选择场景中的流体容器和杯子里的咖啡模型，如图8-121所示。

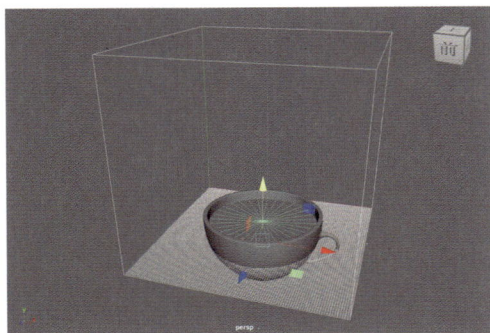

图8-121

（6）单击FX工具架上的"从对象发射流体"图标，如图8-122所示，即可设置从咖啡模型上发射流体。

图8-122

（7）在"显示"卷展栏中，设置"边界绘制"为"边界盒"，如图8-123所示。

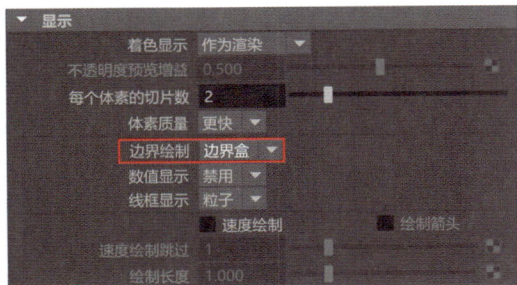

图8-123

（8）设置完成后，播放动画，模拟出来的流体效果如图8-124所示。

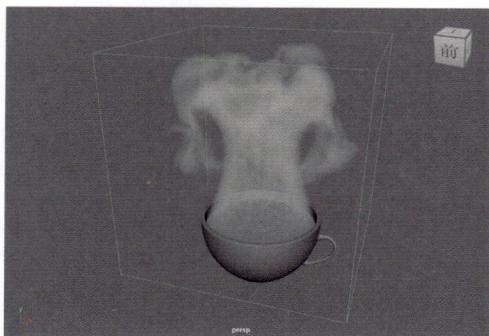

图8-124

（9）在"流体属性"卷展栏中，单击"密度自发光贴图"后面的方形按钮，如图8-125所示。

图8-125

（10）在弹出的"创建渲染节点"对话框中单击"渐变"按钮，如图8-126所示。

图8-126

（11）在"渐变属性"卷展栏中，设置"类型"为"圆形渐变"，渐变颜色如图8-127所示。

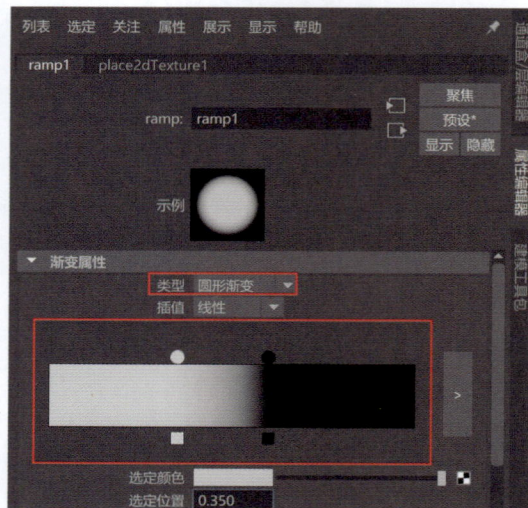

图8-127

（12）设置完成后，播放动画，模拟出来的流体效果如图8-128所示。

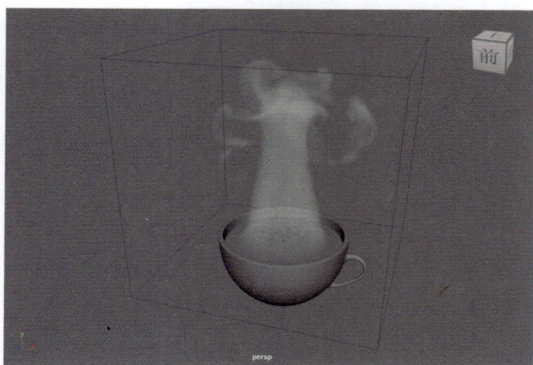

图8-128

（13）在"流体自发光湍流"卷展栏中，设置"湍流类型"为"随机"，"湍流"为10，如图8-129所示。

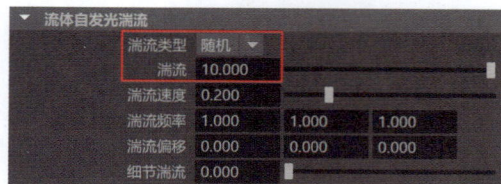

图8-129

（14）在"着色"卷展栏中，设置"透明度"的颜色为深灰色，如图8-130所示。

图8-130

（15）在"密度"卷展栏中，设置"浮力"为5，如图8-131所示。

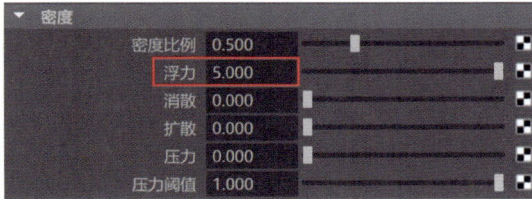

图8-131

（16）在"速度"卷展栏中，设置"漩涡"为5，如图8-132所示。

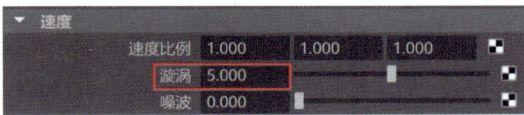

图8-132

（17）在"自动调整大小"卷展栏中，勾选"自动调整大小"复选框，如图8-133所示。

图8-133

（18）设置完成后，播放场景动画，流体动画的模拟结果如图8-134所示。

图8-134

第 **9** 章 粒子动画技术

📖 **本章导读**

本章将介绍 Maya 2024 的粒子动画技术，包含粒子创建、粒子数量、粒子速度、材质制作等动画设置技巧。在本章中，将以较为典型的动画实例来为读者详细讲解粒子特效动画的制作方法。

🎯 **学习要点**

• 掌握粒子的创建方式

• 掌握粒子的常用参数设置

9.1 粒子系统概述

粒子动画中包含大量的粒子个体，主要用来模拟大量对象一起运动的动画特效，比如古代影视剧中的经典箭雨镜头、不断下落的雨点或雪花、大量物体碎片的特殊运动以及文字特效动画等，如图9-1和图9-2所示。

图9-1

图9-2

9.2 创建粒子

有关粒子的工具图标，可以在FX工具架上找到，如图9-3所示。

图9-3

9.2.1 课堂案例：制作数字喷泉动画

本课堂案例讲解使用粒子来制作一个数字喷泉动画效果，案例的渲染效果如图9-4所示。

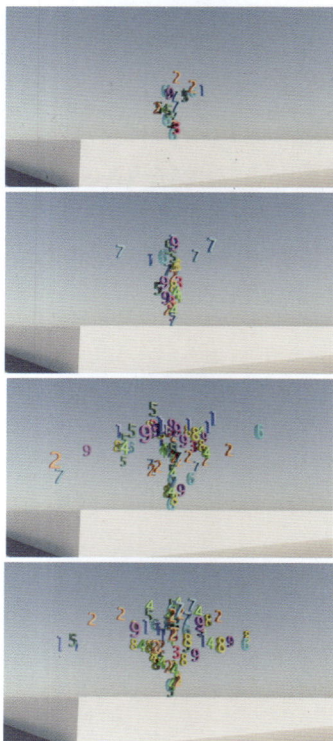

图9-4

制作思路

（1）创建粒子发射器及数字模型。
（2）制作喷泉动画效果。

操作步骤

（1）启动中文版Maya 2024软件，打开本书配套素材文件"水池.mb"，如图9-5所示。

图9-5

（2）单击FX工具架上的"发射器"图标，如图9-6所示，即可在场景中创建一个粒子发射器，并调整其位置至水面上方，如图9-7所示。

图9-6

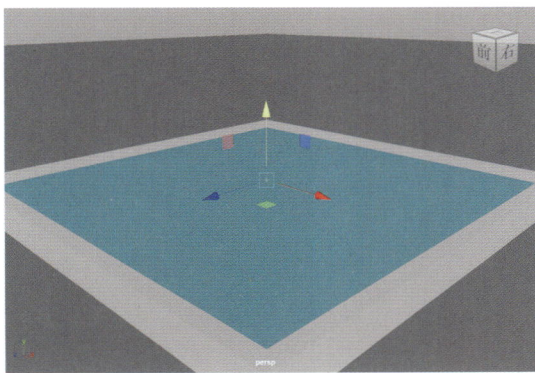

图9-7

（3）在"基本发射器属性"卷展栏中，设置

"发射器类型"为"方向"，"速率（粒子/秒）"为50，如图9-8所示。

图9-8

（4）在"距离/方向属性"卷展栏中，设置"方向X"为0，"方向Y"为1，"方向Z"为0，"扩散"为0.35，如图9-9所示。

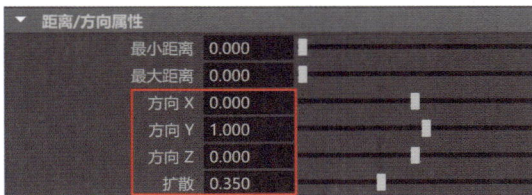

图9-9

（5）在"基础自发光速率属性"卷展栏中，设置粒子的"速度"为10，"速率随机"为1，如图9-10所示。

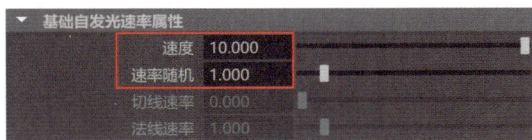

图9-10

（6）设置完成后，播放动画，可以看到现在粒子的动画效果如图9-11所示。

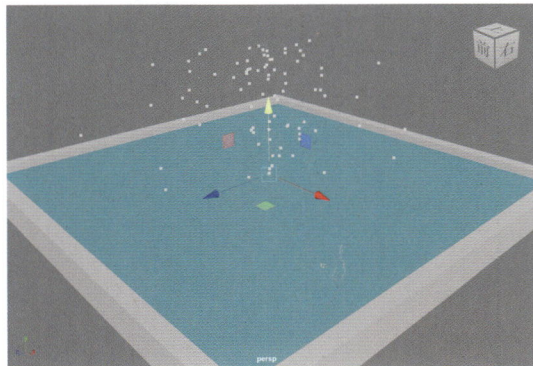

图9-11

（7）在"寿命"卷展栏中，设置粒子的"寿命模式"为"恒定"，"寿命"为1.5，如图9-12所示。这样，粒子在下落的过程中随着时间的变化会逐渐消亡。

图9-12

（8）单击"多边形建模"工具架上的"多边形类型"图标，如图9-13所示，在场景中创建一个文字模型，如图9-14所示。

图9-13

图9-14

（9）在"属性编辑器"选项卡中，设置文本的内容为"123456789"，"字体大小"为1，如图9-15所示。

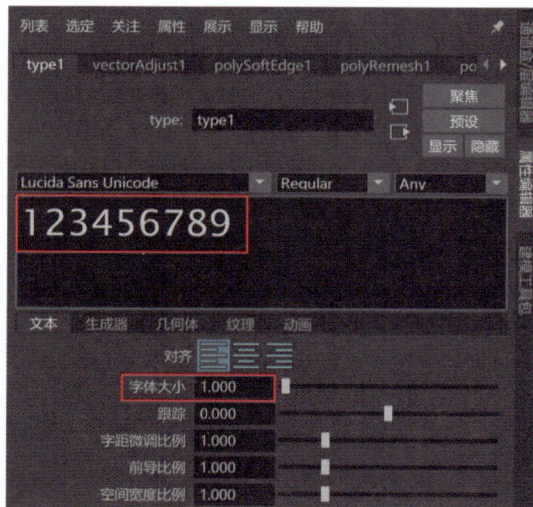

图9-15

（10）在"挤出"卷展栏中，设置"挤出距离"为0.2，"挤出分段"为1，如图9-16所示。

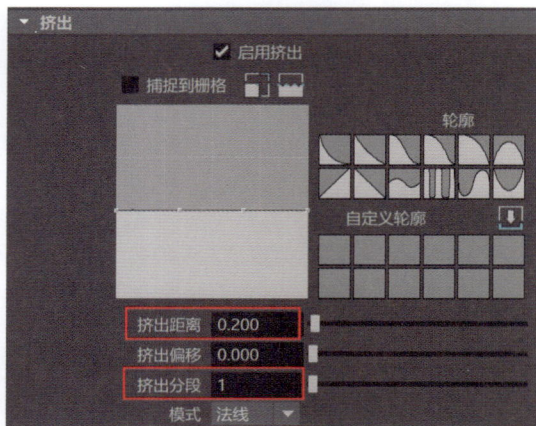

图9-16

（11）在"倒角"卷展栏中，勾选"启用倒角"复选框。在"倒角剖面"卷展栏中，设置"倒角距离"为0.02，"倒角偏移"为0.05，"倒角分段"为3，如图9-17所示。

图9-17

（12）设置完成后，文字模型的视图显示效果如图9-18所示。

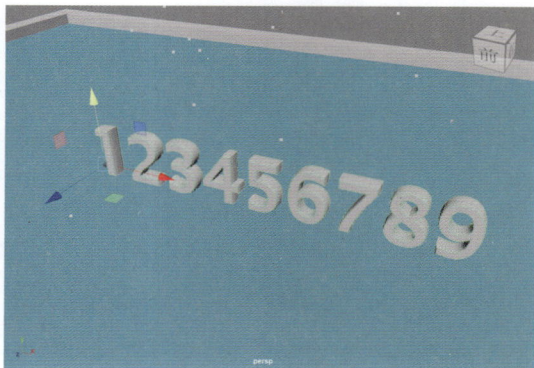

图9-18

（13）单击"多边形建模"工具架上的"提

取"图标,如图9-19所示,即可将文字模型分为9个数字模型。

图9-19

(14)将场景中的9个数字模型移动至粒子发射器位置处,如图9-20所示。

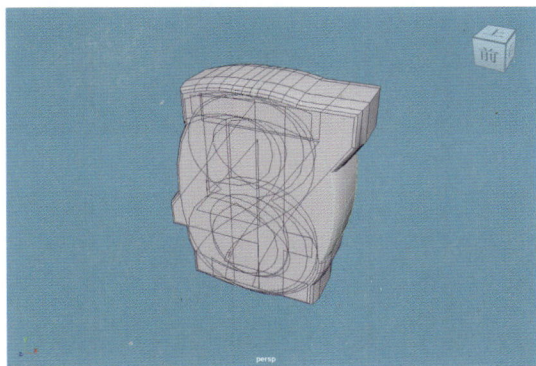

图9-20

(15)选择场景中的9个数字模型,单击"多边形建模"工具架上的"按类型删除:历史"图标,如图9-21所示。

图9-21

(16)选择场景中的9个数字模型,单击"多边形建模"工具架上的"使枢轴居中"图标,如图9-22所示。

图9-22

(17)选择场景中的9个数字模型,单击"多边形建模"工具架上的"冻结变换"图标,如图9-23所示。

图9-23

(18)单击菜单栏中"nParticle/实例化器"命令后面的方形按钮,如图9-24所示。

图9-24

(19)在弹出的"粒子实例化器选项"对话框中,单击"创建"按钮,如图9-25所示。

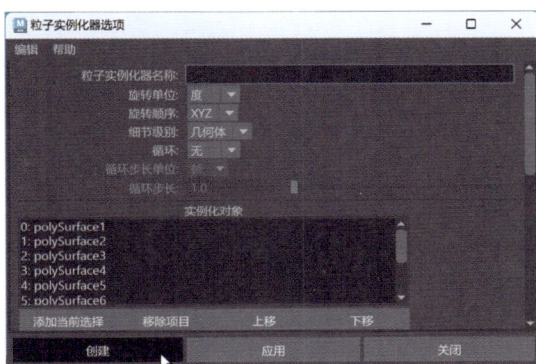

图9-25

(20)设置完成后,即可看到场景中所有粒子的形状都显示为数字1,如图9-26所示。

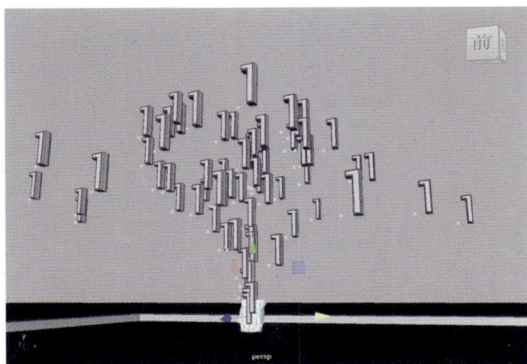

图9-26

(21)在"添加动态属性"卷展栏中,单击"常规"按钮,如图9-27所示。

图9-27

（22）在弹出的"添加属性"对话框中，设置"长名称"为"xingzhuang"，勾选"覆盖易读名称"复选框，设置"易读名称"为"随机形状"，"数据类型"为"浮点型"，"属性类型"为"每粒子（数组）"，单击"确定"按钮，如图9-28所示。

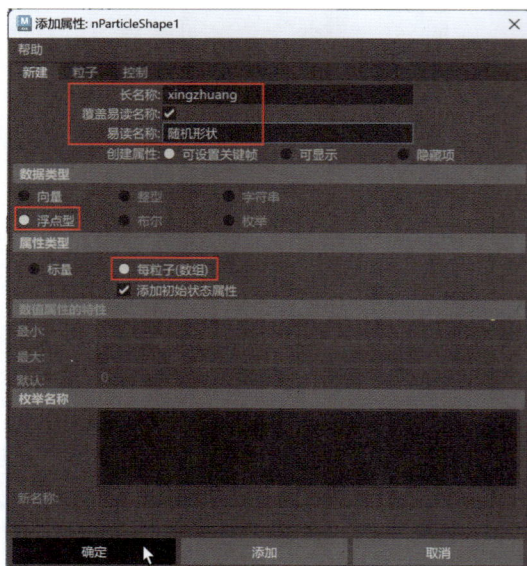

图9-28

（23）在"每粒子（数组）属性"卷展栏中，鼠标放置在"随机形状"上，单击鼠标右键并执行"创建表达式"命令，如图9-29所示。

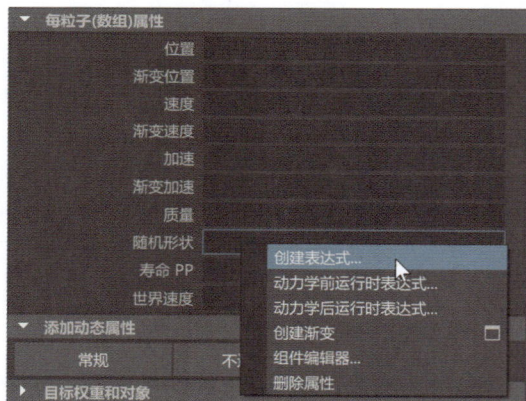

图9-29

（24）在系统自动弹出的"表达式编辑器"对话框中，输入"nParticleShape1.xingzhuang=rand(0,9);"并单击该对话框中的"创建"按钮，如图9-30所示。

（25）在"实例化器（几何体替换）"的"常规选项"卷展栏中，设置"对象索引"为xingzhuang，如图9-31所示。

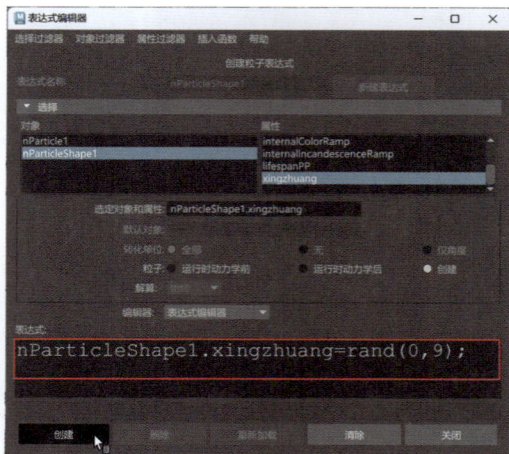

图9-30

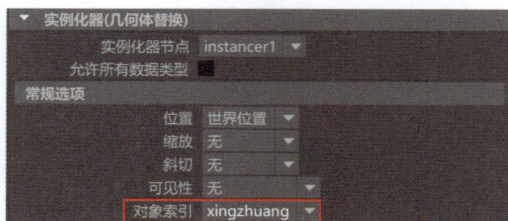

图9-31

（26）再次播放动画，数字喷泉的视图显示效果如图9-32所示。

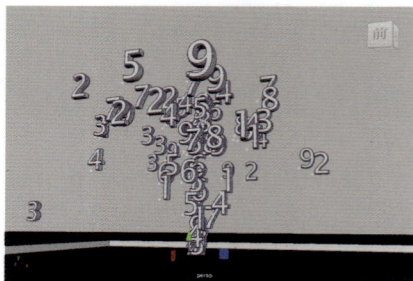

图9-32

（27）为场景中的数字模型分别设置不同的颜色后渲染场景，本案例的渲染效果如图9-33所示。

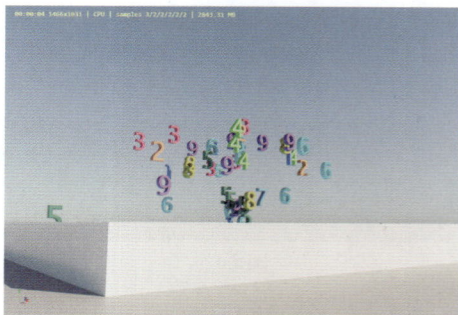

图9-33

9.2.2 课堂案例：制作雪花飘落动画

本课堂案例讲解使用粒子来制作雪花飘落的动画效果，案例的渲染效果如图9-34所示。

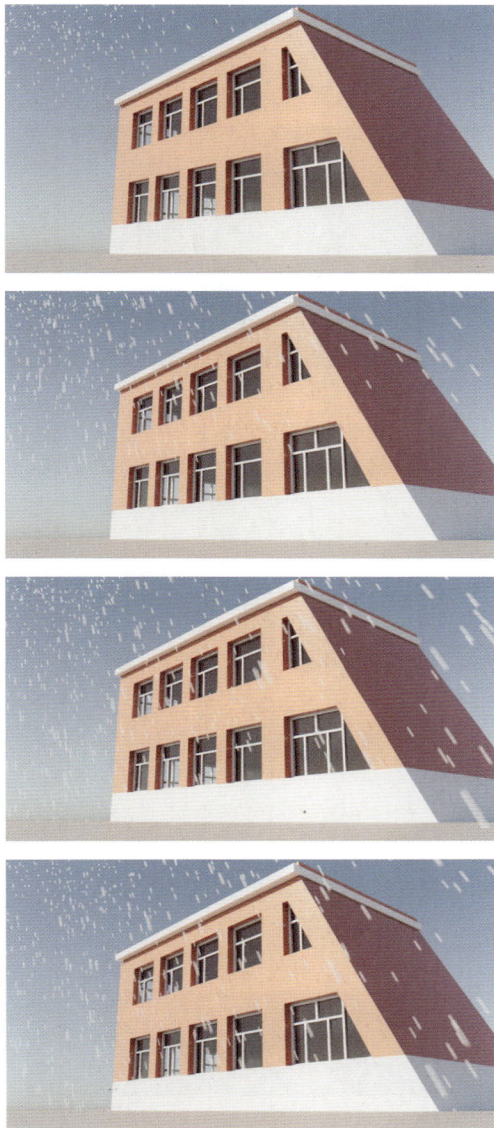

图9-34

效果文件位置	二层小楼-完成.mb
素材文件位置	二层小楼.mb

微课视频

制作思路

（1）创建粒子发射器。

（2）使用空气场调整雪花粒子的下落方向。

操作步骤

（1）启动中文版Maya 2024软件，打开本书配套素材文件"二层小楼.mb"，如图9-35所示。

图9-35

（2）单击"多边形建模"工具架上的"多边形平面"图标，如图9-36所示，在场景中创建一个平面模型。

图9-36

（3）在"多边形平面历史"卷展栏中，设置"宽度"为150，"高度"为50，如图9-37所示。

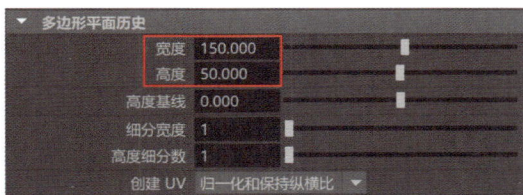

图9-37

（4）在"通道盒/层编辑器"面板中，设置"平移X"为-20，"平移Y"为90，"平移Z"为50，如图9-38所示。

图9-38

（5）设置完成后，平面模型的视图显示效果如图9-39所示。

图9-39

（6）选择平面模型，单击FX工具架上的"添加发射器"图标，如图9-40所示，将所选择的模型设置为粒子的发射器。

图9-40

（7）在"基本发射器属性"卷展栏中，设置"发射器类型"为"曲面"，"速率（粒子/秒）"为200，如图9-41所示。

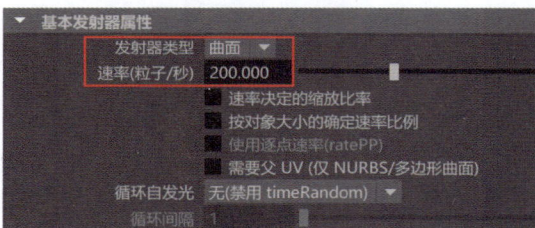
图9-41

（8）在"重力和风"卷展栏中，设置"重力"为9.8，"风速"为20，如图9-42所示。

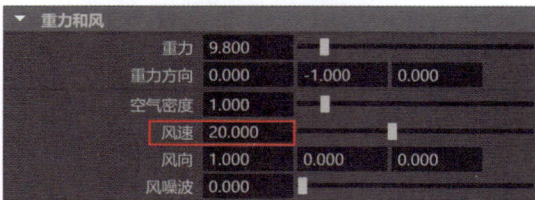
图9-42

（9）在"寿命"卷展栏中，设置"寿命模式"为"恒定"，"寿命"为6，如图9-43所示。

图9-43

（10）在"着色"卷展栏中，设置"粒子渲染类型"为"球体"，如图9-44所示。

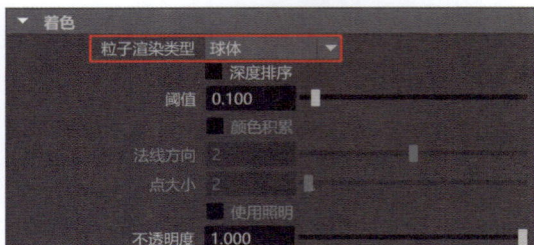
图9-44

（11）将场景中平面模型隐藏起来，渲染场景，粒子所模拟出来的雪花效果如图9-45所示。

图9-45

（12）选择粒子，单击"渲染"工具架上的"标准曲面材质"图标，如图9-46所示。

图9-46

（13）在"自发光"卷展栏中，设置"权重"为1，如图9-47所示。

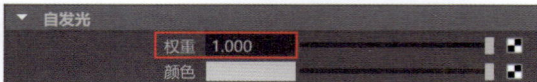
图9-47

（14）选择粒子，单击"FX缓存"工具架中的"将选定的nCloth模拟保存到nCache文件"图标，如图9-48所示。

图9-48

（15）在"渲染设置"对话框中，勾选Enable（启用）复选框，设置Length（长度）为3，如图9-49所示。

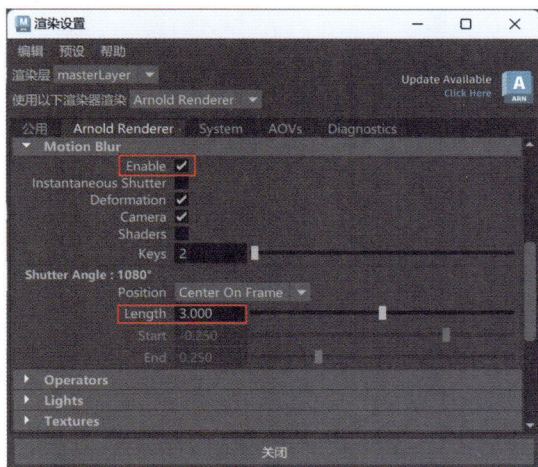

图9-49

（16）渲染场景，本案例的渲染效果如图9-50所示。

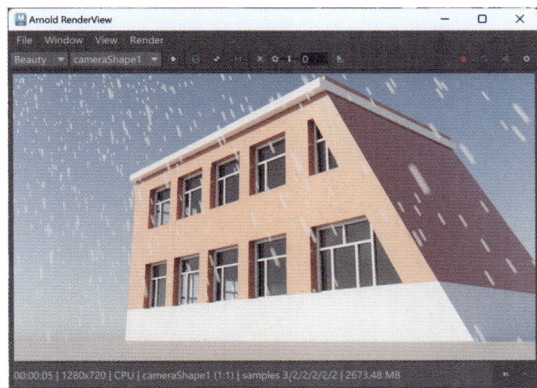

图9-50

9.2.3 创建粒子发射器

单击FX工具架上的"发射器"图标，可以在场景中创建出粒子发射器、粒子对象和动力学对象，如图9-51所示。同时，播放场景动画，可以看到默认状态下的粒子发射形态，如图9-52所示。

图9-51

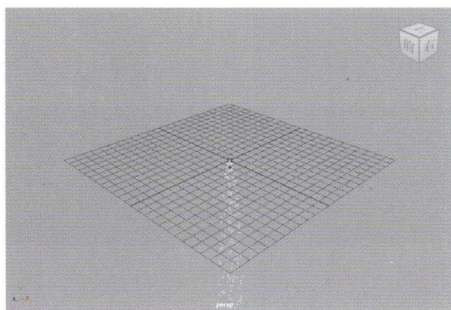

图9-52

在"属性编辑器"选项卡中，可以找到有关控制粒子形态及颜色的大部分属性参数，这些参数被分门别类地放置在不同的卷展栏当中，如图9-53所示。下面将介绍其中较为常用的参数命令。

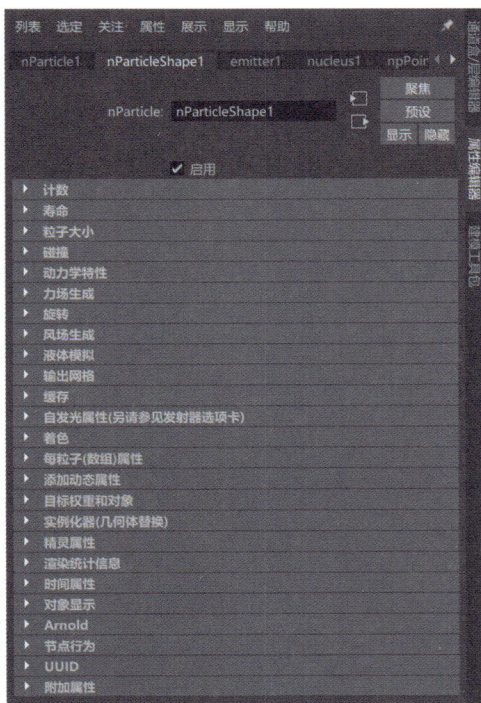

图9-53

1.“计数”卷展栏

“计数”卷展栏内的参数设置如图9-54所示。

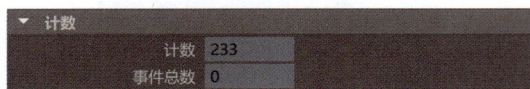

图9-54

常用参数解析

计数：用来显示场景中当前n粒子的数量。

事件总数：显示粒子的事件数量。

2.“寿命”卷展栏

“寿命”卷展栏内的参数设置如图9-55所示。

图9-55

常用参数解析

寿命模式：用来设置粒子在场景中的存在时间，有“永生”“恒定”“随机范围”和“仅寿命PP”4种模式可选择，如图9-56所示。

图9-56

寿命：指定粒子的寿命值。

寿命随机：用于标识每个粒子寿命的随机变化范围。

常规种子：表示用于生成随机数的种子。

3.“粒子大小”卷展栏

“粒子大小”卷展栏内还内置有“半径比例”卷展栏，其参数设置如图9-57所示。

图9-57

常用参数解析

半径：用来设置粒子的半径大小。

半径比例 输入：设置属性用于映射“半径比例”渐变的值。

输入最大值：设置渐变使用范围的最大值。

半径比例随机化：设定每粒子属性值的随机倍增。

4.“碰撞”卷展栏

“碰撞”卷展栏内的参数设置如图9-58所示。

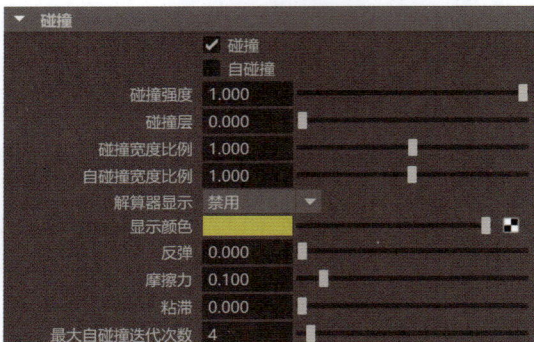

图9-58

常用参数解析

碰撞：勾选该复选框后，当前的粒子对象将与共用同一个Maya Nucleus解算器的被动对象、nCloth对象和其他粒子对象发生碰撞。如图9-59所示为启用“碰撞”前后的粒子运动结果对比。

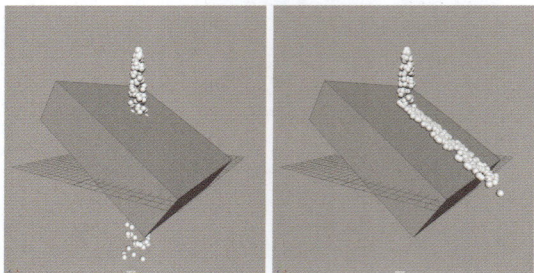

图9-59

自碰撞：勾选该复选框后，粒子对象生成的粒子将互相碰撞。

碰撞强度：指定粒子与其他Nucleus对象之间的碰撞强度。

碰撞层：将当前的粒子对象指定给特定的碰撞层。

碰撞宽度比例：指定相对于粒子半径值的碰撞厚度。如图9-60所示是该值分别设置为是0.5和5的n粒子运动结果对比。

图9-60

自碰撞宽度比例：指定相对于粒子半径值的自碰撞厚度。

解算器显示：指定场景视图中将显示当前粒子对象的Nucleus解算器信息。

显示颜色：指定碰撞体积的显示颜色。

反弹：指定粒子在进行自碰撞或与共用同一个Maya Nucleus解算器的被动对象、nCloth或其他粒子对象发生碰撞时的偏转量或反弹量。

摩擦力：指定粒子在进行自碰撞或与共用同一个Maya Nucleus解算器的被动对象、nCloth和其他粒子对象发生碰撞时的相对运动阻力程度。

粘滞：指定了当nCloth、粒子和被动对象发生碰撞时，粒子对象粘贴到其他 Nucleus 对象的倾向。

最大自碰撞迭代次数：指定当前粒子对象的动力学自碰撞的每模拟步最大迭代次数。

5.“动力学特性”卷展栏

“动力学特性”卷展栏内的参数设置如图9-61所示。

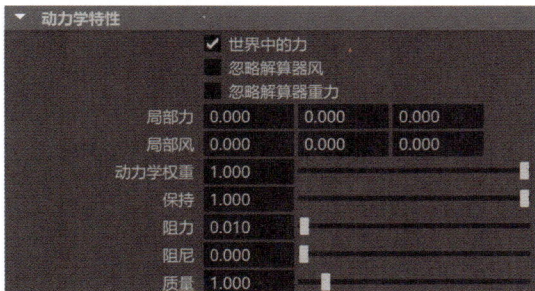

图9-61

常用参数解析

世界中的力：勾选该复选框，可以使得粒子进行额外的世界空间的重力计算。

忽略解算器风：勾选该复选框，将禁用当前粒子对象的解算器“风”。

忽略解算器重力：勾选该复选框，将禁用当前粒子对象的解算器“重力”。

局部力：将一个类似于Nucleus重力的力按照指定的量和方向应用于粒子对象。该力仅应用于局部，并不影响指定给同一解算器的其他Nucleus对象。

局部风：将一个类似于Nucleus风的力按照指定的量和方向应用于粒子对象。风将仅应用于局部，并不影响指定给同一解算器的其他Nucleus对象。

动力学权重：可用于调整场、碰撞、弹簧和目标对粒子产生的效果。值为0时，将使连接至粒子对象的场、碰撞、弹簧和目标没有效果；值为1时，将提供全效。输入小于1的值将设定比例效果。

保持：用于控制粒子对象的速率在帧与帧之间的保持程度。

阻力：指定施加于当前粒子对象的阻力大小。

阻尼：指定当前粒子的运动的阻尼量。

质量：指定当前粒子对象的基本质量。

6.“液体模拟”卷展栏

“液体模拟”卷展栏内的参数设置如图9-62所示。

图9-62

常用参数解析

启用液体模拟：勾选该复选框，“液体模拟”属性将添加到粒子对象。这样粒子就可以重叠，从而形成液体的连续曲面。

不可压缩性：指定液体粒子抗压缩的量。

静止密度：设定粒子对象处于静止状态时，液体中粒子的排列情况。

液体半径比例：指定基于粒子“半径”的粒子重叠量。较低的值将增加粒子之间的重叠。对于多数液体而言，0.5 这个值可以取得良好的结果。

粘度：代表液体流动的阻力或者材质的厚度和不流动程度。如果该值很大，液体就像柏油一样流动；如果该值很小，液体就像水一样流动。

7.“输出网格”卷展栏

“输出网格”卷展栏内的参数设置如图9-63所示。

图9-63

常用参数解析

阈值：用于调整粒子创建的曲面平滑度。如图9-64所示是该值分别设置为0.01和0.1的液体曲面模型效果对比。

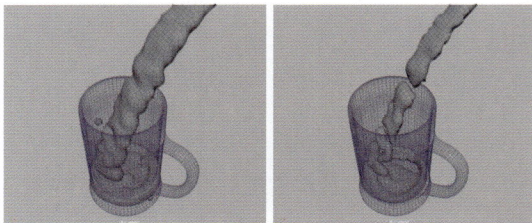

图9-64

滴状半径比例：指定粒子"半径"的比例缩放量，以便在粒子上创建适当平滑的曲面。

运动条纹：根据粒子运动的方向及其在一个时间步内移动的距离拉长单个粒子。

网格三角形大小：决定创建粒子输出网格所使用的三角形的尺寸。如图9-65所示是该值分别设置为0.2和0.4的粒子液体效果对比。

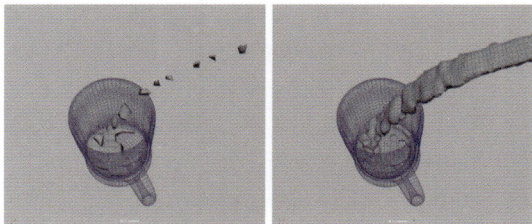

图9-65

最大三角形分辨率：指定创建输出网格所使用的栅格大小。

网格方法：指定生成粒子输出网格等值面所使用的多边形网格的类型，有"三角形网格""四面体""锐角四面体"和"四边形网格"4种方法可选择，如图9-66所示。如图9-67~图9-70所示分别为4种不同方法的液体输出网格形态。

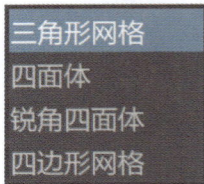

图9-66

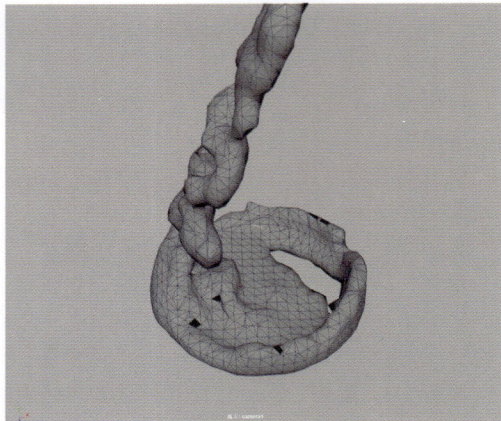

图9-67

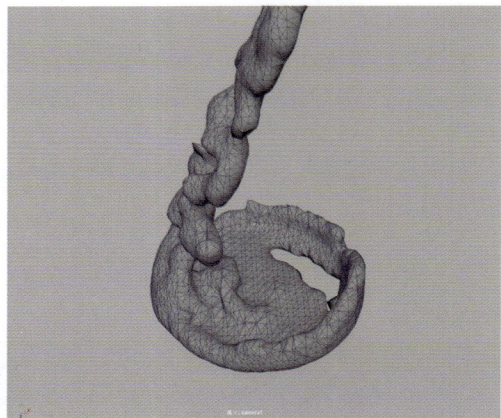

图9-68

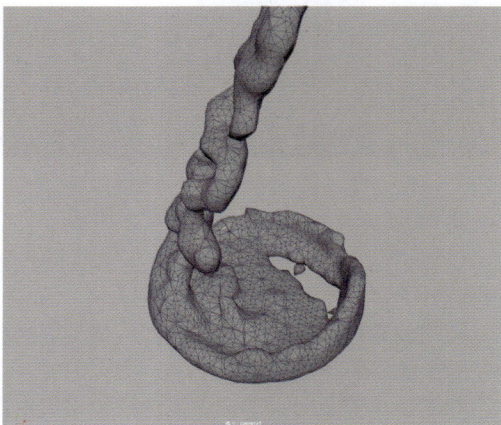

图9-69

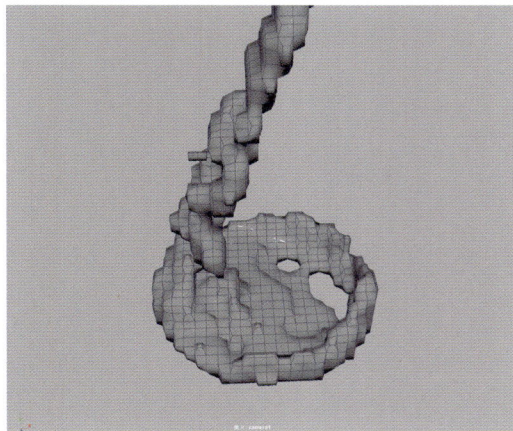

图9-70

网格平滑迭代次数：指定应用于粒子输出网格的平滑度。平滑迭代次数可增加三角形各边的长度，使拓扑更均匀，并生成更为平滑的等值面。输出网格的平滑度随着"网格平滑迭代次数"值的增大而增加，但计算时间也将随之增加。如图9-71所示是该值分别设置为0和2的液体平滑结果对比。

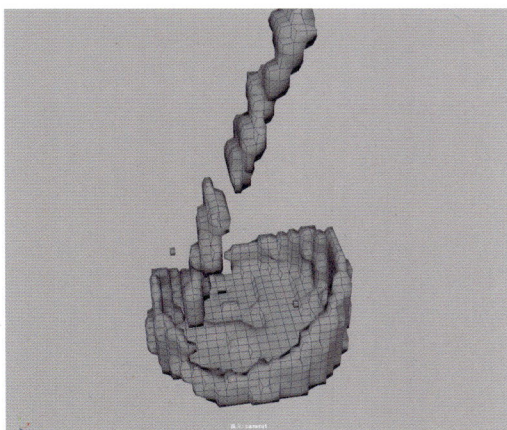

图9-71

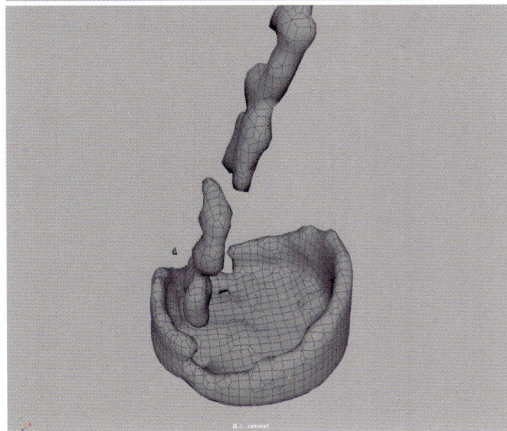

8. "着色"卷展栏

"着色"卷展栏内的参数设置如图9-72所示。

图9-72

常用参数解析

粒子渲染类型：用于设置Maya使用何种类型来渲染粒子。在这里，Maya提供了10种类型供用户选择，如图9-73所示。使用不同的粒子渲染类型，粒子在场景中的显示也不尽相同，如图9-74～图9-83所示是粒子类型分别为"多点""多条纹""数值""点""球体""精灵""条纹""滴状曲面（s/w）""云（s/w）"和"管状体（s/w）"的显示效果。

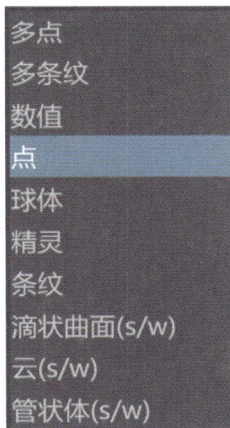

图9-73

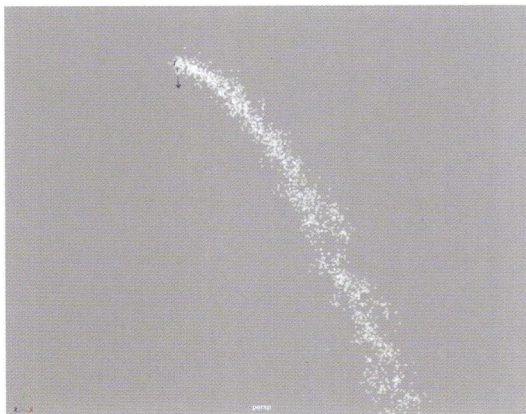

图9-74

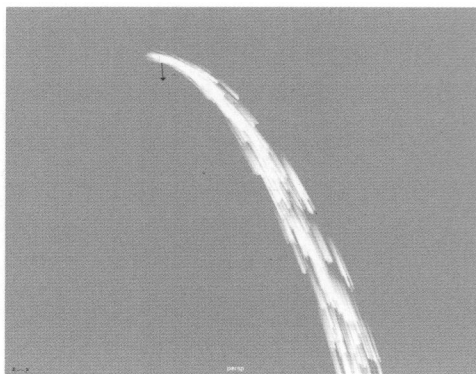
图9-75

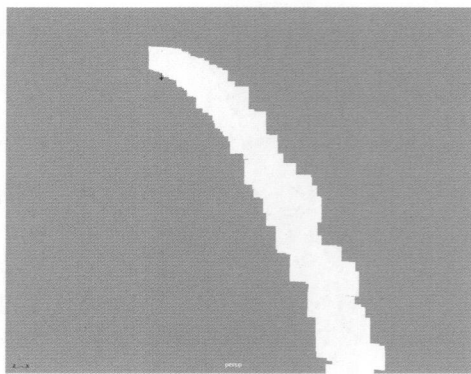
图9-79

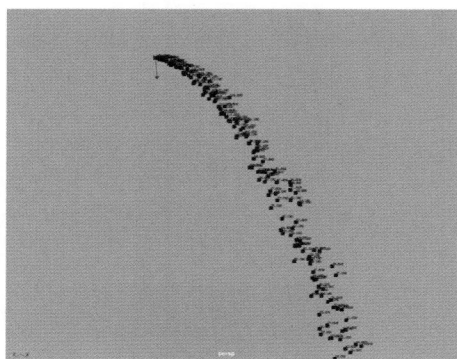
图9-76

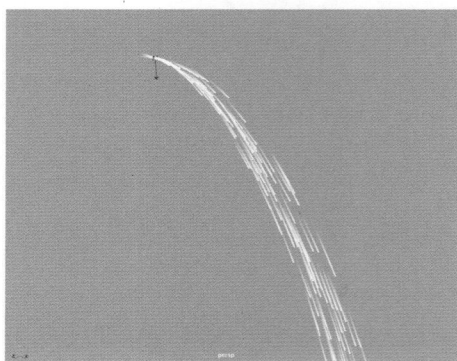
图9-80

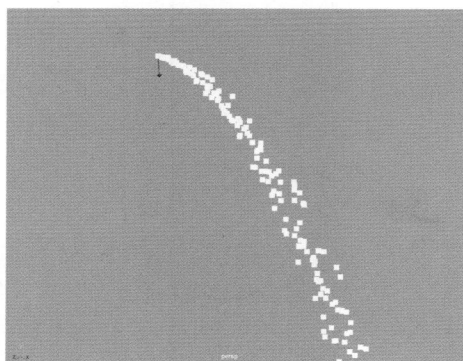
图9-77

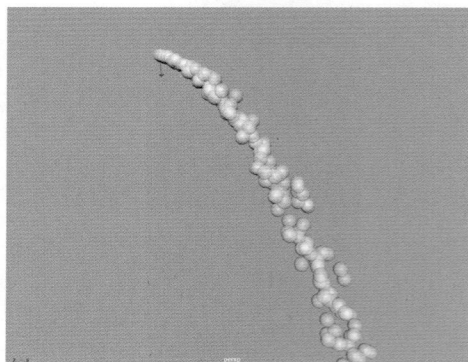
图9-81

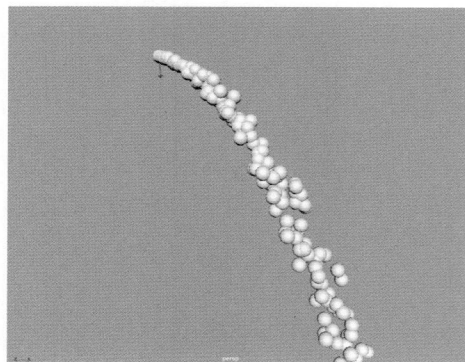
图9-78

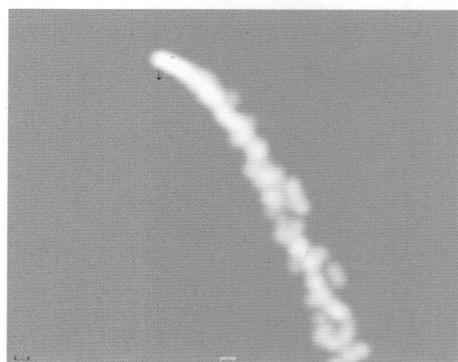
图9-82

图9-83

深度排序：用于设置布尔属性是否对粒子进行深度排序计算。

阈值：控制粒子生成曲面的平滑度。

法线方向：用于更改粒子的法线方向。

点大小：用于控制粒子的显示大小。如图9-84所示是该值分别设置为6和16的显示结果对比。

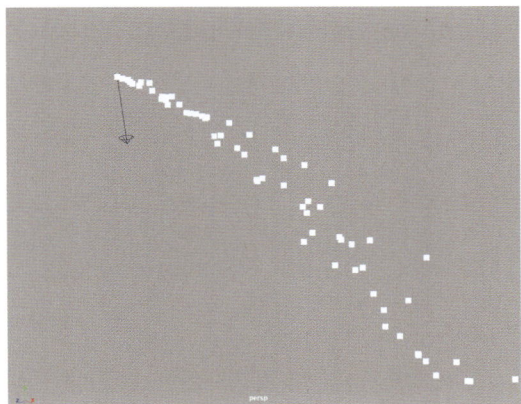

图9-84

不透明度：用于控制粒子的不透明程度。如图9-85所示是该值分别设置为1和0.3的显示结果对比。

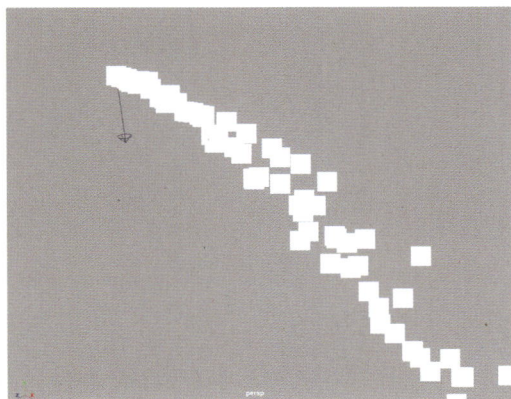

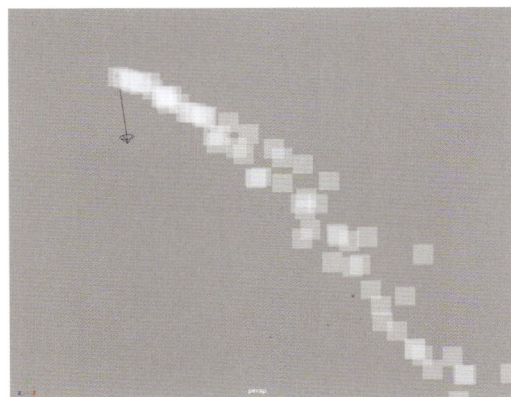

图9-85

9.2.4　以其他对象来发射粒子

在Maya软件中，还可以设置使用场景中的多边形对象和曲线对象来发射粒子，如图9-86和图9-87所示。

图9-86

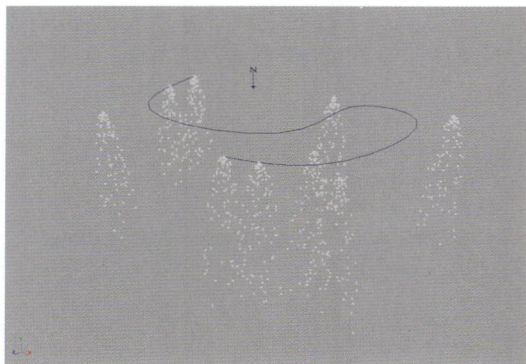

图9-87

9.2.5 填充对象

在Maya软件中，还可以为场景中的模型填充粒子，这一操作多用来模拟杯子等容器里面盛着液体的动画特效。单击菜单栏中"nParticle/填充对象"命令后面的方块按钮，如图9-88所示，即可打开"粒子填充选项"对话框，其中的参数设置如图9-89所示。

图9-88

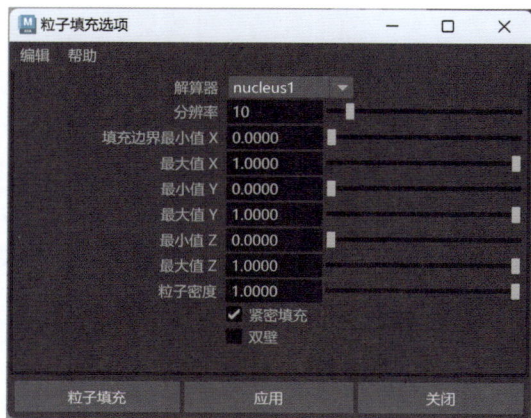

图9-89

常用参数解析

解算器：指定粒子所使用的动力学解算器。

分辨率：用于设置液体填充的精度，该值越大，粒子越多，模拟的效果就越好。该值分别设置为10和50的粒子填充效果对比如图9-90和图9-91所示。

图9-90

图9-91

填充边界最小值X/Y/Z：设定沿相对于填充对象边界的X/Y/Z轴填充的粒子填充下边界。该值为0时，表示填满；为1时，表示为空。

填充边界最大值X/Y/Z：设定沿相对于填充对象边界的X/Y/Z轴填充的粒子填充上边界。该值为0时，表示填满；为1时，表示为空。如图9-92和图9-93所示是"填充边界最大值Y"分别为1和0.6时的液体填充效果对比。

图9-92

图9-93

粒子密度：用于设定粒子的大小。

紧密填充：勾选该复选框后，将以六角形填充排列尽可能紧密地定位粒子，否则就以一致栅格晶格排列填充粒子。

双壁：如果要填充的模型对象具有厚度，就需要勾选该复选框。

9.3 课后习题

9.3.1 课后习题：制作小球填充动画

本课后习题讲解使用粒子来制作小球填充的动画效果，习题的渲染效果如图9-94所示。

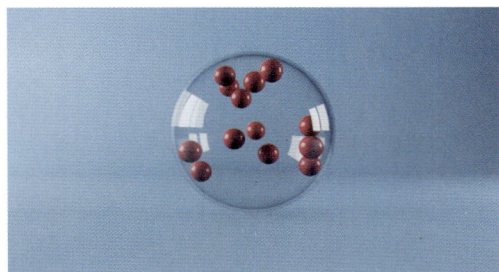

图9-94

| 效果文件位置 | 玻璃球-完成.mb |
| 素材文件位置 | 玻璃球.mb |

微课视频

制作思路

（1）创建粒子发射器。
（2）制作粒子与球体碰撞动画。

操作步骤

（1）启动中文版Maya 2024软件，打开本书配套素材文件"玻璃球.mb"，如图9-95所示。

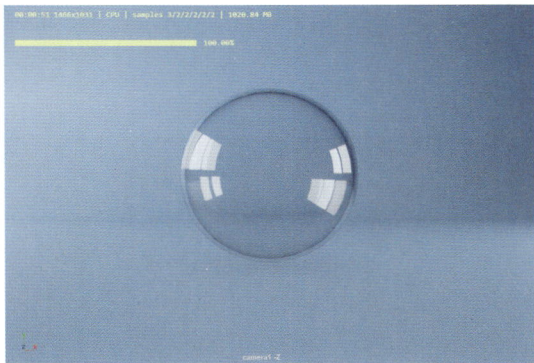

图9-95

（2）单击FX工具架上的"发射器"图标，如图9-96所示。在场景中创建一个粒子发射器，并在顶视图中调整其位置至球体中心位置处，如图9-97所示。

图9-96

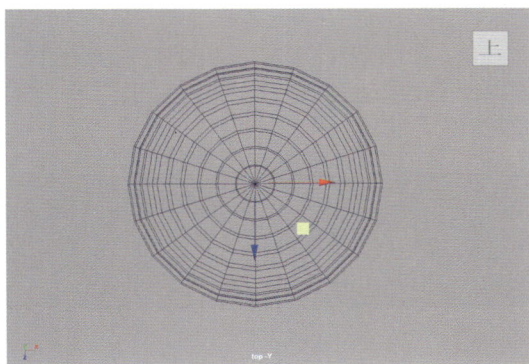

图9-97

（3）在前视图中调整粒子发射器位置，如图9-98所示。

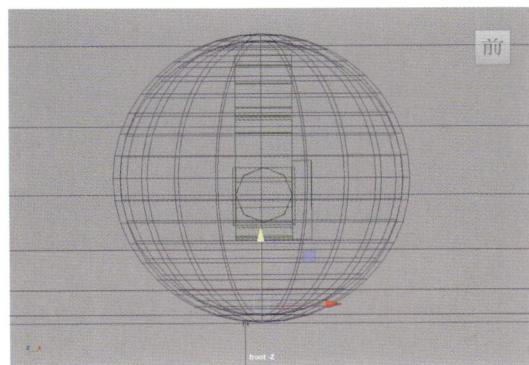

图9-98

（4）在"基本发射器属性"卷展栏中，设置"发射器类型"为"方向"，"速率（粒子/秒）"为150，如图9-99所示。

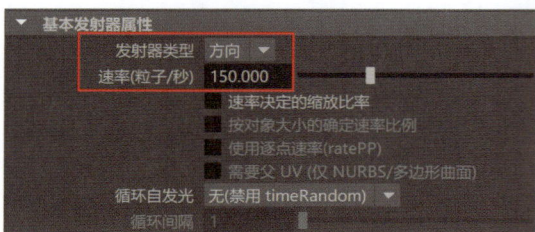

图9-99

（5）在"距离/方向属性"卷展栏中，设置"方向X"为0，"方向Y"为1，"方向Z"为0，"扩散"为0.3，如图9-100所示。

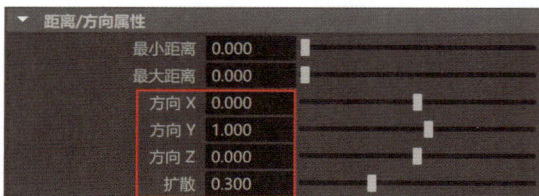

图9-100

（6）在"基础自发光速率属性"卷展栏中，设置粒子的"速度"为6，"速率随机"为1，如图9-101所示。

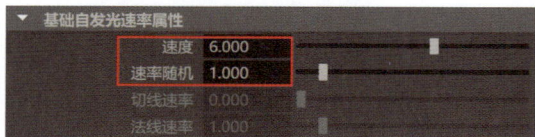

图9-101

（7）在"着色"卷展栏中，设置"粒子渲染类型"为"球体"，"阈值"为0.1，如图9-102所示。

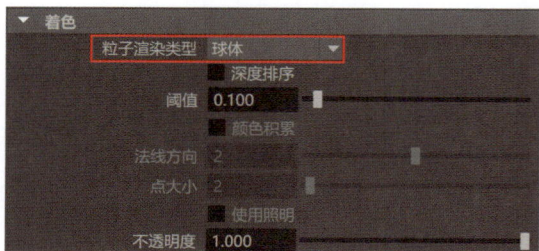

图9-102

（8）在"粒子大小"卷展栏中，设置"半径"为0.15，如图9-103所示。

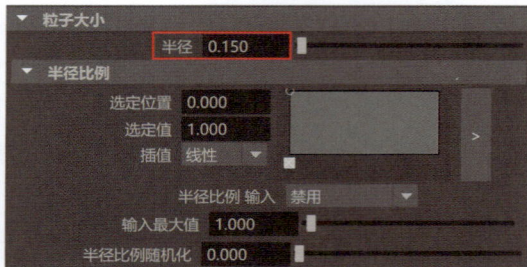

图9-103

（9）设置完成后，粒子的视图显示效果如图9-104所示。

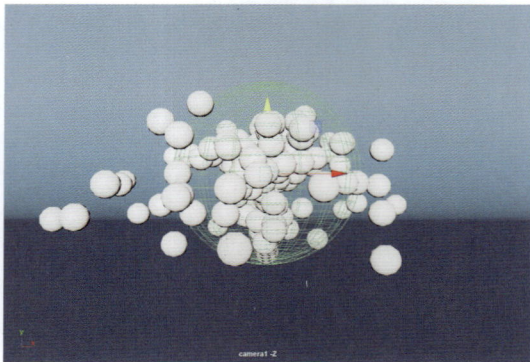

图9-104

（10）选择球体模型，单击FX工具架上的"创建被动碰撞对象"图标，如图9-105所示。

图9-105

（11）在"碰撞"卷展栏中，勾选"自碰撞"复选框，如图9-106所示。

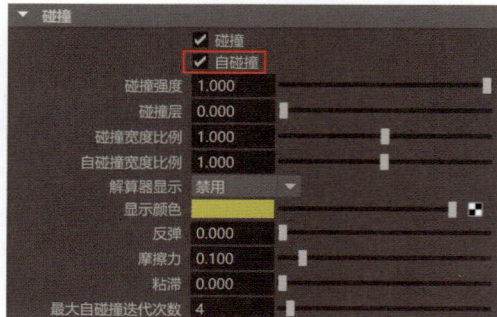

图9-106

（12）设置完成后，播放动画，小球填充的动画效果如图9-107所示。

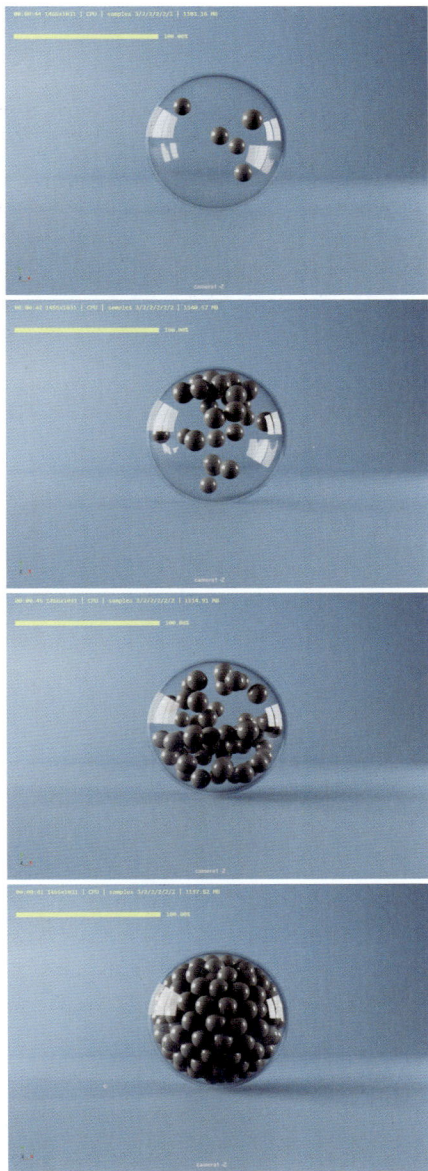

（15）渲染场景，本习题的渲染效果如图9-110所示。

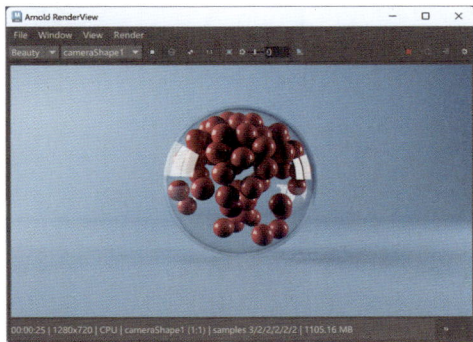

图9-110

9.3.2　课后习题：制作粒子汇聚动画

本课后习题讲解使用粒子来制作粒子汇聚的动画效果，习题的渲染效果如图9-111所示。

图9-107

（13）选择粒子，单击"渲染"工具架上的"标准曲面材质"图标，如图9-108所示。

图9-108

（14）在"基础"卷展栏中，设置"颜色"为红色，如图9-109所示。

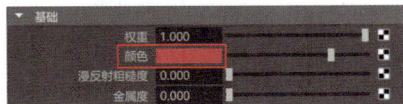

图9-109

图9-111

制作思路

（1）使用粒子填充手模型。
（2）制作粒子掉落动画。
（3）通过缓存来制作粒子汇聚动画。

操作步骤

（1）启动中文版Maya 2024软件，打开本书配套素材文件"手.mb"，如图9-112所示。

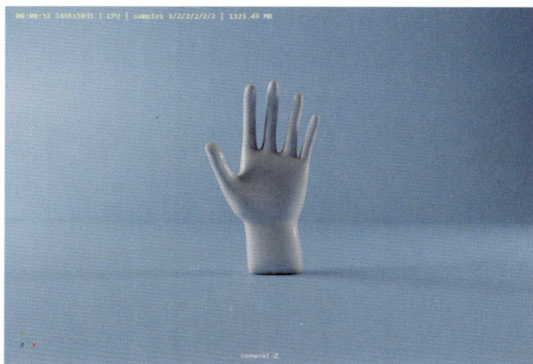

图9-112

（2）选择手模型，单击菜单栏中nParticle/"填充对象"后面的方块按钮，如图9-113所示。

图9-113

（3）在弹出的"粒子填充选项"对话框中，设置"分辨率"为60，勾选"紧密填充"复选框，并单击对话框下方左侧的"粒子填充"按钮，如图9-114所示。

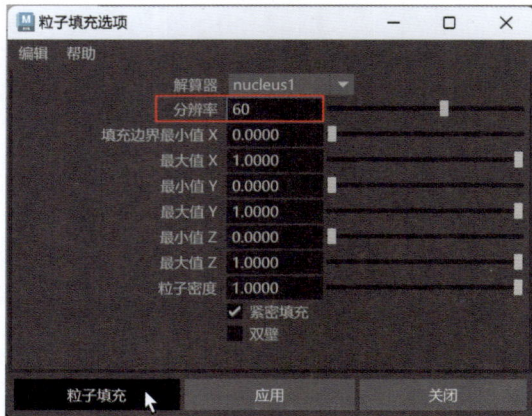

图9-114

（4）粒子填充完成后，将视图设置为"线框"显示，观察粒子在手模型中的填充情况，如图9-115所示。

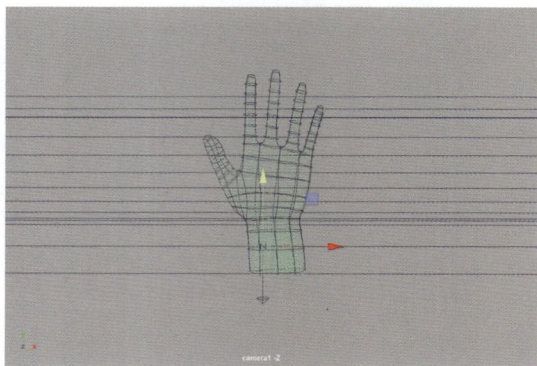

图9-115

（5）将手模型隐藏后，选择粒子，在"着色"卷展栏中，设置"粒子渲染类型"为"球体"，如图9-116所示。

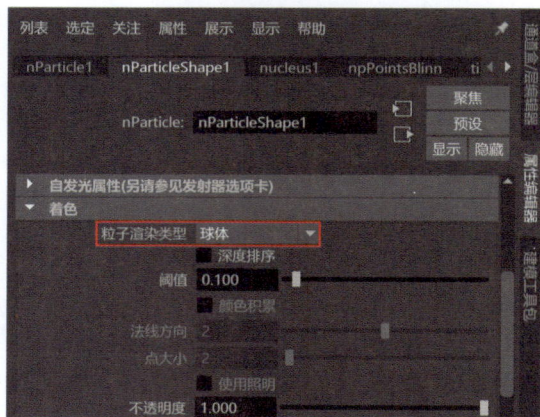

图9-116

（6）观察场景，场景中的粒子现在呈球体形状显示，如图9-117所示。

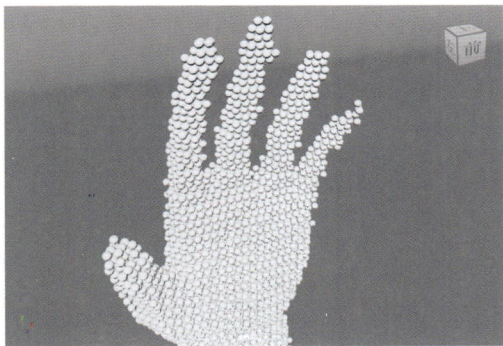

图9-117

（7）播放场景动画，可以看到在默认状态下，粒子受到重力影响会产生下落并穿透地面模型的动画效果，如图9-118所示。

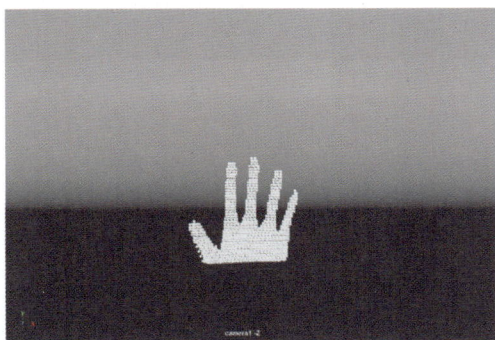

图9-118

（8）选择地面模型，单击FX工具架中的"创建被动碰撞对象"图标，如图9-119所示，即可为粒子与地面之间建立碰撞关系。

图9-119

（9）在"碰撞"卷展栏中，设置"厚度"为0，如图9-120所示。

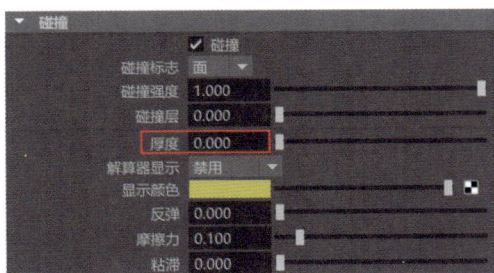

图9-120

（10）选择粒子对象，在"碰撞"卷展栏中，勾选"自碰撞"复选框，如图9-121所示。

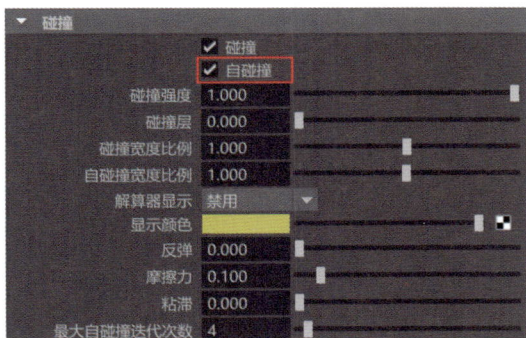

图9-121

（11）播放场景动画，这次可以看到粒子之间由于产生了碰撞，在地面上呈现出四下散开的效果，如图9-122所示。

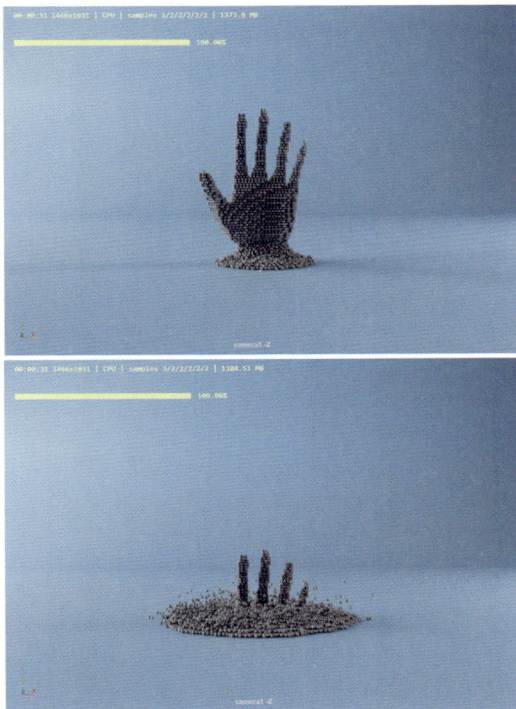

图9-122

（12）选择粒子，单击"FX缓存"工具架中的"将选定的nCloth模拟保存到nCache文件"图标，如图9-123所示。

图9-123

（13）创建缓存完成后，在"缓存文件"卷展栏中，勾选"反转"复选框，如图9-124所示。

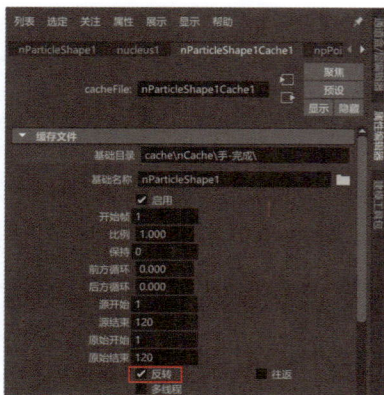

图9-124

（14）再次播放场景动画，可以看到散落在地面上的粒子慢慢汇聚成一只手的动画效果，如图9-125所示。

（15）在"渲染设置"对话框中，展开Motion Blur卷展栏，勾选Enable复选框，开启运动模糊计算，如图9-126所示。

图9-126

（16）设置完成后，渲染场景，本习题的渲染效果如图9-127所示。

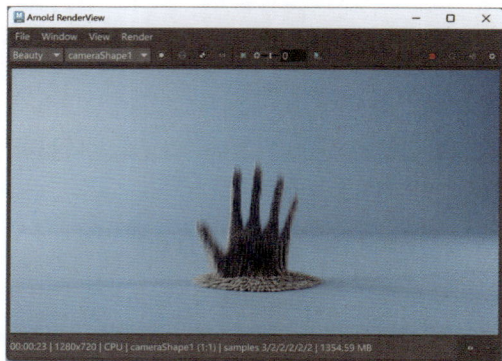

图9-127

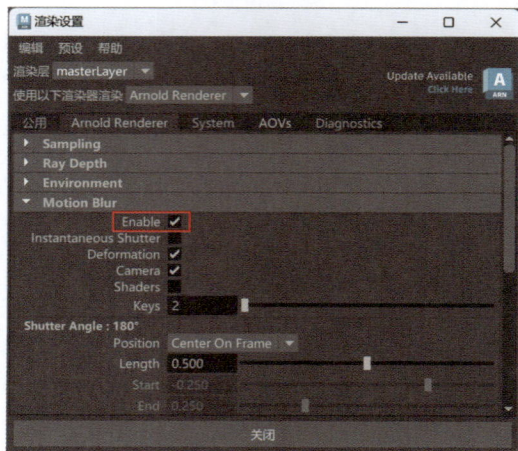

图9-125

第10章 综合案例

本章导读

本章为读者准备了两个较为典型的综合实例进行讲解，希望读者通过对本章内容的学习，能够熟练掌握 Maya 材质、灯光、动画及渲染的综合运用以及与 AI 绘画结合使用的相关技巧。

学习要点

● 掌握 Maya 的常用材质、灯光及渲染方法

10.1 综合案例1: 室内表现

中文版Maya 2024的默认渲染器——Arnold渲染器，是一个电影级别的优秀渲染器。使用Arnold渲染器渲染出来的动画场景非常逼真，其内置的灯光可以轻松模拟出日光、天光、灯带及射灯等照明效果，完全可以胜任电视、电影的灯光特效技术要求。

效果文件位置	客厅-完成.mb
素材文件位置	客厅.mb

微课视频　　微课视频

制作思路

（1）制作常用材质。
（2）设置场景灯光。
（3）使用Stable Diffusion软件更改画面的风格。

操作步骤

10.1.1　效果展示

在本案例中，通过渲染一个室内场景来学习材质、灯光和Arnold渲染器的综合运用。案例的最终渲染结果如图10-1所示。

启动中文版Maya 2024软件，打开本书的配套素材文件"客厅.mb"，如图10-2所示。

图10-1

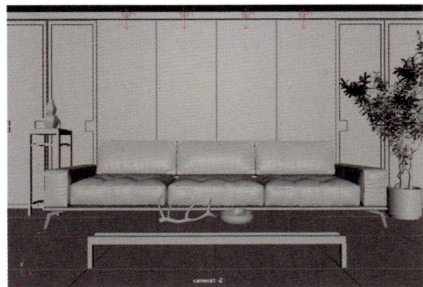

图10-2

10.1.2　制作地砖材质

本案例中的地砖材质渲染结果如图10-3所示，具体制作步骤如下。

图10-3

（1）在场景中选择地砖模型，如图10-4所示，并为其指定标准曲面材质。

图10-4

（2）在"基础"卷展栏中，单击"颜色"属性后面的方形按钮，如图10-5所示。

图10-5

（3）在弹出的"创建渲染节点"对话框中，单击"文件"按钮，如图10-6所示。

图10-6

（4）在"文件属性"卷展栏中，为"图像名称"属性加载一张"地砖.jpg"贴图文件，如图10-7所示。

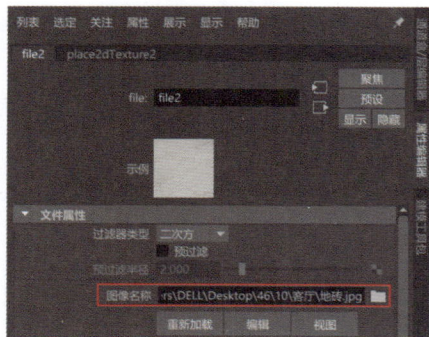

图10-7

（5）在"镜面反射"卷展栏中，设置"粗糙度"为0.1，如图10-8所示。

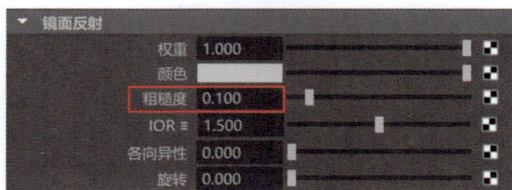

图10-8

（6）设置完成后，地砖材质在"材质查看器"中的显示效果如图10-9所示。

图10-9

10.1.3　制作金色金属材质

本案例中的花盆使用了金色金属材质，渲染效果如图10-10所示，具体制作步骤如下。

图10-10

（1）在场景中选择花盆模型，如图10-11所示，并为其指定标准曲面材质。

图10-11

（2）在"基础"卷展栏中，设置"颜色"为金色，"金属度"的为1，如图10-12所示。其中，"颜色"的参数设置如图10-13所示。

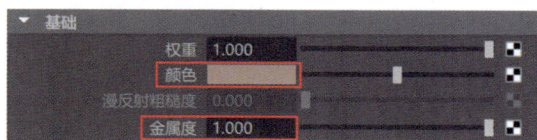

图10-12

图10-13

（3）设置完成后，金色金属材质在"材质查看器"中的显示效果如图10-14所示。

图10-14

10.1.4 制作背景墙材质

本案例中的背景墙材质渲染结果如图10-15所示，具体制作步骤如下。

图10-15

（1）在场景中选择背景墙模型，如图10-16所示，并为其指定标准曲面材质。

图10-16

（2）在"基础"卷展栏，单击"颜色"属性后面的方形按钮，如图10-17所示。

图10-17

（3）在弹出的"创建渲染节点"对话框中，单击"文件"按钮，如图10-18所示。

图10-18

（4）在"文件属性"卷展栏中，为"图像名称"属性加载一张"AI背景图.png"贴图文件，如图10-19所示。

（5）在"镜面反射"卷展栏中，设置"粗糙度"为0.6，如图10-20所示。

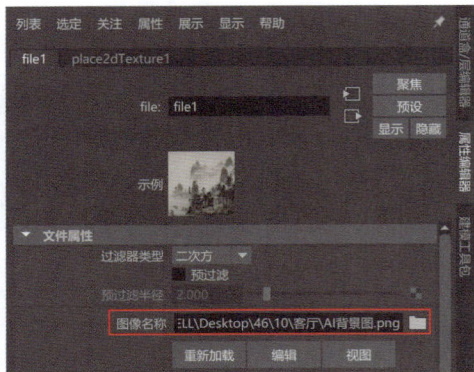

图10-19

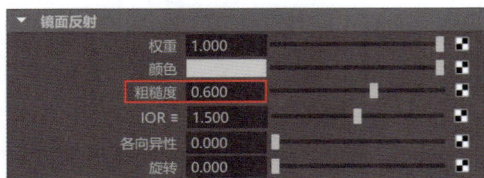

图10-20

（6）设置完成后，背景墙材质在"材质查看器"中的显示效果如图10-21所示。

图10-21

10.1.5 制作叶片材质

本案例中的植物叶片材质渲染结果如图10-22所示，具体制作步骤如下。

图10-22

（1）在场景中选择叶片模型，如图10-23所示，并为其指定标准曲面材质。

图10-23

（2）在"基础"卷展栏中，单击"颜色"属性后面的方形按钮，如图10-24所示。

图10-24

（3）在弹出的"创建渲染节点"对话框中，单击"文件"按钮，如图10-25所示。

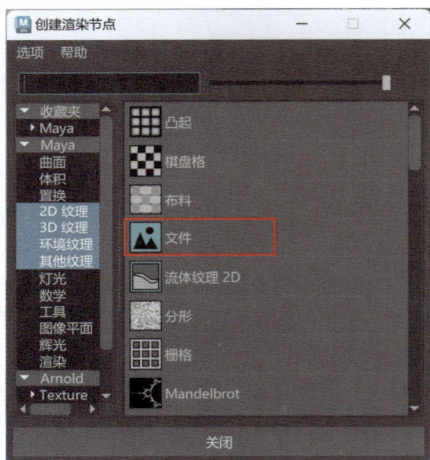

图10-25

（4）在"文件属性"卷展栏中，为"图像名称"属性加载一张"叶子.jpg"贴图文件，如图10-26所示。

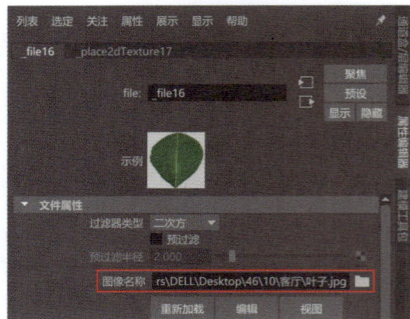

图10-26

（5）在"镜面反射"卷展栏中，设置"粗糙度"为0.4，如图10-27所示。

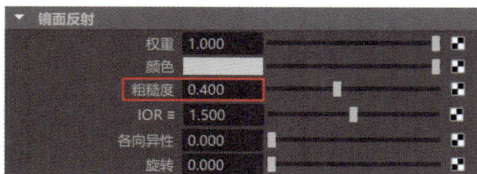

图10-27

（6）在"几何体"卷展栏中，单击"不透明度"属性后面的方形按钮，如图10-28所示。

图10-28

（7）在弹出的"创建渲染节点"对话框中，单击"文件"按钮，如图10-29所示。

图10-29

（8）在"文件属性"卷展栏中，为"图像名称"属性加载一张"叶子-1.jpg"贴图文件，如图10-30所示。

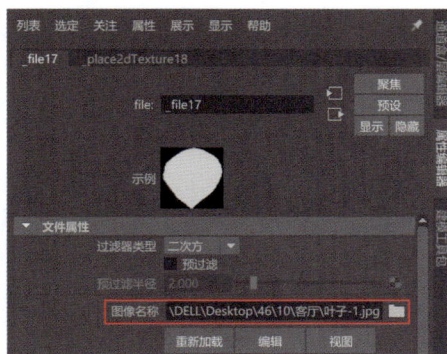

图10-30

（9）设置完成后，叶片材质在"材质查看器"中的显示效果如图10-31所示。

图10-31

10.1.6　制作沙发材质

本案例中沙发材质的渲染结果如图10-32所示，具体制作步骤如下。

图10-32

（1）在场景中选择沙发模型，如图10-33所示，并为其指定标准曲面材质。

图10-33

（2）在"基础"卷展栏中，设置"颜色"为灰色，如图10-34所示。其中，"颜色"的参数设置如图10-35所示。

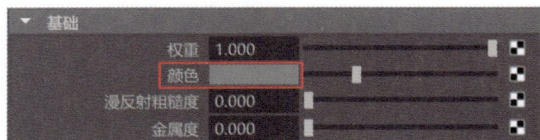
图10-34

图10-35

（3）在"镜面反射"卷展栏中，设置"粗糙度"为0.35，如图10-36所示。

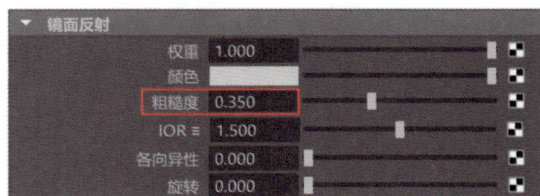
图10-36

（4）设置完成后，沙发材质在"材质查看器"中的显示效果如图10-37所示。

图10-37

10.1.7 制作红色陶瓷材质

本案例中陶瓷材质的渲染结果如图10-38所示，具体制作步骤如下。

（1）在场景中选择盘子模型，如图10-39所示，并为其指定标准曲面材质。

图10-38

图10-39

（2）在"基础"卷展栏中，设置"颜色"为红色，如图10-40所示。其中，"颜色"的参数设置如图10-41所示。

图10-40

图10-41

（3）在"镜面反射"卷展栏中，设置"粗糙度"为0.1，如图10-42所示。

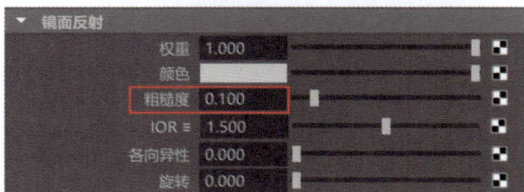
图10-42

（4）设置完成后，陶瓷材质在"材质查看器"中的显示效果如图10-43所示。

图10-43

10.1.8 制作天光照明效果

接下来，开始进行场景灯光的照明设置。

（1）单击Arnold工具架中的Area Light（区域光）图标，如图10-44所示，在场景中创建一个区域灯光。

图10-44

（2）按下快捷键R键，使用"缩放工具"对区域灯光进行缩放，在右视图中调整其大小和位置，如图10-45所示，与场景中房间的窗户大小相近即可。

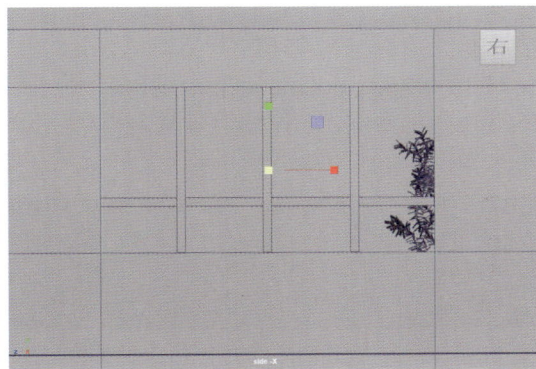

图10-45

（3）使用"移动工具"调整区域灯光的位置，如图10-46所示，将灯光放置在房间外窗户模型的位置处。

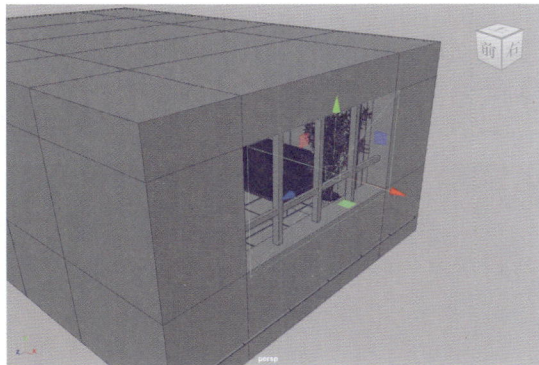

图10-46

（4）在Arnold Area Light Attributes（Arnold区域光属性）卷展栏中，设置Intensity（强度）为300，Exposure（曝光）为12，如图10-47所示。

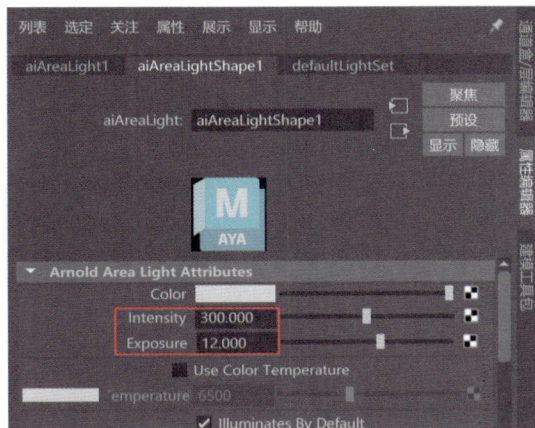

图10-47

（5）观察场景中的房间模型，可以看到该房间的另一侧墙上也有一扇窗户，所以我们将刚刚创建的区域光复制一个出来，并调整其位置到另一扇窗户模型的位置处，如图10-48所示。

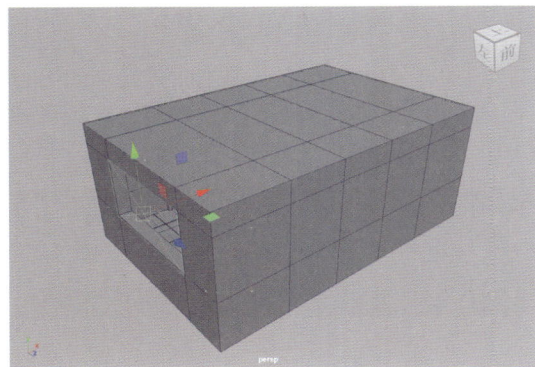

图10-48

（6）同上步骤，在Arnold Area Light Attributes（Arnold区域光属性）卷展栏中，设置Intensity（强度）为20，Exposure（曝光）为12，如图10-49所示。

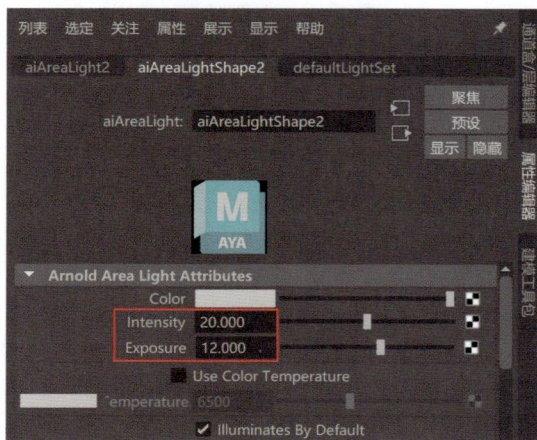

图10-49

（7）设置完成后，制作好的天光照明效果如图10-50所示。

图10-50

10.1.9　制作阳光照明效果

（1）单击Arnold工具架中的Physical Sky（物理天空）图标，如图10-51所示，在场景中创建一个物理天空。

图10-51

（2）在Physical Sky Attributes（物理天空属性）卷展栏中，设置Turbidity（浓度）为3，

Elevation（海拔）为20，Azimuth（方位）为30，Intensity（强度）为10，Sun Size（太阳尺寸）为1，如图10-52所示。

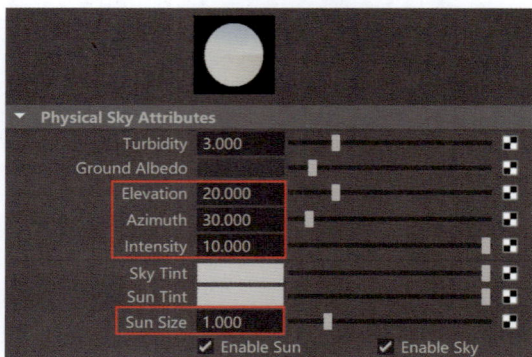

图10-52

（3）设置完成后，制作好的阳光照明效果如图10-53所示。

图10-53

10.1.10　制作射灯照明效果

（1）单击Arnold工具架中的Photometric Light（光度学灯光）图标，如图10-54所示，在场景中创建一个光度学灯光。

图10-54

（2）在"通道盒/层编辑器"选项卡中，设置"平移X"为-60，"平移Y"为250，"平移Z"为-250，"旋转X""旋转Y""旋转Z"均为0，"缩放X""缩放Y""缩放Z"均为10，如图10-55所示。

图10-55

（3）设置完成后，光度学灯光的视图显示效果如图10-56所示。

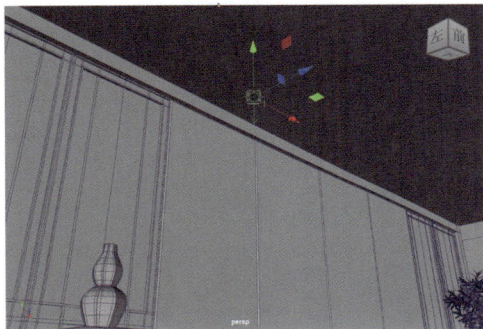

图10-56

（4）在Photometric Light Attributes（光度学灯光属性）卷展栏中，为Photometry File（光度学文件）指定"射灯c.ies"文件，设置Intensity（强度）为10，勾选Use Color Temperature（使用色温）复选框，设置Temperature（温度）为3500，Exposure（曝光）为8，如图10-57所示。

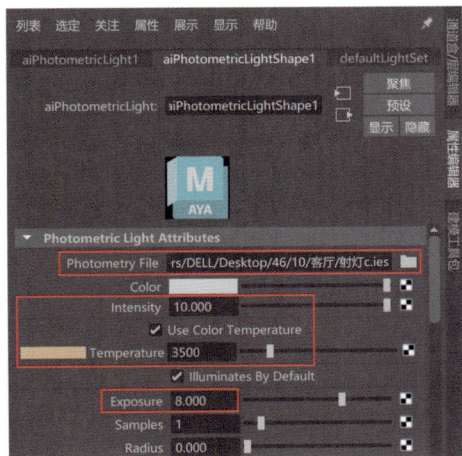

图10-57

（5）将光度学灯光进行复制并分别调整位置，如图10-58所示。

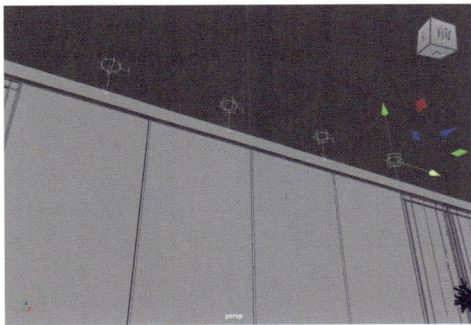

图10-58

（6）设置完成后，制作好的射灯照明效果如图10-59所示。

图10-59

10.1.11　渲染设置

（1）打开"渲染设置"对话框，在"公用"选项卡中，展开"图像大小"卷展栏，设置渲染图像的"宽度"为1280，"高度"为720，如图10-60所示。

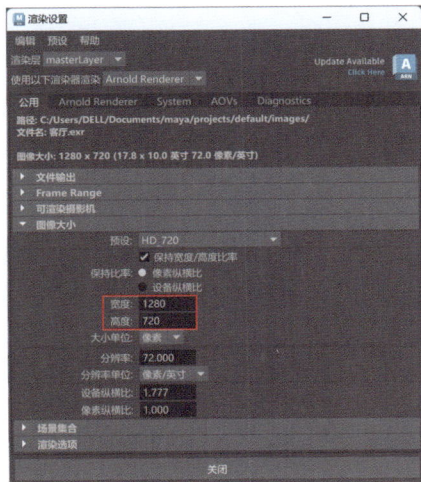

图10-60

（2）在Arnold Renderer选项卡中，展开Sampling卷展栏，设置Camera（AA）为9，以提高渲染图像的计算采样精度，如图10-61所示。

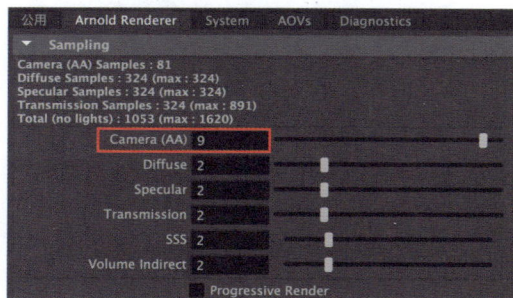

图10-61

（3）设置完成后，渲染场景，渲染效果如图10-62所示。

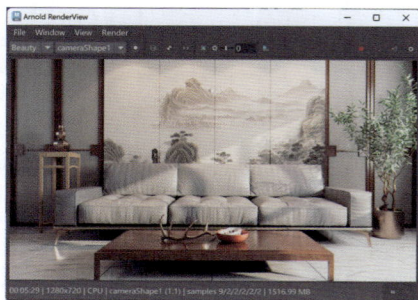

图10-62

10.1.12　对渲染图进行AI重绘

随着人工智能时代的到来，越来越多的AI绘画软件走进了人们的视野。使用AI绘画软件，我们可以非常方便地对现有图像进行重绘以得到有趣的图像效果。接下来，将介绍使用Stable Diffusion软件对渲染出来的图像进行重绘的方法，可以得到不同风格的图像效果。

（1）在"模型"选项卡中，单击DreamShaper XL，如图10-63所示，将其设置为"Stable Diffusion模型"。

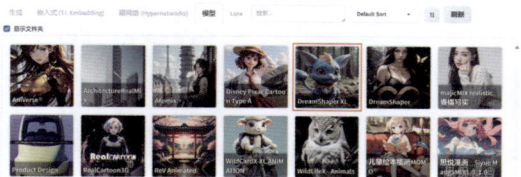

图10-63

（2）在"生成"选项卡的"图生图"选项卡中上传一张"渲染图.jpg"图像文件，如图10-64

所示。

图10-64

（3）在"图生图"选项卡中输入中文提示词："客厅，沙发，植物，桌子，地砖，山水画"，按下回车键，即可将其翻译为英文："living_room，couch，plant，table，floor tile，landscape painting，"，如图10-65所示。

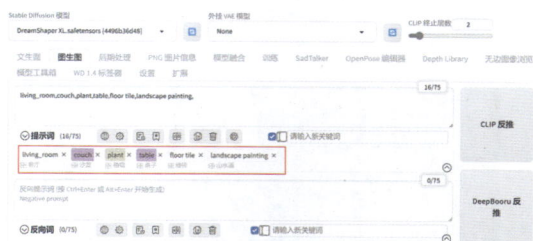

图10-65

💡 技巧与提示

因为我们要使用AI绘画软件对图像进行重绘工作，所以输入的提示词主要是描述画面中的内容。

（4）在"生成"选项卡中，设置"迭代步数（Steps）"为30，"宽度"为1280，"高度"为720，"总批次数"为2，如图10-66所示。

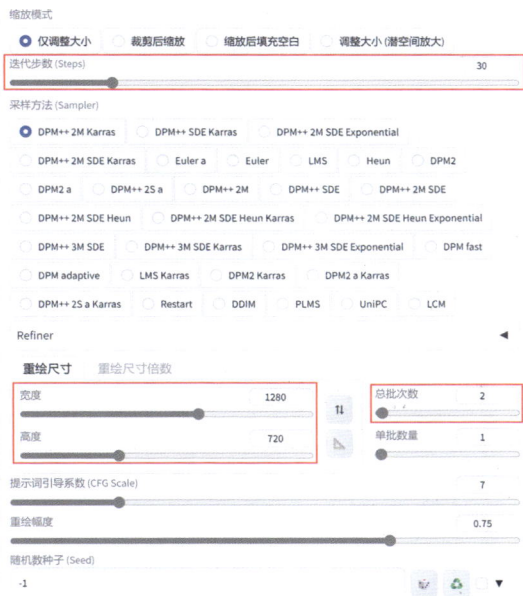

图10-66

（5）单击"生成"按钮，绘制出来的图像效果如图10-67所示。可以看出，重绘出来的图像与原图的镜头角度较为接近，但是画面内容差距较大。

图10-67

（6）设置"重绘幅度"为0.5，如图10-68所示。

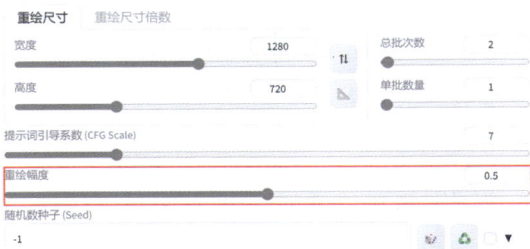

图10-68

（7）再次重绘图像，效果如图10-69所示。可以看出，降低了"重绘幅度"的值后，重绘出来的图像与原图更加接近了。

图10-69

（8）接下来，可以尝试使用提示词描述来更改图像的风格。补充中文提示词："水彩"，按下回车键，即可将其翻译为英文："watercolor_(medium)，"，如图10-70所示。

图10-70

（9）再次重绘图像，图像效果如图10-71所示。可以看出，添加了提示词"水彩"后，重绘出来的图像有了水彩画一样的效果。

图10-71

10.2 综合案例2：文字海报

三维软件与AI绘画软件结合使用，可以得到一些非常炫酷的文字海报产品。

| 效果文件位置 | 文字-完成.mb |
| 素材文件位置 | 文字.mb |

微课视频　　微课视频　　微课视频

制作思路

（1）渲染立体文字图像。

（2）使用Stable Diffusion软件制作海报。

10.2.1　效果展示

本案例讲解如何在Maya软件中对立体文字进行渲染，并使用Stable Diffusion软件来生成不同风格的文字海报。海报的完成效果如图10-72所示。

图10-72

10.2.2　文字渲染

（1）启动中文版Maya 2024软件，打开本书配套素材文件"文字.mb"，场景有一个文字模型，如图10-73所示。

图10-73

（2）单击Arnold工具架中的Skydome Light（天空穹顶灯光）图标，如图10-74所示。在场景中创建一个天空穹顶灯光，如图10-75所示。

图10-74

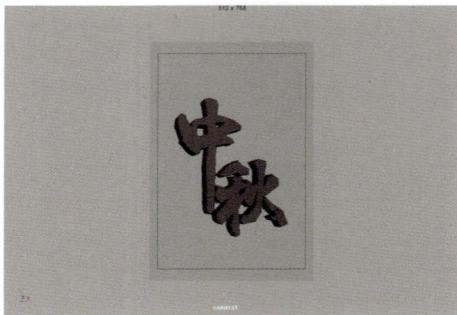

图10-75

（3）在SkyDomeLight Attributes（天空穹顶灯光属性）卷展栏中，设置Exposure（曝光）为1，如图10-76所示。

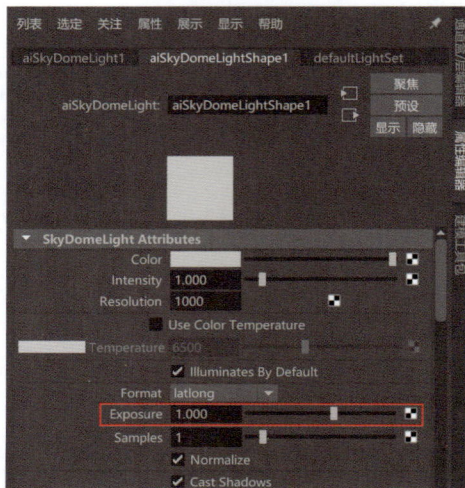

图10-76

（4）在"渲染设置"对话框中，设置"宽度"为512，"高度"为768，如图10-77所示。

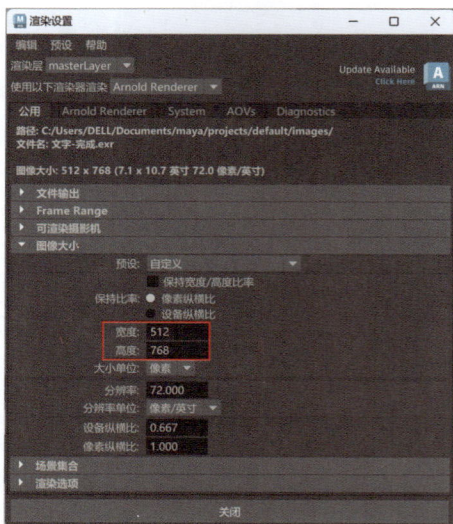

图10-77

（5）设置完成后，渲染场景，渲染效果如图10-78所示。

图10-78

10.2.3　制作剪纸风格海报

（1）在"模型"选项卡中，单击ReV Animated，如图10-79所示，将其设置为"Stable Diffusion模型"。

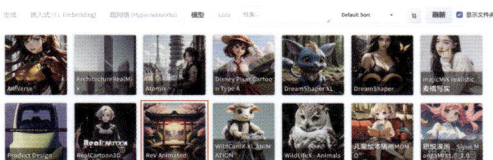
图10-79

（2）在"ControlNet单元0"选项卡中，添加一张"渲染图.jpg"图片，勾选"启用"和"完美像素模式"复选框，设置"控制类型"为"Canny（硬边缘）"，然后单击红色爆炸图案形状的Run preprocessor（运行预处理）按钮，如图10-80所示。

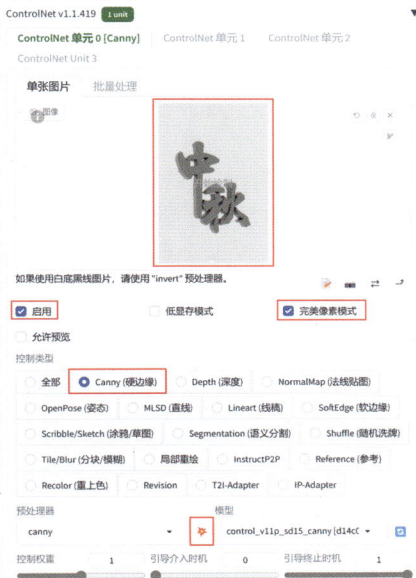
图10-80

（3）经过一段时间的计算，在"单张图片"选项卡中图片的旁边会显示出计算出来的文字硬边缘图，如图10-81所示。

图10-81

（4）在"ControlNet单元1"选项卡中，添加一张"渲染图.jpg"图片，勾选"启用"和"完美像素模式"，复选框设置"控制类型"为"Depth（深度）"，"控制权重"为0.5，然后单击红色爆炸图案形状的Run preprocessor（运行预处理）按钮，如图10-82所示。

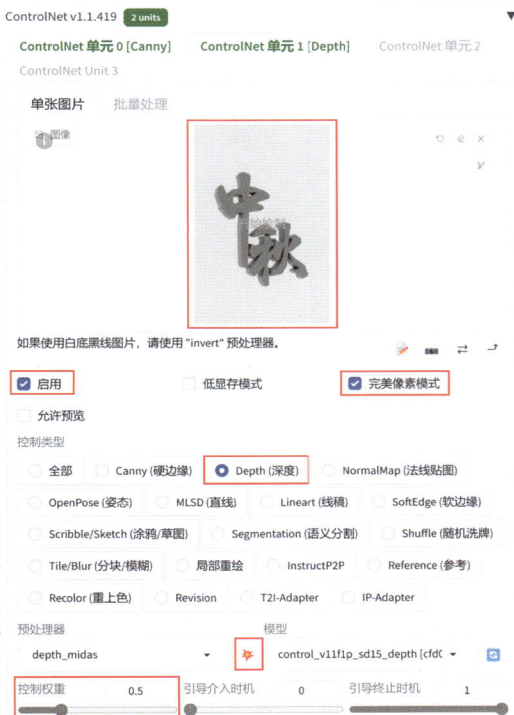
图10-82

（5）经过一段时间的计算，在"单张图片"

选项卡中图片的旁边会显示出计算出来的文字深度图，如图10-83所示。

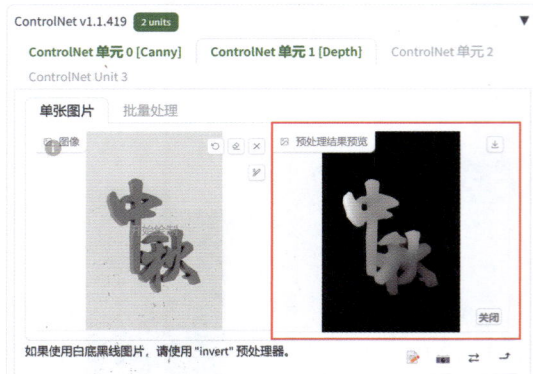

图10-83

（6）在"ControlNet单元1"选项卡中，添加一张"渲染图.jpg"图片，勾选"启用"和"完美像素模式"复选框，设置"控制类型"为"Tile/Blur（分块/模糊）"，"控制权重"为0.4，然后单击红色爆炸图案形状的Run preprocessor（运行预处理）按钮，如图10-84所示。

图10-84

（7）经过一段时间的计算，在"单张图片"选项卡中图片的旁边会显示出计算出来的文字分块图，如图10-85所示。

图10-85

（8）在"文生图"选项卡中输入中文提示词："中秋节，森林，山脉，花，中国风格，凉亭，白色背景"，按下回车键，即可将其翻译为英文："mid-autumn festival,forest,mountain,flower,chinese style,gazebo,white_background,"，如图10-86所示。

图10-86

技巧与提示

目前，与颜色有关的提示词很难准确地在画面中呈现出来。

（9）在"生成"选项卡中，设置"迭代步数（Steps）"为30，"高分迭代步数"为20，"重绘幅度"为0.55，"宽度"为512，"高度"为768，"总批次数"为2，如图10-87所示。

（10）设置完成后，绘制出来的图像结果如图10-88所示。海报效果看起来比较简单，画面元素较为单一，缺乏美感，且基本上无法正确体现出我们之前输入的提示词。

（11）在Lora选项卡中，单击"paper-cut-剪纸风格lora"，如图10-89所示。

（12）设置完成后，可以看到该Lora模型会出现在"提示词"文本框中，并调整其权重为0.7，如图10-90所示。

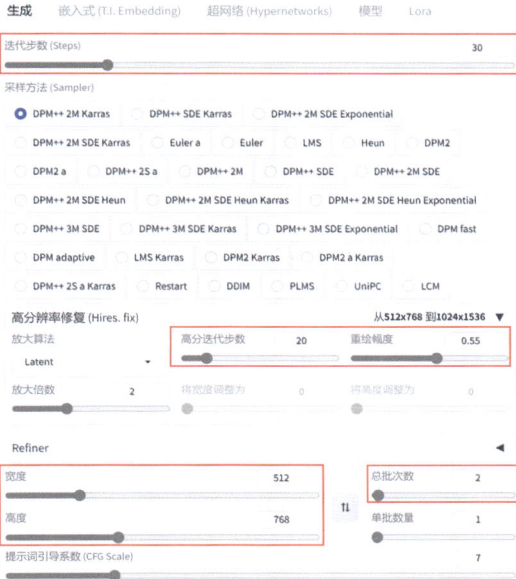

图10-87

图10-88

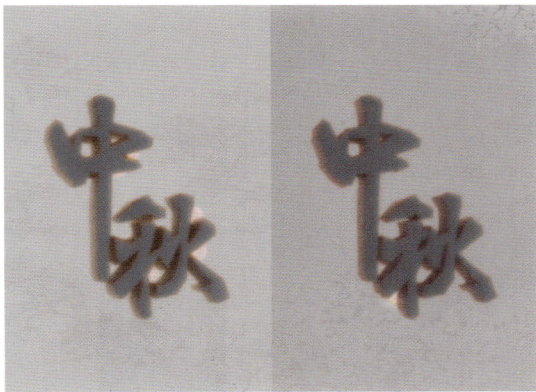

图10-89

图10-90

（13）再次重绘图像，本案例最终绘制出来的图像结果如图10-91所示。观察图像，可以看到画面中的内容基本上符合我们之前所输入的提示词。

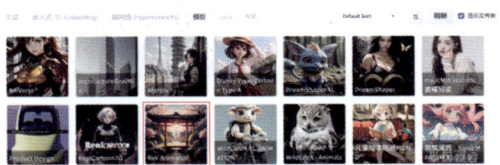

图10-91

💡 **技巧与提示**

由于Stable Diffusion软件所绘制出来的图像具有较大的随机性，所以读者即使使用与本书同样的提示词及参数设置也无法生成一模一样的AI绘画作品，但是可以得到风格较为相似的图像。

10.2.4　制作电商风格海报

（1）在"模型"选项卡中，单击ReV Animated，如图10-92所示，将其设置为"Stable Diffusion模型"。

图10-92

（2）在"ControlNet单元0"选项卡中，添加一张"渲染图.jpg"图片，勾选"启用"和"完美像素模式"复选框，设置"控制类型"为"Canny（硬边缘）"，"控制权重"为0.6，"引导终止时机"为0.5，然后单击红色爆炸图案形状的Run preprocessor（运行预处理）按钮，如图10-93所示。

图10-93

（3）经过一段时间的计算，在"单张图片"选项卡中图片的旁边会显示出计算出来的文字硬边缘图，如图10-94所示。

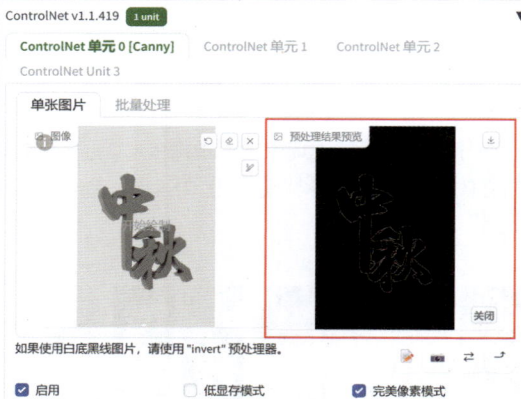

图10-94

（4）在"ControlNet单元1"选项卡中，添加一张"渲染图.jpg"图片，勾选"启用"和"完美像素模式"复选框，设置"控制类型"为"Depth（深度）"，"控制权重"为0.5，"引导终止时机"为0.5，然后单击红色爆炸图案形状的Run preprocessor（运行预处理）按钮，如图10-95所示。

图10-95

（5）经过一段时间的计算，在"单张图片"选项卡中图片的旁边会显示出计算出来的文字深度图，如图10-96所示。

图10-96

（6）在"文生图"选项卡中输入中文提示词："充气气球字体，透明薄膜材料，城市，在草地上，花，室外"，按下回车键，即可将其翻译为英文："inflatable balloon font，transparent film material，city，on_grass，flower，outdoors，"，如图10-97所示。

图10-97